U0250527

建筑与市政工程施工现场专业人员职业标准培训教材

资料员通用与基础知识

（第三版）

中国建设教育协会　组织编写

胡兴福　李　光　主　编

中国建筑工业出版社

图书在版编目（CIP）数据

资料员通用与基础知识 / 中国建设教育协会组织编写；胡兴福，李光主编. — 3 版. — 北京：中国建筑工业出版社，2023.3（2025.1重印）
建筑与市政工程施工现场专业人员职业标准培训教材
ISBN 978-7-112-28335-4

Ⅰ. ①资… Ⅱ. ①中… ②胡… ③李… Ⅲ. ①建筑工程－技术档案－档案管理－职业培训－教材 Ⅳ. ①G275.3

中国国家版本馆 CIP 数据核字(2023)第 017617 号

本书是建筑与市政工程施工现场专业人员培训统编教材，依据住房和城乡建设部颁布的《建筑与市政工程施工现场专业人员考核评价大纲》编写。全书分为上下两篇，上篇为通用知识，主要内容有：建设法规、建筑材料、建筑工程识图、建筑施工技术、施工项目管理；下篇为基础知识，主要内容有：建筑构造的基本知识、建筑设备的基本知识、工程预算的基本知识、计算机和相关资料管理软件的应用知识、文秘与公文写作的基本知识。

本教材主要用作资料员培训教材和考试用书，也可供职业院校师生和有关专业技术人员参考。

责任编辑：葛又畅　李　明　李　杰
责任校对：李美娜

建筑与市政工程施工现场专业人员职业标准培训教材

资料员通用与基础知识

（第三版）

中国建设教育协会　组织编写
胡兴福　李　光　主　编

*

中国建筑工业出版社出版、发行（北京海淀三里河路 9 号）
各地新华书店、建筑书店经销
北京红光制版公司制版
建工社（河北）印刷有限公司印刷

*

开本：787 毫米×1092 毫米　1/16　印张：17½　字数：434 千字
2023 年 3 月第三版　　2025 年 1 月第五次印刷
定价：**59.00** 元
ISBN 978-7-112-28335-4
（40659）

版权所有　翻印必究
如有印装质量问题，可寄本社图书出版中心退换
（邮政编码 100037）

建筑与市政工程施工现场专业人员职业标准培训教材

编 审 委 员 会

主　任：赵　琦　李竹成

副主任：沈元勤　张鲁风　何志方　胡兴福　危道军
　　　　尤　完　赵　研　邵　华

委　员：（按姓氏笔画为序）

王兰英　王国梁　孔庆璐　邓明胜　艾永祥

艾伟杰　吕国辉　朱吉顶　刘尧增　刘哲生

孙沛平　李　平　李　光　李　奇　李　健

李大伟　杨　苗　时　炜　余　萍　沈　汛

宋岩丽　张　晶　张　颖　张亚庆　张晓艳

张悠荣　张燕娜　陈　曦　陈再捷　金　虹

郑华孚　胡晓光　侯洪涛　贾宏俊　钱大治

徐家华　郭庆阳　韩炳甲　鲁　麟　魏鸿汉

　　建筑与市政工程施工现场专业人员队伍素质是影响工程质量和安全生产的关键因素。我国从 20 世纪 80 年代开始，在建设行业开展关键岗位培训考核和持证上岗工作，对于提高建设行业从业人员的素质起到了积极的作用。进入 21 世纪，在改革行政审批制度和转变政府职能的背景下，建设行业教育主管部门转变行业人才工作思路，积极规划和组织职业标准的研发。在住房和城乡建设部人事司的主持下，由中国建设教育协会、苏州二建建筑集团有限公司等单位主编了建设行业的第一部职业标准——《建筑与市政工程施工现场专业人员职业标准》，已由住房和城乡建设部发布，作为行业标准于 2012 年 1 月 1 日起实施。为推动该标准的贯彻落实，进一步编写了配套的 14 个考核评价大纲。

　　该职业标准及考核评价大纲有以下特点：(1) 系统分析各类建筑施工企业现场专业人员岗位设置情况，总结归纳了 8 个岗位专业人员核心工作职责，这些职业分类和岗位职责具有普遍性、通用性。(2) 突出职业能力本位原则，工作岗位职责与专业技能相互对应，通过技能训练能够提高专业人员的岗位履职能力。(3) 注重专业知识的完整性、系统性，基本覆盖各岗位专业人员的知识要求，通用知识具有各岗位的一致性，基础知识、岗位知识能够体现本岗位的知识结构要求。(4) 适应行业发展和行业管理的现实需要，岗位设置、专业技能和专业知识要求具有一定的前瞻性、引导性，能够满足专业人员提高综合素质和适应岗位变化的需要。

　　为落实职业标准，规范建设行业现场专业人员岗位培训工作，我们依据与职业标准相配套的考核评价大纲，组织编写了《建筑与市政工程施工现场专业人员职业标准培训教材》。

　　本套教材覆盖《建筑与市政工程施工现场专业人员职业标准》涉及的施工员、质量员、安全员、标准员、材料员、机械员、劳务员、资料员 8 个岗位 14 个考核评价大纲。每个岗位、专业，根据其职业工作的需要，注意精选教学内容、优化知识结构、突出能力要求，对知识、技能经过合理归纳，编写为《通用与基础知识》和《岗位知识与专业技能》两本，供培训配套使用。本套教材共 28 本，作者基本都参与了《建筑与市政工程施工现场专业人员职业标准》的编写，使本套教材的内容能充分体现《建筑与市政工程施工现场专业人员职业标准》的要求，促进现场专业人员专业学习和能力的提高。

　　第三版教材在上版教材的基础上，依据考核评价大纲，总结使用过程中发现的不足之处，参照最新法律法规及现行标准规范，结合"四新"内容，对教材内容进行了调整、修改、补充，使之更加贴近学员需求，方便学员顺利通过培训测试。

　　我们的编写工作难免存在不足，因此，我们恳请使用本套教材的培训机构、教师和广大学员多提宝贵意见，以便进一步的修订，使其不断完善。

建筑与市政工程施工现场专业人员职业标准培训教材编审委员会

　　本书是建筑与市政工程施工现场专业人员培训和测试复习统编教材，依据住房和城乡建设部颁布的《建筑与市政工程施工现场专业人员考核评价大纲》编写。

　　本书具有以下特点：（1）权威性。主编和部分参编人员参加了《建筑与市政工程施工现场专业人员职业标准》《建筑与市政工程施工现场专业人员考核评价大纲》的编写与宣贯，同时聘请了业内权威专家作为审稿人员，使本书能够充分体现职业标准和考核评价大纲的要求。（2）先进性。本书按照有关最新标准、法规和管理规定进行动态修订，吸纳了行业最新发展成果。（3）适应性。本书内容结构与《建筑与市政工程施工现场专业人员考核评价大纲》一一对应，便于组织培训和复习。

　　本书在第二版基础上修订而成，按照最新的标准、法律法规、管理规定和行业最新成果，对全书进行了全面修订，保持了内容的先进性。

　　本书全书分为上下两篇。上篇包括五部分内容：建设法规、建筑材料、建筑工程识图、建筑施工技术、施工项目管理。下篇包括建筑构造的基本知识、建筑设备的基本知识、工程预算的基本知识、计算机和相关资料管理软件的应用知识、文秘与公文写作的基本知识。

　　本书上篇由四川建筑职业技术学院胡兴福教授、深圳职业技术学院张伟教授修订，胡兴福任主编。其中张伟教授修订建筑施工技术部分，其余部分由胡兴福教授修订。本书下篇由新疆建设职业技术学院李光担任主编，新疆伊犁建设工程有限责任公司李虎进、罗明刚、李静怡、新疆建筑设计研究院李萍、河南科技大学何向阳、新疆建设职业技术学院张巨虹、胡世琴、张军、杨海萍、陈新刚、周海涛等参与编写。

　　黑龙江建筑职业技术学院张琨副教授担任本书主审。

　　限于编者水平，书中疏漏和错误难免，敬请读者批评指正。

  本书是为了满足建筑与市政工程专业现场专业人员全国统一考核评价资料员考前培训与复习的需要，在2013年10月第一版基础上修订而成的。本次所做的修订主要有：(1)严格按照住房和城乡建设部人事司颁布的《建筑与市政工程施工现场专业人员考核评价大纲》(建人专函〔2012〕70号)，对全书内容进行了增删和重组，使之完全符合考评大纲；(2)根据有关最新标准、法规和管理规定对全书内容进行了修改，保持了内容的先进性。

  本书具有以下特点：(1)权威性。主编和部分参编参加了《建筑与市政工程施工现场专业人员职业标准》《建筑与市政工程施工现场专业人员考核评价大纲》的编写和宣贯，同时聘请了业内权威专家作为审稿人员，使本书能够充分体现职业标准和考核评价大纲的要求。(2)先进性。本书按照有关最新标准、法规和管理规定编写，吸纳了行业最新发展成果。(3)适用性。本书内容结构与《建筑与市政工程施工现场专业人员考核评价大纲》一一对应，便于组织培训和复习。

  本书分为上下篇。上篇为通用知识，包括建设法规、建筑材料、建筑工程识图、建筑施工技术、施工项目管理。下篇为基础知识，包括建筑构造的基本知识、建筑设备的基本知识、工程预算的基本知识、掌握计算机和相关资料管理软件的应用知识以及文秘与公文写作基本知识。

  本书上篇由四川建筑职业技术学院胡兴福教授主编，深圳职业技术学院张伟副教授参加编写，张伟副教授编写建筑装饰施工技术部分，其余部分由胡兴福教授编写。下篇由新疆建筑职业技术学院李光教授主编，由李萍、李虎进、何向阳、李静怡、张巨虹、胡世琴、杨海萍、周海涛、周双杰、陈新刚参与编写。

  本教材由黑龙江建筑职业技术学院郭泽林主审。

  限于编者水平，书中疏漏和错误难免，敬请读者批评指正。

《建筑与市政工程施工现场专业人员职业标准》JGJ/T 250—2011 于 2012 年 1 月 1 日正式实施。资料员是此次住房和城乡建设部设立的施工现场管理八大员之一。本教材是按照住房和城乡建设部发布的《建筑与市政工程施工现场专业人员职业标准》JGJ/T 250—2011 和中国建设教育协会配套编制的《建筑与市政工程施工现场专业人员考核大纲》中有关资料员的职业标准和考核要求编写的，并严格依据《建设工程文件归档整理规范》GB/T 50328—2001、《建筑工程资料管理规程》JGJ/T 185—2009、《建筑工程施工质量验收统一标准》GB 50300—2001 及建筑工程质量专业验收规范等国家现行的有关规范、规程和技术标准。

本教材在编写过程中主要针对建筑施工现场从事资料档案管理工作的岗位职业标准的要求，重点突出建筑施工现场资料档案管理人员必备的建设法规、建筑材料、建筑工程识图、建筑施工技术、施工项目管理等岗位通用知识和建筑构造、建筑设备、工程预算、计算机和相关资料管理软件的应用、文秘与公文写作等基础知识。作为工程资料档案管理人员，只有熟悉和掌握必备的通用知识和基础知识，才能做好建筑工程资料计划编制、收集分类、使用保管、组卷归档及信息系统管理工作。本教材的编写力求提高建筑与市政工程施工现场资料员的职业素质，规范其工作行为，提高其管理水平。

本教材通用知识部分由四川建筑职业技术学院胡兴福主编，深圳职业技术学院张伟任副主编，建筑施工技术部分由张伟编写，其余部分由胡兴福编写，西南石油大学 2011 级研究生郝伟杰参与了该部分的编写工作。本教材基础知识部分由新疆建设职业技术学院李光主编，张巨虹任副主编，基础知识六由张巨虹、丁辉、李光编写，基础知识七由胡世琴、张军编写，基础知识八由杨海萍、李光编写，基础知识九由周海涛编写，基础知识十由陈新刚编写。

本教材由黑龙江建筑职业技术学院郭泽林主审。

本教材的编写限于时间和能力，难免存在不足之处，敬请广大读者批评指正。

目　录

上 篇　**通用知识**·· **1**

一、建设法规 ··· 1
　(一)《中华人民共和国建筑法》 ···························· 2
　(二)《中华人民共和国安全生产法》 ······················ 8
　(三)《建设工程安全生产管理条例》《建设工程质量
　　　　管理条例》 ··· 16
　(四)《中华人民共和国劳动法》《中华人民共和国劳动合同法》······ 21
二、建筑材料 ··· 28
　(一) 无机胶凝材料 ······································· 28
　(二) 混凝土 ··· 29
　(三) 砂浆 ··· 33
　(四) 石材、砖和砌块 ····································· 34
　(五) 钢材 ··· 38
三、建筑工程识图 ··· 45
　(一) 施工图的基本知识 ··································· 45
　(二) 施工图的图示方法及内容 ····························· 48
　(三) 施工图的识读 ······································· 67
四、建筑施工技术 ··· 69
　(一) 地基与基础工程 ····································· 69
　(二) 砌体工程 ··· 71
　(三) 钢筋混凝土工程 ····································· 74
　(四) 钢结构工程 ··· 82
　(五) 防水工程 ··· 85
五、施工项目管理 ··· 92
　(一) 施工项目管理的内容及组织 ························· 92
　(二) 施工项目目标控制 ··································· 97
　(三) 施工资源与现场管理 ······························· 104

下 篇　**基础知识** ·· **107**

六、建筑构造的基本知识 ····································· 107
　(一) 建筑物的构造组成与建筑物的等级划分 ··············· 107

（二）常见基础的构造 …………………………… 110

（三）墙体与地下室的构造 ………………………… 113

（四）楼板与地坪构造 ……………………………… 121

（五）竖向交通设施的一般构造 …………………… 124

（六）门与窗的构造 ………………………………… 126

（七）屋顶的基本构造 ……………………………… 131

（八）变形缝的构造 ………………………………… 139

（九）单层厂房的基本构造 ………………………… 140

七、建筑设备的基本知识 ………………………… 149

（一）建筑给水排水系统基础知识 ……………… 149

（二）建筑供暖系统基础知识 …………………… 162

（三）建筑通风与空调系统基础知识 …………… 175

（四）建筑电气基础知识 ………………………… 186

八、工程预算的基本知识 ………………………… 200

（一）工程造价的构成 …………………………… 200

（二）工程造价的定额计价方法的概念 ………… 208

（三）工程造价的工程量清单计价方法的概念 … 209

（四）施工预算、结算和决算的概念 …………… 211

九、计算机和相关资料管理软件的应用知识 …… 214

（一）计算机系统基础知识 ……………………… 214

（二）计算机文字处理应用基本知识 …………… 221

（三）工程资料专业管理软件的应用 …………… 235

十、文秘与公文写作的基本知识 ………………… 246

（一）公文写作的基本知识 ……………………… 246

（二）文秘工作的基本知识 ……………………… 260

参考文献 …………………………………………… 268

一、建 设 法 规

建设法规是指国家立法机关或其授权的行政机关制定的旨在调整国家及其有关机构、企事业单位、社会团体、公民之间，在建设活动中或建设行政管理活动中发生的各种社会关系的法律、法规的统称。它体现了国家对城市建设、乡村建设、市政及社会公用事业等各项建设活动进行组织、管理、协调的方针、政策和基本原则。

我国建设法规体系由以下五个层次组成。

1. 建设法律

建设法律是指由全国人民代表大会及其常务委员会制定通过，由国家主席以主席令的形式发布的属于国务院建设行政主管部门业务范围的各项法律，如《中华人民共和国建筑法》等。

2. 建设行政法规

建设行政法规是指由国务院制定，经国务院常务委员会审议通过，由国务院总理以中华人民共和国国务院令的形式发布的属于建设行政主管部门主管业务范围的各项法规。建设行政法规的名称常以"条例""办法""规定""规章"等名称出现，如《建设工程质量管理条例》《建设工程安全生产管理条例》等。

3. 建设部门规章

建设部门规章是指住房和城乡建设部根据国务院规定的职责范围，依法制定并颁布的各项规章或由住房和城乡建设部与国务院其他有关部门联合制定并发布的规章，如《实施工程建设强制性标准监督规定》《工程建设项目施工招标投标办法》等。

4. 地方性建设法规

地方性建设法规是指在不与宪法、法律、行政法规相抵触的前提下，由省、自治区、直辖市人民代表大会及其常委会结合本地区实际情况制定颁布发行的或经其批准颁布发行的由下级人大或其常委会制定的，只在本行政区域有效的建设方面的法规。

5. 地方建设规章

地方建设规章是指省、自治区、直辖市人民政府以及省会（自治区首府）城市和经国务院批准的较大城市的人民政府，根据法律和法规制定颁布的，只在本行政区域有效的建

2

设方面的规章。

在建设法规的上述五个层次中,其法律效力从高到低依次为建设法律、建设行政法规、建设部门规章、地方性建设法规、地方建设规章。法律效力高的称为上位法,法律效力低的称为下位法。下位法不得与上位法相抵触,否则其相应规定将被视为无效。

(一)《中华人民共和国建筑法》

《中华人民共和国建筑法》(以下简称《建筑法》)于 1997 年 11 月 1 日由中华人民共和国第八届全国人民代表大会常务委员会第二十八次会议通过,于 1997 年 11 月 1 日发布,自 1998 年 3 月 1 日起施行。2011 年 4 月 22 日,第十一届全国人民代表大会常务委员会第二十次会议根据《关于修改〈中华人民共和国建筑法〉的决定》修改,修改后的《建筑法》自 2011 年 7 月 1 日起施行。

《建筑法》的立法目的在于加强对建筑活动的监督管理,维护建筑市场秩序,保证建筑工程的质量和安全,促进建筑业健康发展。《建筑法》共 8 章 85 条,分别从建筑许可、建筑工程发包与承包、建筑工程监理、建筑安全生产管理、建筑工程质量管理等方面作出了规定。

1. 从业资格的有关规定❶

(1)法规相关条文

《建筑法》关于从业资格的条文是第 12 条、第 13 条、第 14 条。

(2)建筑业企业的资质

从事土木工程、建筑工程、线路管道设备安装工程、装修工程的新建、扩建、改建等活动的企业称为建筑业企业。建筑业企业资质,是指建筑业企业的建设业绩、人员素质、管理水平、资金数量、技术装备等的总称。

1)建筑业企业资质序列及类别

建筑业企业资质分为施工综合、施工总承包、专业承包和专业作业四个序列。取得施工综合资质的企业称为施工综合企业。取得施工总承包资质的企业称为施工总承包企业。取得专业承包资质的企业称为专业承包企业。取得专业作业资质的企业称为专业作业企业。

施工综合资质、施工总承包资质、专业承包资质、专业作业资质序列可按照工程性质和技术特点分别划分为若干资质类别,见表 1-1。

建筑业企业资质序列、类别及等级　　　　　　　　　　　表 1-1

序号	资质序列	资质类别	资质等级
1	施工综合资质	不分类别	不分等级
2	施工总承包资质	分为 13 个类别,分别为:建筑工程、公路工程、铁路工程、港口与航道工程、水利水电工程、电力工程、矿山工程、冶金工程、石油化工工程、市政公用工程、通信工程、机电工程、民航工程	分为甲级、乙级 2 个等级

---

❶　该部分内容依据《建筑业企业资质标准(征求意见稿)》编写。

续表

序号	资质序列	资质类别	资质等级
3	专业承包资质	分为18个类别，分别为：地基基础工程、起重设备安装工程、预拌混凝土、建筑机电工程、消防设施工程、防水防腐保温工程、桥梁工程、隧道工程、模板脚手架、建筑装修装饰工程、古建筑工程、公路工程类、铁路电务电气化工程、港口与航道工程类、水利水电工程类、输变电工程、核工程、通用专业承包	预拌混凝土、模板脚手架、通用专业承包3个类别不分等级，其余分为甲级、乙级2个等级
4	专业作业资质	不分类别	不分等级

2）建筑业企业资质等级

建筑业企业资质等级，是指国务院行政主管部门按企业资质条件把企业划分成的不同等级。

施工综合资质不分等级，施工总承包资质分为甲级、乙级两个等级，专业承包资质一般分为甲级、乙级两个等级（部分专业不分等级），专业作业资质不分等级，见表1-1。

3）承揽业务的范围

① 施工综合企业和施工总承包企业

施工综合企业和施工总承包企业可以承接施工总承包工程。对所承接的施工总承包工程的各专业工程，可以全部自行施工，也可以将专业工程依法进行分包，但应分包给具有相应专业承包资质的企业。施工综合企业和施工总承包企业将专业作业进行分包时，应分包给具有专业作业资质的企业。

施工综合企业可承担各类工程的施工总承包、项目管理业务。各类别等级资质施工总承包企业承包工程的具体范围见《建筑业企业资质标准》，其中建筑工程、市政公用工程施工总承包企业承包工程范围分别见表1-2、表1-3。所谓建筑工程是指各类结构形式的民用建筑工程、工业建筑工程、构筑物工程以及相配套的道路、通信、管网管线等设施工程，工程内容包括地基与基础、主体结构、建筑屋面、装修装饰、建筑幕墙、附建人防工程以及给水排水及供暖、通风与空调、电气、消防、防雷等配套工程；市政公用工程包括给水工程、排水工程、燃气工程、热力工程、道路工程、桥梁工程、城市隧道工程（含城市规划区内的穿山过江隧道、地铁隧道、地下交通工程、地下过街通道）、公共交通工程、轨道交通工程、环境卫生工程、照明工程、绿化工程。

建筑工程施工总承包企业承包工程范围　　　　　表1-2

序号	企业资质	承包工程范围
1	甲级	可承担各类建筑工程的施工总承包、工程项目管理
2	乙级	可承担下列建筑工程的施工： （1）高度100m以下的工业、民用建筑工程； （2）高度120m以下的构筑物工程； （3）建筑面积15万 m² 以下的建筑工程； （4）单项建安合同额1.5亿元以下的建筑工程

注：表中"以下"均包含本数。

市政公用工程施工总承包企业承包工程范围 表1-3

序号	企业资质	承包工程范围
1	甲级	可承担各类市政公用工程的施工
2	乙级	可承担下列市政公用工程的施工： (1) 各类城市道路；单跨45m以下的城市桥梁； (2) 15万t/d以下的供水工程；10万t/d以下的污水处理工程；25万t/d以下的给水泵站、15万t/d以下的污水泵站、雨水泵站；各类给水排水及中水管道工程； (3) 中压以下燃气管道、调压站；供热面积150万m^2以下热力工程和各类热力管道工程； (4) 各类城市生活垃圾处理工程； (5) 断面$25m^2$以下隧道工程和地下交通工程； (6) 各类城市广场、地面停车场硬质铺装

注：表中"以下"均包含本数。

② 专业承包企业

设有专业承包资质的专业工程单独发包时，应由取得相应专业承包资质的企业承担。专业承包企业可以承接具有施工综合资质和施工总承包资质的企业依法分包的专业工程或建设单位依法发包的专业工程。对所承接的专业工程，可以全部自行组织施工，也可以将专业作业依法分包，但应分包给具有专业作业资质的企业。

各类别等级资质专业承包企业承包工程的具体范围见《建筑业企业资质标准》，其中，与建筑工程、市政公用工程相关性较高的专业承包企业承包工程的范围见表1-4。

部分专业承包企业承包工程范围 表1-4

序号	企业类别	资质等级	承包工程范围
1	地基基础工程专业承包	甲级	可承担各类地基基础工程的施工
		乙级	可承担下列工程的施工： (1) 高度100m以下工业、民用建筑工程和高度120m以下构筑物的地基基础工程； (2) 深度24m以下的刚性桩复合地基处理和深度10m以下的其他地基处理工程； (3) 单桩承受设计荷载5000kN以下的桩基础工程； (4) 开挖深度15m以下的基坑围护工程
2	预拌混凝土专业承包	不分等级	可生产各种强度等级的混凝土和特种混凝土
3	建筑机电工程专业承包	甲级	可承担各类建筑工程项目的设备、线路、管道的安装，35kV以下变配电站工程，非标准钢结构件的制作、安装；各类城市与道路照明工程的施工；各类型电子工程、建筑智能化工程施工
		乙级	可承担单项合同额2000万元以下的各类建筑工程项目的设备、线路、管道的安装，10kV以下变配电站工程，非标准钢结构件的制作、安装；单项合同额1500万元以下的城市与道路照明工程的施工；单项合同额2500万元以下的电子工业制造设备安装工程和电子工业环境工程、单项合同额1500万元以下的电子系统工程和建筑智能化工程施工

续表

序号	企业类别	资质等级	承包工程范围
4	消防设施工程专业承包	甲级	可承担各类消防设施工程的施工
		乙级	可承担建筑面积 5 万 m² 以下的下列消防设施工程的施工： (1) 一类高层民用建筑以外的民用建筑； (2) 火灾危险性丙类以下的厂房、仓库、储罐、堆场
5	模板脚手架专业承包	不分等级	可承担各类模板、脚手架工程的设计、制作、安装、施工
6	建筑装修装饰工程专业承包	甲级	可承担各类建筑装修装饰工程，以及与装修工程直接配套的其他工程的施工；各类型的建筑幕墙工程的施工
		乙级	可承担单项合同额 3000 万元以下的建筑装修装饰工程，以及与装修工程直接配套的其他工程的施工；单体建筑工程幕墙面积 15000m² 以下建筑幕墙工程的施工
7	古建筑工程专业承包	甲级	可承担各类仿古建筑、历史古建筑修缮工程的施工
		乙级	可承担建筑面积 3000m² 以下的仿古建筑工程或历史建筑修缮工程的施工
8	通用专业承包资质	不分等级	可承担建筑工程中除建筑装修装饰工程、建筑机电工程、地基基础工程等专业承包工程外的其他专业承包工程的施工

注：表中"以下"均包含本数。

③ 专业作业企业

专业作业企业可以承接具有施工综合资质、施工总承包资质和专业承包资质的企业分包的专业作业。

2. 建筑安全生产管理的有关规定

（1）法规相关条文

《建筑法》关于建筑安全生产管理的条文是第 36 条～第 51 条，其中有关建筑施工企业的条文是第 36 条、第 38 条、第 39 条、第 41 条、第 44 条～第 48 条、第 51 条。

（2）建筑安全生产管理方针

建筑安全生产管理是指建设行政主管部门、建筑安全监督管理机构、建筑施工企业及有关单位对建筑生产过程中的安全工作，进行计划、组织、指挥、控制、监督等一系列的管理活动。

《建筑法》第 36 条规定，建筑工程安全生产管理必须坚持"安全第一、预防为主"的方针。

安全生产关系到人民群众生命和财产安全，关系到社会稳定和经济健康发展，建设工程安全生产管理必须坚持"安全第一、预防为主"的方针。"安全第一"是安全生产方针的基础；"预防为主"是安全生产方针的核心和具体体现，是实现安全生产的根本途径，生产必须安全，安全促进生产。

"安全第一"，是从保护和发展生产力的角度，表明在生产范围内安全与生产的关系，肯定安全在建筑生产活动中的首要位置和重要性。"预防为主",是指在建设工程生产活动中,针对建设工程生产的特点,对生产要素采取管理措施,有效地控制不安全因素的发展与扩大,把可能发生的事故消灭在萌芽状态,以保证生产活动中人的安全、健康及财物安全。

"安全第一"还反映了当安全与生产发生矛盾的时候,应该服从安全,消灭隐患,保证建设工程在安全的条件下生产。"预防为主"则体现在事先策划、事中控制、事后总结,通过信息收集,归类分析,制定预案,控制防范。"安全第一、预防为主"的方针,体现了国家在建设工程安全生产过程中"以人为本"的思想,也体现了国家对保护劳动者权利、保护社会生产力的高度重视。

(3) 建设工程安全生产基本制度

1) 安全生产责任制度

安全生产责任制度是将企业各级负责人、各职能机构及其工作人员和各岗位作业人员在安全生产方面应做的工作及应负的责任加以明确规定的一种制度。

《建筑法》第36条规定,建筑工程安全生产管理必须建立健全安全生产的责任制度。第44条又规定,建筑施工企业必须依法加强对建筑安全生产的管理,执行安全生产责任制度,采取有效措施,防止伤亡和其他安全生产事故的发生。

安全生产责任制度是建筑生产中最基本的安全管理制度,是所有安全规章制度的核心,是"安全第一、预防为主"方针的具体体现。通过制定安全生产责任制,建立一种分工明确、运行有效、责任落实、能够充分发挥作用的、长效的安全生产机制,把安全生产工作落到实处。认真落实安全生产责任制,不仅是为了保证在发生生产安全事故时,可以追究责任,更重要的是通过日常或定期检查、考核,奖优罚劣,提高全体从业人员执行安全生产责任制的自觉性,使安全生产责任制真正落实到安全生产工作中去。

建筑施工单位的安全生产责任制主要包括企业各级领导人员的安全职责、企业各有关职能部门的安全生产职责以及施工现场管理人员及作业人员的安全职责三个方面。

2) 群防群治制度

群防群治制度是职工群众进行预防和治理安全的一种制度。

《建筑法》第36条规定,建筑工程安全生产管理必须建立健全群防群治制度。

群防群治制度也是"安全第一、预防为主"的具体体现,同时也是群众路线在安全工作中的具体体现,是企业进行民主管理的重要内容。这一制度要求建筑企业职工在施工中应当遵守有关生产的法律、法规和建筑行业安全规章、规程,不得违章作业;对于危及生命安全和身体健康的行为有权提出批评、检举和控告。

3) 安全生产教育培训制度

安全生产教育培训制度是对广大建筑干部职工进行安全教育培训,提高安全意识,增加安全知识和技能的制度。

《建筑法》第46条规定,建筑施工企业应当建立健全劳动安全生产教育培训制度,加强对职工安全生产的教育培训;未经安全生产教育培训的人员,不得上岗作业。

安全生产,人人有责。只有通过对广大职工进行安全教育、培训,才能使广大职工真正认识到安全生产的重要性、必要性,才能使广大职工掌握更多更有效的安全生产的科学技术知识,牢固树立安全第一的思想,自觉遵守各项安全生产规章制度。

4）伤亡事故处理报告制度

伤亡事故处理报告制度是指施工中发生事故时，建筑企业应当采取紧急措施减少人员伤亡和事故损失，并按照国家有关规定及时向有关部门报告的制度。

《建筑法》第51条规定，施工中发生事故时，建筑施工企业应当采取紧急措施减少人员伤亡和事故损失，并按照国家有关规定及时向有关部门报告。

事故处理必须遵循一定的程序，做到"四不放过"，即事故原因不清不放过、事故责任者和群众没有受到教育不放过、事故隐患不整改不放过、事故的责任者没有受到处理不放过。通过对事故的严格处理，可以总结出教训，为制定规程、规章提供第一手素材，做到亡羊补牢。

5）安全生产检查制度

安全生产检查制度是上级管理部门或企业自身对安全生产状况进行定期或不定期检查的制度。

安全生产检查制度是安全生产的保障。通过检查可以发现问题，查出隐患，从而采取有效措施，堵塞漏洞，把事故消灭在发生之前，做到防患于未然，是"预防为主"的具体体现。通过检查，还可总结出好的经验加以推广，为进一步搞好安全工作打下基础。

6）安全责任追究制度

建设单位、设计单位、施工单位、监理单位，由于没有履行职责造成人员伤亡和事故损失的，视情节给予相应处理；情节严重的，责令停业整顿，降低资质等级或吊销资质证书；构成犯罪的，依法追究刑事责任。

（4）建筑施工企业的安全生产责任

《建筑法》第38条、第39条、第41条、第44条～第48条、第51条规定了建筑施工企业的安全生产责任。根据这些规定，《建设工程质量管理条例》等法规作了进一步细化和补充，具体见《建设工程质量管理条例》部分相关内容。

3.《建筑法》关于质量管理的规定

（1）法规相关条文

《建筑法》关于质量管理的条文是第52条～第63条，其中有关建筑施工企业的条文是第52条、第54条、第55条、第58条～第62条。

（2）建设工程竣工验收制度

《建筑法》第61条规定：交付竣工验收的建筑工程，必须符合规定的建筑工程质量标准，有完整的工程技术经济资料和经签署的工程保修书，并具备国家规定的其他竣工条件。建筑工程竣工经验收合格后，方可交付使用；未经验收或者验收不合格的，不得交付使用。

建设工程项目的竣工验收，指在建筑工程已按照设计要求完成全部施工任务，准备交付给建设单位投入使用时，由建设单位或有关主管部门依照国家关于建筑工程竣工验收制度的规定，对该项工程是否符合设计要求和工程质量标准所进行的检查、考核工作。工程项目的竣工验收是施工全过程的最后一道工序，也是工程项目管理的最后一项工作。它是建设投资成果转入生产或使用的标志，也是全面考核投资效益、检验设计和施工质量的重要环节。认真做好工程项目的竣工验收工作，对保证工程项目的质量具有重要意义。

（3）建设工程质量保修制度

建设工程质量保修制度，是指建设工程竣工经验收后，在规定的保修期限内，因勘察、设计、施工、材料等原因造成的质量缺陷，应当由施工承包单位负责维修、返工或更换，由责任单位负责赔偿损失的法律制度。建设工程质量保修制度对于促进建设各方加强质量管理，保护用户及消费者的合法权益可起到重要的保障作用。

《建筑法》第62条规定：建筑工程实行质量保修制度。同时，还对质量保修的范围和期限作了规定：建筑工程的保修范围应当包括地基基础工程、主体结构工程、屋面防水工程和其他土建工程，以及电气管线、上下水管线的安装工程，供热、供冷系统工程等项目；保修的期限应当按照保证建筑物合理寿命年限内正常使用、维护使用者合法权益的原则确定。具体的保修范围和最低保修期限由国务院规定。据此，国务院在《建设工程质量管理条例》中作了明确规定，详见《建设工程质量管理条例》相关内容。

（4）建筑施工企业的质量责任与义务

《建筑法》第54条、第55条、第58条～第62条规定了建筑施工企业的质量责任与义务。据此，《建设工程质量管理条例》作了进一步细化，见《建设工程质量管理条例》部分相关内容。

（二）《中华人民共和国安全生产法》

《中华人民共和国安全生产法》（以下简称《安全生产法》）由第九届全国人民代表大会常务委员会第二十八次会议于2002年6月29日通过，自2002年11月1日起施行。根据2021年6月10日第十三届全国人民代表大会常务委员会第二十九次会议《全国人民代表大会常务委员会关于修改〈中华人民共和国安全生产法〉的决定》第三次修正，修正后的《安全生产法》自2021年9月1日起施行。

《安全生产法》的立法目的，是为了加强安全生产工作，防止和减少生产安全事故，保障人民群众生命和财产安全，促进经济社会持续健康发展。《安全生产法》包括总则、生产经营单位的安全生产保障、从业人员的安全生产权利义务、安全生产的监督管理、生产安全事故的应急救援与调查处理、法律责任、附则7章，共119条。对生产经营单位的安全生产保障、从业人员的安全生产权利和义务、安全生产的监督管理、生产安全事故的应急救援与调查处理四个主要方面作出了规定。

1. 生产经营单位的安全生产保障的有关规定

（1）法规相关条文

《安全生产法》关于生产经营单位的安全生产保障的条文是第20条～第51条。

（2）组织保障措施

1）建立安全生产管理机构

《安全生产法》第24条规定：矿山、金属冶炼、建筑施工、运输单位和危险物品的生产、经营、储存单位，应当设置安全生产管理机构或者配备专职安全生产管理人员。

2）明确岗位责任

① 生产经营单位的主要负责人的职责

生产经营单位是指从事生产或者经营活动的企业、事业单位、个体经济组织及其他组织和个人。主要负责人是指生产经营单位内对生产经营活动负有决策权并能承担法律责任的人，包括法定代表人、实际控制人、总经理、经理、厂长等。《安全生产法》第 5 条规定：生产经营单位的主要负责人是本单位安全生产第一责任人，对本单位安全生产工作全面负责。

《安全生产法》第 21 条规定：生产经营单位的主要负责人对本单位安全生产工作负有下列职责：

A. 建立健全并落实本单位安全生产责任制，加强安全生产标准化建设；

B. 组织制定并实施本单位安全生产规章制度和操作规程；

C. 组织制定并实施本单位安全生产教育和培训计划；

D. 保证本单位安全生产投入的有效实施；

E. 组织建立并落实安全风险分级管控和隐患排查治理双重预防工作机制，督促、检查本单位的安全生产工作，及时消除生产安全事故隐患；

F. 组织制定并实施本单位的生产安全事故应急救援预案；

G. 及时、如实报告生产安全事故。

同时，《安全生产法》第 50 条规定：生产经营单位发生生产安全事故时，单位的主要负责人应当立即组织抢救，并不得在事故调查处理期间擅离职守。

②生产经营单位的安全生产管理人员的职责

《安全生产法》第 46 条规定：生产经营单位的安全生产管理人员应当根据本单位的生产经营特点，对安全生产状况进行经常性检查；对检查中发现的安全问题，应当立即处理；不能处理的，应当及时报告本单位有关负责人，有关负责人应当及时处理。检查及处理情况应当如实记录在案。

③对安全设施、设备的质量负责的岗位

A. 对安全设施的设计质量负责的岗位

《安全生产法》第 33 条规定：建设项目安全设施的设计人、设计单位应当对安全设施设计负责。

矿山、金属冶炼建设项目和用于生产、储存、装卸危险物品的建设项目的安全设施设计应当按照国家有关规定报经有关部门审查，审查部门及其负责审查的人员对审查结果负责。

B. 对安全设施的施工负责的岗位

《安全生产法》第 34 条规定：矿山、金属冶炼建设项目和用于生产、储存、装卸危险物品的建设项目的施工单位必须按照批准的安全设施设计施工，并对安全设施的工程质量负责。

C. 对安全设施的竣工验收负责的岗位

《安全生产法》第 34 条规定：矿山、金属冶炼建设项目和用于生产、储存危险物品的建设项目竣工投入生产或者使用前，应当由建设单位负责组织对安全设施进行验收；验收合格后，方可投入生产和使用。负有安全生产监督管理职责的部门应当加强对建设单位验收活动和验收结果的监督核查。

D. 对安全设备质量负责的岗位

《安全生产法》第37条规定:生产经营单位使用的危险物品的容器、运输工具,以及涉及人身安全、危险性较大的海洋石油开采特种设备和矿山井下特种设备,必须按照国家有关规定,由专业生产单位生产,并经具有专业资质的检测、检验机构检测、检验合格,取得安全使用证或者安全标志,方可投入使用。检测、检验机构对检测、检验结果负责。

(3)管理保障措施

1)人力资源管理

① 对主要负责人和安全生产管理人员的管理

《安全生产法》第27条规定:生产经营单位的主要负责人和安全生产管理人员必须具备与本单位所从事的生产经营活动相应的安全生产知识和管理能力。

危险物品的生产、经营、储存、装卸单位以及矿山、金属冶炼、建筑施工、运输单位的主要负责人和安全生产管理人员,应当由主管的负有安全生产监督管理职责的部门对其安全生产知识和管理能力考核合格。考核不得收费。

② 对一般从业人员的管理

《安全生产法》第28条规定:生产经营单位应当对从业人员进行安全生产教育和培训,保证从业人员具备必要的安全生产知识,熟悉有关的安全生产规章制度和安全操作规程,掌握本岗位的安全操作技能,了解事故应急处理措施,知悉自身在安全生产方面的权利和义务。未经安全生产教育和培训合格的从业人员,不得上岗作业。

生产经营单位使用被派遣劳动者的,应当将被派遣劳动者纳入本单位从业人员统一管理,对被派遣劳动者进行岗位安全操作规程和安全操作技能的教育和培训。

劳务派遣单位应当对被派遣劳动者进行必要的安全生产教育和培训。

③ 对特种作业人员的管理

《安全生产法》第30条规定:生产经营单位的特种作业人员必须按照国家有关规定经专门的安全作业培训,取得相应资格,方可上岗作业。

2)物力资源管理

① 设备的日常管理

《安全生产法》第35条规定:生产经营单位应当在有较大危险因素的生产经营场所和有关设施、设备上,设置明显的安全警示标志。

《安全生产法》第36条规定:安全设备的设计、制造、安装、使用、检测、维修、改造和报废,应当符合国家标准或者行业标准。

生产经营单位必须对安全设备进行经常性维护、保养,并定期检测,保证正常运转。维护、保养、检测应当作好记录,并由有关人员签字。

② 设备的淘汰制度

《安全生产法》第38条规定:国家对严重危及生产安全的工艺、设备实行淘汰制度,具体目录由国务院应急管理部门会同国务院有关部门制定并公布。省、自治区、直辖市人民政府可以根据本地区实际情况制定并公布具体目录。生产经营单位不得使用应当淘汰的危及生产安全的工艺、设备。

③ 生产经营项目、场所、设备的转让管理

《安全生产法》第49条规定:生产经营单位不得将生产经营项目、场所、设备发包或者出租给不具备安全生产条件或者相应资质的单位或者个人。

④ 生产经营项目、场所的协调管理

《安全生产法》第 49 条规定：生产经营项目、场所发包或者出租给其他单位的，生产经营单位应当与承包单位、承租单位签订专门的安全生产管理协议，或者在承包合同、租赁合同中约定各自的安全生产管理职责；生产经营单位对承包单位、承租单位的安全生产工作统一协调、管理，定期进行安全检查，发现安全问题的，应当及时督促整改。

（4）经济保障措施

1）保证安全生产所必需的资金

《安全生产法》第 23 条规定：生产经营单位应当具备的安全生产条件所必需的资金投入，由生产经营单位的决策机构、主要负责人或者个人经营的投资人予以保证，并对由于安全生产所必需的资金投入不足导致的后果承担责任。

2）保证安全设施所需要的资金

《安全生产法》第 31 条规定：生产经营单位新建、改建、扩建工程项目的安全设施，必须与主体工程同时设计、同时施工、同时投入生产和使用。安全设施投资应当纳入建设项目概算。

3）保证劳动防护用品、安全生产培训所需要的资金

《安全生产法》第 45 条规定：生产经营单位必须为从业人员提供符合国家标准或者行业标准的劳动防护用品，并监督、教育从业人员按照使用规则佩戴、使用。

《安全生产法》第 47 条规定：生产经营单位应当安排用于配备劳动防护用品、进行安全生产培训的经费。

4）保证工伤社会保险所需要的资金

《安全生产法》第 51 条规定：生产经营单位必须依法参加工伤社会保险，为从业人员缴纳保险费。

（5）技术保障措施

1）对新工艺、新技术、新材料或者使用新设备的管理

《安全生产法》第 29 条规定：生产经营单位采用新工艺、新技术、新材料或者使用新设备，必须了解、掌握其安全技术特性，采取有效的安全防护措施，并对从业人员进行专门的安全生产教育和培训。

2）对安全条件论证和安全评价的管理

《安全生产法》第 32 条规定：矿山、金属冶炼建设项目和用于生产、储存、装卸危险物品的建设项目，应当按照国家有关规定由具有相应资质的安全评估机构进行安全评价。

3）对废弃危险物品的管理

危险物品是指易燃易爆物品、危险化学品、放射性物品等能够危及人身安全和财产安全的物品。

《安全生产法》第 39 条规定：生产、经营、运输、储存、使用危险物品或者处置废弃危险物品的，由有关主管部门依照有关法律、法规的规定和国家标准或者行业标准审批并实施监督管理。

生产经营单位生产、经营、运输、储存、使用危险物品或者处置废弃危险物品，必须执行有关法律、法规和国家标准或者行业标准，建立专门的安全管理制度，采取可靠的安

全措施，接受有关主管部门依法实施的监督管理。

4）对重大危险源的管理

重大危险源是指长期地或者临时地生产、搬运、使用或者储存危险物品，且危险物品的数量等于或者超过临界量的单元（包括场所和设施）。

《安全生产法》第 40 条规定：生产经营单位对重大危险源应当登记建档，进行定期检测、评估、监控，并制定应急预案，告知从业人员和相关人员在紧急情况下应当采取的应急措施。

生产经营单位应当按照国家有关规定将本单位重大危险源及有关安全措施、应急措施报有关地方人民政府应急管理部门和有关部门备案。

5）对员工宿舍的管理

《安全生产法》第 42 条规定：生产、经营、储存、使用危险物品的车间、商店、仓库不得与员工宿舍在同一座建筑物内，并应当与员工宿舍保持安全距离。

生产经营场所和员工宿舍应当设有符合紧急疏散要求、标志明显、保持畅通的出口、疏散通道。禁止占用、锁闭、封堵生产经营场所或者员工宿舍的出口、疏散通道。

6）对危险作业的管理

《安全生产法》第 43 条规定：生产经营单位进行爆破、吊装、动火、临时用电以及国务院应急管理部门会同国务院有关部门规定的其他危险作业，应当安排专门人员进行现场安全管理，确保操作规程的遵守和安全措施的落实。

7）对安全生产操作规程的管理

《安全生产法》第 44 条规定：生产经营单位应当教育和督促从业人员严格执行本单位的安全生产规章制度和安全操作规程；并向从业人员如实告知作业场所和工作岗位存在的危险因素、防范措施以及事故应急措施。

8）对施工现场的管理

《安全生产法》第 48 条规定：两个以上生产经营单位在同一作业区域内进行生产经营活动，可能危及对方生产安全的，应当签订安全生产管理协议，明确各自的安全生产管理职责和应当采取的安全措施，并指定专职安全生产管理人员进行安全检查与协调。

2. 从业人员的安全生产权利义务的有关规定

（1）法规相关条文

《安全生产法》关于从业人员的安全生产权利义务的条文是第 28 条、第 45 条、第 52 条～第 61 条。

（2）安全生产中从业人员的权利

生产经营单位的从业人员，是指该单位从事生产经营活动各项工作的所有人员，包括管理人员、技术人员和各岗位的工人，也包括生产经营单位临时聘用的人员。

生产经营单位的从业人员依法享有以下权利：

1）知情权

《安全生产法》第 53 条规定：生产经营单位的从业人员有权了解其作业场所和工作岗位存在的危险因素、防范措施及事故应急措施，有权对本单位的安全生产工作提出建议。

2）批评权和检举、控告权

《安全生产法》第 54 条规定：从业人员有权对本单位安全生产工作中存在的问题提出批评、检举、控告。

3）拒绝权

《安全生产法》第 54 条规定：从业人员有权拒绝违章指挥和强令冒险作业。生产经营单位不得因从业人员对本单位安全生产工作提出批评、检举、控告或者拒绝违章指挥、强令冒险作业而降低其工资、福利等待遇或者解除与其订立的劳动合同。

4）紧急避险权

《安全生产法》第 55 条规定：从业人员发现直接危及人身安全的紧急情况时，有权停止作业或者在采取可能的应急措施后撤离作业场所。生产经营单位不得因从业人员在前款紧急情况下停止作业或者采取紧急撤离措施而降低其工资、福利等待遇或者解除与其订立的劳动合同。

5）请求赔偿权

《安全生产法》第 56 条规定：因生产安全事故受到损害的从业人员，除依法享有工伤保险外，依照有关民事法律尚有获得赔偿的权利的，有权提出赔偿要求。

《安全生产法》第 52 条规定：生产经营单位与从业人员订立的劳动合同，应当载明有关保障从业人员劳动安全、防止职业危害的事项，以及依法为从业人员办理工伤保险的事项。生产经营单位不得以任何形式与从业人员订立协议，免除或者减轻其对从业人员因生产安全事故伤亡依法应承担的责任。

6）获得劳动防护用品的权利

《安全生产法》第 45 条规定：生产经营单位必须为从业人员提供符合国家标准或者行业标准的劳动防护用品，并监督、教育从业人员按照使用规则佩戴、使用。

7）获得安全生产教育和培训的权利

《安全生产法》第 28 条规定：生产经营单位应当对从业人员进行安全生产教育和培训，保证从业人员具备必要的安全生产知识，熟悉有关的安全生产规章制度和安全操作规程，掌握本岗位的安全操作技能，了解事故应急处理措施，知悉自身在安全生产方面的权利和义务。

（3）安全生产中从业人员的义务

1）自律遵规的义务

《安全生产法》第 57 条规定：从业人员在作业过程中，应当严格落实岗位安全生产责任，遵守本单位的安全生产规章制度和操作规程，服从管理，正确佩戴和使用劳动防护用品。

2）自觉学习安全生产知识的义务

《安全生产法》第 58 条规定：从业人员应当接受安全生产教育和培训，掌握本职工作所需的安全生产知识，提高安全生产技能，增强事故预防和应急处理能力。

3）危险报告义务

《安全生产法》第 59 条规定：从业人员发现事故隐患或者其他不安全因素，应当立即向现场安全生产管理人员或者本单位负责人报告；接到报告的人员应当及时予以处理。

3. 安全生产监督管理的有关规定

（1）法规相关条文

《安全生产法》关于安全生产监督管理的条文是第 62 条～第 78 条。

（2）安全生产监督管理部门

根据《安全生产法》第 9 条规定，国务院应急管理部门对全国安全生产工作实施综合监督管理。国务院交通运输、住房和城乡建设、水利、民航等有关部门在各自的职责范围内对有关行业、领域的安全生产工作实施监督管理。

（3）安全生产监督管理措施

《安全生产法》第 60 条规定：负有安全生产监督管理职责的部门依照有关法律、法规的规定，对涉及安全生产的事项需要审查批准（包括批准、核准、许可、注册、认证、颁发证照等，下同）或者验收的，必须严格依照有关法律、法规和国家标准或者行业标准规定的安全生产条件和程序进行审查；不符合有关法律、法规和国家标准或者行业标准规定的安全生产条件的，不得批准或者验收通过。对未依法取得批准或者验收合格的单位擅自从事有关活动的，负责行政审批的部门发现或者接到举报后应当立即予以取缔，并依法予以处理。对已经依法取得批准的单位，负责行政审批的部门发现其不再具备安全生产条件的，应当撤销原批准。

（4）安全生产监督管理部门的职权

《安全生产法》第 65 条规定：应急管理部门和其他负有安全生产监督管理职责的部门依法开展安全生产行政执法工作，对生产经营单位执行有关安全生产的法律、法规和国家标准或者行业标准的情况进行监督检查，行使以下职权：

1）进入生产经营单位进行检查，调阅有关资料，向有关单位和人员了解情况。

2）对检查中发现的安全生产违法行为，当场予以纠正或者要求限期改正；对依法应当给予行政处罚的行为，依照本法和其他有关法律、行政法规的规定作出行政处罚决定。

3）对检查中发现的事故隐患，应当责令立即排除；重大事故隐患排除前或者排除过程中无法保证安全的，应当责令从危险区域内撤出作业人员，责令暂时停产停业或者停止使用相关设施、设备；重大事故隐患排除后，经审查同意，方可恢复生产经营和使用。

4）对有根据认为不符合保障安全生产的国家标准或者行业标准的设施、设备、器材以及违法生产、储存、使用、经营、运输的危险物品予以查封或者扣押，对违法生产、储存、使用、经营危险物品的作业场所予以查封，并依法作出处理决定。

监督检查不得影响被检查单位的正常生产经营活动。

（5）安全生产监督检查人员的义务

《安全生产法》第 67 条规定了安全生产监督检查人员的义务：

1）应当忠于职守，坚持原则，秉公执法；

2）执行监督检查任务时，必须出示有效的行政执法证件；

3）对涉及被检查单位的技术秘密和业务秘密，应当为其保密。

4. 安全事故应急救援与调查处理的规定

（1）法规相关条文

《安全生产法》关于生产安全事故的应急救援与调查处理的条文是第79条～第89条。

（2）生产安全事故的等级划分标准

生产安全事故是指在生产经营活动中造成人身伤亡（包括急性工业中毒）或者直接经济损失的事故。国务院《生产安全事故报告和调查处理条例》规定，根据生产安全事故（以下简称事故）造成的人员伤亡或者直接经济损失，事故一般分为以下等级：

1）特别重大事故，是指造成30人及以上死亡，或者100人及以上重伤（包括急性工业中毒，下同），或者1亿元及以上直接经济损失的事故；

2）重大事故，是指造成10人及以上30人以下死亡，或者50人及以上100人以下重伤，或者5000万元及以上1亿元以下直接经济损失的事故；

3）较大事故，是指造成3人及以上10人以下死亡，或者10人及以上50人以下重伤，或者1000万元及以上5000万元以下直接经济损失的事故；

4）一般事故，是指造成3人以下死亡，或者10人以下重伤，或者1000万元以下直接经济损失的事故。

（3）生产安全事故报告

《安全生产法》第83条规定：生产经营单位发生生产安全事故后，事故现场有关人员应当立即报告本单位负责人。单位负责人接到事故报告后，应当按照国家有关规定立即如实报告当地负有安全生产监督管理职责的部门，不得隐瞒不报、谎报或者迟报，不得故意破坏事故现场、毁灭有关证据。第84条规定：负有安全生产监督管理职责的部门接到事故报告后，应当立即按照国家有关规定上报事故情况。负有安全生产监督管理职责的部门和有关地方人民政府对事故情况不得隐瞒不报、谎报或者迟报。《关于进一步强化安全生产责任落实坚决防范遏制重特大事故的若干措施》要求，严格落实事故直报制度，生产安全事故隐瞒不报、谎报或者拖延不报的，对直接责任人和负有管理和领导责任的人员依规依纪依法从严追究责任。

《建设工程安全生产管理条例》进一步规定，施工单位发生生产安全事故，应当按照国家有关伤亡事故报告和调查处理的规定，及时、如实地向负责安全生产监督管理的部门、建设行政主管部门或者其他有关部门报告；特种设备发生事故的，还应当同时向特种设备安全监督管理部门报告。实行施工总承包的建设工程，由总承包单位负责上报事故。

（4）应急抢救工作

《安全生产法》第83条规定：单位负责人接到事故报告后，应当迅速采取有效措施，组织抢救，防止事故扩大，减少人员伤亡和财产损失。第85条规定：有关地方人民政府和负有安全生产监督管理职责的部门的负责人接到生产安全事故报告后，应当按照生产安全事故应急救援预案的要求立即赶到事故现场，组织事故抢救。

（5）事故的调查

《安全生产法》第86条规定：事故调查处理应当按照科学严谨、依法依规、实事求是、注重实效的原则，及时、准确地查清事故原因，查明事故性质和责任，评估应急处置工作，总结事故教训，提出整改措施，并对事故责任者提出处理建议。

《生产安全事故报告和调查处理条例》规定了事故调查的管辖：特别重大事故由国务院或者国务院授权有关部门组织事故调查组进行调查；重大事故、较大事故、一般事故分别由事故发生地省级人民政府、设区的市级人民政府、县级人民政府负责调查。省级人民政府、设区的市级人民政府、县级人民政府可以直接组织事故调查组进行调查，也可以授权或者委托有关部门组织事故调查组进行调查。未造成人员伤亡的一般事故，县级人民政府也可以委托事故发生单位组织事故调查组进行调查。上级人民政府认为必要时，可以调查由下级人民政府负责调查的事故。特别重大事故以下等级事故，事故发生地与事故发生单位不在同一个县级以上行政区域的，由事故发生地人民政府负责调查，事故发生单位所在地人民政府应当派人参加。

(三)《建设工程安全生产管理条例》《建设工程质量管理条例》

《建设工程安全生产管理条例》（以下简称《安全生产管理条例》）于 2003 年 11 月 12 日国务院第 28 次常务会议通过，自 2004 年 2 月 1 日起施行。《安全生产管理条例》包括总则，建设单位的安全责任，勘察、设计、工程监理及其他有关单位的安全责任，施工单位的安全责任，监督管理，生产安全事故的应急救援和调查处理，法律责任，附则 8 章，共 71 条。

《安全生产管理条例》的立法目的是加强建设工程安全生产监督管理，保障人民群众生命和财产安全。

《建设工程质量管理条例》（以下简称《质量管理条例》）于 2000 年 1 月 10 日国务院第 25 次常务会议通过，自 2000 年 1 月 30 日起施行；依据 2019 年 4 月 23 日《国务院关于修改部分行政法规的决定》（国务院令第 714 号）第二次修订。《质量管理条例》包括总则，建设单位的质量责任和义务，勘察、设计单位的质量责任和义务，施工单位的质量责任和义务，工程监理单位的质量责任和义务，建设工程质量保修，监督管理，罚则，附则 9 章，共 82 条。

《质量管理条例》的立法目的是加强对建设工程质量的管理，保证建设工程质量，保护人民生命和财产安全。

1. 《安全生产管理条例》关于施工单位的安全责任的有关规定

（1）法规相关条文

《安全生产管理条例》关于施工单位的安全责任的条文是第 20 条～第 38 条。

（2）施工单位的安全责任

1）有关人员的安全责任

① 施工单位主要负责人

施工单位主要负责人不仅仅指法定代表人，而是指对施工单位全面负责、有生产经营决策权的人。

《安全生产管理条例》第 21 条规定：施工单位主要负责人依法对本单位的安全生产工作全面负责。具体包括：

A. 建立健全安全生产责任制度和安全生产教育培训制度；

B. 制定安全生产规章制度和操作规程；

C. 保证本单位安全生产条件所需资金的投入；

D. 对所承建的建设工程进行定期和专项安全检查，并做好安全检查记录。

② 施工单位的项目负责人

项目负责人主要指项目经理，在工程项目中处于中心地位。《安全生产管理条例》第21条规定：施工单位的项目负责人对建设工程项目的安全全面负责。鉴于项目负责人对安全生产的重要作用，该条同时规定施工单位的项目负责人应当由取得相应执业资格的人员担任。这里，"相应执业资格"目前指建造师执业资格。

根据《安全生产管理条例》第21条，项目负责人的安全责任主要包括：

A. 落实安全生产责任制度、安全生产规章制度和操作规程；

B. 确保安全生产费用的有效使用；

C. 根据工程的特点组织制定安全施工措施，消除安全事故隐患；

D. 及时、如实报告生产安全事故。

③ 专职安全生产管理人员

《安全生产管理条例》第23条规定：施工单位应当设立安全生产管理机构，配备专职安全生产管理人员。专职安全生产管理人员是指经建设主管部门或者其他有关部门安全生产考核合格，并取得安全生产考核合格证书在企业从事安全生产管理工作的专职人员，包括施工单位安全生产管理机构的负责人及其工作人员和施工现场专职安全生产管理人员。

专职安全生产管理人员的安全责任主要包括：对安全生产进行现场监督检查。发现安全事故隐患，应当及时向项目负责人和安全生产管理机构报告；对于违章指挥、违章操作的，应当立即制止。

2）总承包单位和分包单位的安全责任

《安全生产管理条例》第24条规定：建设工程实行施工总承包的，由总承包单位对施工现场的安全生产负总责。为了防止违法分包和转包等违法行为的发生，真正落实施工总承包单位的安全责任，该条进一步规定：总承包单位应当自行完成建设工程主体结构的施工。该条同时规定：总承包单位依法将建设工程分包给其他单位的，分包合同中应当明确各自的安全生产方面的权利、义务。总承包单位和分包单位对分包工程的安全生产承担连带责任。

但是，总承包单位与分包单位在安全生产方面的责任也不是固定不变的，需要视具体情况确定。《安全生产管理条例》第24条规定：分包单位应当服从总承包单位的安全生产管理，分包单位不服从管理导致生产安全事故的，由分包单位承担主要责任。

3）安全生产教育培训

① 管理人员的考核

《安全生产管理条例》第36条规定：施工单位的主要负责人、项目负责人、专职安全生产管理人员应当经建设行政主管部门或者其他有关部门考核合格后方可任职。

② 作业人员的安全生产教育培训

A. 日常培训

《安全生产管理条例》第36条规定：施工单位应当对管理人员和作业人员每年至少进行一次安全生产教育培训，其教育培训情况记录到个人工作档案。安全生产教育培训考核不合格的人员，不得上岗。

B. 新岗位培训

《安全生产管理条例》第 37 条对新岗位培训作了两方面规定。一是作业人员进入新的岗位或者新的施工现场前，应当接受安全生产教育培训。未经教育培训或者教育培训考核不合格的人员，不得上岗作业；二是施工单位在采用新技术、新工艺、新设备、新材料时，应当对作业人员进行相应的安全生产教育培训。

③ 特种作业人员的专门培训

《安全生产管理条例》第 25 条规定：垂直运输机械作业人员、安装拆卸工、爆破作业人员、起重信号工、登高架设作业人员等特种作业人员，必须按照国家有关规定经过专门的安全作业培训，并取得特种作业操作资格证书后，方可上岗作业。

4）施工单位应采取的安全措施

①编制安全技术措施、施工现场临时用电方案和专项施工方案

《安全生产管理条例》第 26 条规定：施工单位应当在施工组织设计中编制安全技术措施和施工现场临时用电方案。同时规定，对下列达到一定规模的危险性较大的分部分项工程编制专项施工方案，并附具安全验算结果，经施工单位技术负责人、总监理工程师签字后实施，由专职安全生产管理人员进行现场监督：

A. 基坑支护与降水工程；

B. 土方开挖工程；

C. 模板工程；

D. 起重吊装工程；

E. 脚手架工程；

F. 拆除、爆破工程；

G. 国务院建设行政主管部门或者其他有关部门规定的其他危险性较大的工程。

② 安全施工技术交底

施工前的安全施工技术交底的目的就是让所有的安全生产从业人员都对安全生产有所了解，最大限度避免安全事故的发生。因此，第 27 条规定：建设工程施工前，施工单位负责项目管理的技术人员应当对有关安全施工的技术要求向施工作业班组、作业人员作出详细说明，并由双方签字确认。

③ 施工现场安全警示标志的设置

《安全生产管理条例》第 28 条规定：施工单位应当在施工现场入口处、施工起重机械、临时用电设施、脚手架、出入通道口、楼梯口、电梯井口、孔洞口、桥梁口、隧道口、基坑边沿、爆破物及有害危险气体和液体存放处等危险部位，设置明显的安全警示标志。安全警示标志必须符合国家标准。

④ 施工现场的安全防护

《安全生产管理条例》第 28 条规定：施工单位应当根据不同施工阶段和周围环境及季节、气候的变化，在施工现场采取相应的安全施工措施。施工现场暂时停止施工的，施工单位应当做好现场防护，所需费用由责任方承担，或者按照合同约定执行。

⑤ 施工现场的布置应当符合安全和文明施工要求

《安全生产管理条例》第 29 条规定：施工单位应当将施工现场的办公、生活区与作业

区分开设置，并保持安全距离；办公、生活区的选址应当符合安全性要求。职工的膳食、饮水、休息场所等应当符合卫生标准。施工单位不得在尚未竣工的建筑物内设置员工集体宿舍。

施工现场临时搭建的建筑物应当符合安全使用要求。施工现场使用的装配式活动房屋应当具有产品合格证。临时建筑物一般包括施工现场的办公用房、宿舍、食堂、仓库、卫生间等。

⑥ 对周边环境采取防护措施

《安全生产管理条例》第30条规定：施工单位对因建设工程施工可能造成损害的毗邻建筑物、构筑物和地下管线等，应当采取专项防护措施。施工单位应当遵守有关环境保护法律、法规的规定，在施工现场采取措施，防止或者减少粉尘、废气、废水、固体废物、噪声、振动和施工照明对人和环境的危害和污染。在城市市区内的建设工程，施工单位应当对施工现场实行封闭围挡。

⑦ 施工现场的消防安全措施

《安全生产管理条例》第31条规定：施工单位应当在施工现场建立消防安全责任制度，确定消防安全责任人，制定用火、用电、使用易燃易爆材料等各项消防安全管理制度和操作规程，设置消防通道、消防水源，配备消防设施和灭火器材，并在施工现场入口处设置明显标志。

⑧ 安全防护设备管理

《安全生产管理条例》第33条规定：作业人员应当遵守安全施工的强制性标准、规章制度和操作规程，正确使用安全防护用具、机械设备等。

《安全生产管理条例》第34条规定：施工单位采购、租赁的安全防护用具、机械设备、施工机具及配件，应当具有生产（制造）许可证、产品合格证，并在进入施工现场前进行查验；施工现场的安全防护用具、机械设备、施工机具及配件必须由专人管理，定期进行检查、维修和保养，建立相应的资料档案，并按照国家有关规定及时报废。

⑨ 起重机械设备管理

《安全生产管理条例》第35条对起重机械设备管理作了如下规定：

A. 施工单位在使用施工起重机械和整体提升脚手架、模板等自升式架设设施前，应当组织有关单位进行验收，也可以委托具有相应资质的检验检测机构进行验收；使用承租的机械设备和施工机具及配件的，由施工总承包单位、分包单位、出租单位和安装单位共同进行验收。验收合格的方可使用。

B. 《特种设备安全监察条例》规定的施工起重机械，在验收前应当经有相应资质的检验检测机构监督检验合格。这里"作为特种设备的施工起重机械"是指涉及生命安全、危险性较大的起重机械。

C. 施工单位应当自施工起重机械和整体提升脚手架、模板等自升式架设设施验收合格之日起30日内，向建设行政主管部门或者其他有关部门登记。登记标志应当置于或者附着于该设备的显著位置。

⑩ 办理意外伤害保险

《安全生产管理条例》第38条规定：施工单位应当为施工现场从事危险作业的人员办理意外伤害保险。同时还规定：意外伤害保险费由施工单位支付。实行施工总承包的，由总承包单位支付意外伤害保险费。意外伤害保险期限自建设工程开工之日起至竣工验收合格止。

2. 《质量管理条例》关于施工单位的质量责任和义务的有关规定

（1）法规相关条文

《质量管理条例》关于施工单位的质量责任和义务的条文是第 25 条~第 33 条。

（2）施工单位的质量责任和义务

1）依法承揽工程

《质量管理条例》第 25 条规定：施工单位应当依法取得相应等级的资质证书，并在其资质等级许可的范围内承揽工程。

禁止施工单位超越本单位资质等级许可的业务范围或者以其他施工单位的名义承揽工程。禁止施工单位允许其他单位或者个人以本单位的名义承揽工程。施工单位不得转包或者违法分包工程。

2）建立质量保证体系

《质量管理条例》第 26 条规定：施工单位对建设工程的施工质量负责。施工单位应当建立质量责任制，确定工程项目的项目经理、技术负责人和施工管理负责人。

建设工程实行总承包的，总承包单位应当对全部建设工程质量负责；建设工程勘察、设计、施工、设备采购的一项或者多项实行总承包的，总承包单位应当对其承包的建设工程或者采购的设备的质量负责。

《质量管理条例》第 27 条规定：总承包单位依法将建设工程分包给其他单位的，分包单位应当按照分包合同的约定对其分包工程的质量向总承包单位负责，总承包单位与分包单位对分包工程的质量承担连带责任。

3）按图施工

《质量管理条例》第 28 条规定：施工单位必须按照工程设计图纸和施工技术标准施工，不得擅自修改工程设计，不得偷工减料。施工单位在施工过程中发现设计文件和图纸有差错的，应当及时提出意见和建议。

4）对建筑材料、构配件和设备进行检验的责任

《质量管理条例》第 29 条规定：施工单位必须按照工程设计要求、施工技术标准和合同约定，对建筑材料、建筑构配件、设备和商品混凝土进行检验，检验应当有书面记录和专人签字；未经检验或者检验不合格的，不得使用。

5）对施工质量进行检验的责任

《质量管理条例》第 30 条规定：施工单位必须建立、健全施工质量的检验制度，严格工序管理，做好隐蔽工程的质量检查和记录。隐蔽工程在隐蔽前，施工单位应当通知建设单位和建设工程质量监督机构。

6）见证取样

在工程施工过程中，为了控制工程施工质量，需要依据有关技术标准和规定的方法，对用于工程的材料和构件抽取一定数量的样品进行检测，并根据检测结果判断其所代表部位的质量。《质量管理条例》第 31 条规定：施工人员对涉及结构安全的试块、试件以及有关材料，应当在建设单位或者工程监理单位监督下现场取样，并送具有相应资质等级的质量检测单位进行检测。

7）保修

《质量管理条例》第 32 条规定：施工单位对施工中出现质量问题的建设工程或者竣工验收不合格的建设工程，应当负责返修。

在建设工程竣工验收合格前，施工单位应对质量问题履行返修义务；建设工程竣工验收合格后，施工单位应对保修期内出现的质量问题履行保修义务。《民法典》第 801 条对施工单位的返修义务也有相应规定：因施工人原因致使建设工程质量不符合约定的，发包人有权请求施工人在合理期限内无偿修理或者返工、改建。经过修理或者返工、改建后，造成逾期交付的，施工人应当承担违约责任。返修包括修理和返工。

（四）《中华人民共和国劳动法》《中华人民共和国劳动合同法》

《中华人民共和国劳动法》（以下简称《劳动法》）于 1994 年 7 月 5 日第八届全国人民代表大会常务委员会第八次会议通过，自 1995 年 1 月 1 日起施行；根据 2018 年 12 月 29 日第十三届全国人民代表大会常务委员会第七次会议《关于修改〈中华人民共和国劳动法〉等七部法律的决定》第二次修改。

《劳动法》分为总则、促进就业、劳动合同和集体合同、工作时间和休息休假、工资、劳动安全卫生、女职工和未成年工特殊保护、职业培训、社会保险和福利、劳动争议、监督检查、法律责任、附则 13 章，共 107 条。

《劳动法》的立法目的是保护劳动者的合法权益，调整劳动关系，建立和维护适应社会主义市场经济的劳动制度，促进经济发展和社会进步。

《中华人民共和国劳动合同法》（以下简称《劳动合同法》）于 2007 年 6 月 29 日第十届全国人民代表大会常务委员会第二十八次会议通过，自 2008 年 1 月 1 日起施行；根据 2012 年 12 月 28 日第十一届全国人民代表大会第十三次会议《关于修改〈中华人民共和国劳动合同法〉的决定》修改，修改后的《劳动合同法》自 2013 年 7 月 1 日起实施。《劳动合同法》包括总则、劳动合同的订立、劳动合同的履行和变更、劳动合同的解除和终止、特别规定、监督检查、法律责任、附则 8 章，共 98 条。

《劳动合同法》的立法目的是完善劳动合同制度，明确劳动合同双方当事人的权利和义务，保护劳动者的合法权益，构建和发展和谐稳定的劳动关系。

《劳动合同法》在《劳动法》的基础上，对劳动合同的订立、履行、终止等内容作出了更为详尽的规定。

1. 《劳动法》《劳动合同法》关于劳动合同和集体合同的有关规定

（1）法规相关条文

《劳动法》关于劳动合同的条文是第 16 条～第 32 条，关于集体合同的条文是第 33 条～第 35 条。

《劳动合同法》关于劳动合同的条文是第 7 条～第 50 条，关于集体合同的条文是第 51 条～第 56 条。

（2）劳动合同、集体合同的概念

劳动合同是劳动者与用人单位确立劳动关系、明确双方权利和义务的协议。这里的劳动关系,是指劳动者与用人单位(包括各类企业、个体工商户、事业单位等)在实现劳动过程中建立的社会经济关系。

劳动合同分为固定期限劳动合同、无固定期限劳动合同和以完成一定工作任务为期限的劳动合同。固定期限劳动合同是指用人单位与劳动者约定合同终止时间的劳动合同。无固定期限劳动合同是指用人单位与劳动者约定无确定终止时间的劳动合同。以完成一定工作任务为期限的劳动合同是指用人单位与劳动者约定以某项工作的完成为合同期限的劳动合同。

集体合同又称集体协议、团体协议等,是指企业职工一方与企业(用人单位)就劳动报酬、工作时间、休息休假、劳动安全卫生、保险福利等事项,依据有关法律法规,通过平等协商达成的书面协议。集体合同实际上是一种特殊的劳动合同。

(3)劳动合同的订立

1)劳动合同当事人

《劳动法》第16条规定,劳动合同的当事人为用人单位和劳动者。

《中华人民共和国劳动合同法实施条例》(以下简称《劳动合同法实施条例》)进一步规定:劳动合同法规定的用人单位设立的分支机构,依法取得营业执照或者登记证书的,可以作为用人单位与劳动者订立劳动合同;未依法取得营业执照或者登记证书的,受用人单位委托可以与劳动者订立劳动合同。

2)劳动合同的类型

劳动合同分为以下三种类型:一是固定期限劳动合同,即用人单位与劳动者约定合同终止时间的劳动合同;二是以完成一定工作任务为期限的劳动合同,即用人单位与劳动者约定以某项工作的完成为合同期限的劳动合同;三是无固定期限劳动合同,即用人单位与劳动者约定无明确终止时间的劳动合同。

有下列情形之一,劳动者提出或者同意续订、订立劳动合同的,除劳动者提出订立固定期限劳动合同外,应当订立无固定期限劳动合同:

① 劳动者在该用人单位连续工作满10年的;

② 用人单位初次实行劳动合同制度或者国有企业改制重新订立劳动合同时,劳动者在该用人单位连续工作满10年且距法定退休年龄不足10年的;

③ 连续订立两次固定期限劳动合同,且劳动者没有《劳动合同法》第39条(即用人单位可以解除劳动合同的条件)和第40条第1款、第2款规定(即劳动者患病或者非因工负伤,在规定的医疗期满后不能从事原工作,也不能从事由用人单位另行安排的工作的;劳动者不能胜任工作,经过培训或者调整工作岗位,仍不能胜任工作的)的情形,续订劳动合同的。

若劳动者依据此处的规定提出订立无固定期限劳动合同的,用人单位应当与其订立无固定期限劳动合同。对劳动合同的内容,双方应当按照合法、公平、平等自愿、协商一致、诚实信用的原则协商确定。

劳动者非因本人原因从原用人单位被安排到新用人单位工作的,劳动者在原用人单位的工作年限合并计算为新用人单位的工作年限。原用人单位已经向劳动者支付经济补偿的,新用人单位在依法解除、终止劳动合同计算支付经济补偿的工作年限时,不再计算劳动者在原用人单位的工作年限。

3）订立劳动合同的时间限制

《劳动合同法》第 10 条规定：建立劳动关系，应当订立书面劳动合同。已建立劳动关系，未同时订立书面劳动合同的，应当自用工之日起一个月内订立书面劳动合同。用人单位与劳动者在用工前订立劳动合同的，劳动关系自用工之日起建立。

因劳动者的原因未能订立劳动合同的，《劳动合同法实施条例》第 5 条规定：自用工之日起一个月内，经用人单位书面通知后，劳动者不与用人单位订立书面劳动合同的，用人单位应当书面通知劳动者终止劳动关系，无需向劳动者支付经济补偿，但是应当依法向劳动者支付其实际工作时间的劳动报酬。

因用人单位的原因未能订立劳动合同的，《劳动合同法实施条例》第 6 条规定：用人单位自用工之日起超过一个月不满一年未与劳动者订立书面劳动合同的，应当依照《劳动合同法》第 82 条的规定向劳动者每月支付两倍的工资，并与劳动者补订书面劳动合同；劳动者不与用人单位订立书面劳动合同的，用人单位应当书面通知劳动者终止劳动关系，并依照《劳动合同法》第 47 条的规定支付经济补偿。

4）劳动合同的生效

劳动合同由用人单位与劳动者协商一致，并经用人单位与劳动者在劳动合同文本上签字或者盖章生效。

劳动合同文本由用人单位和劳动者各执一份。

（4）劳动合同的条款

《劳动合同法》第 17 条规定：劳动合同应当具备以下条款：

1）用人单位的名称、住所和法定代表人或者主要负责人；

2）劳动者的姓名、住址和居民身份证或者其他有效身份证件号码；

3）劳动合同期限；

4）工作内容和工作地点；

5）工作时间和休息休假；

6）劳动报酬；

7）社会保险；

8）劳动保护、劳动条件和职业危害防护；

9）法律、法规规定应当纳入劳动合同的其他事项。

劳动合同除前款规定的必备条款外，用人单位与劳动者可以约定试用期、培训、保守秘密、补充保险和福利待遇等其他事项。

《劳动合同法》第 18 条规定：劳动合同对劳动报酬和劳动条件等标准约定不明确，引发争议的，用人单位与劳动者可以重新协商；协商不成的，适用集体合同规定；没有集体合同或者集体合同未规定劳动报酬的，实行同工同酬；没有集体合同或者集体合同未规定劳动条件等标准的，适用国家有关规定。

（5）试用期

1）试用期的最长时间

《劳动法》第 21 条规定：试用期最长不得超过 6 个月。

《劳动合同法》第 19 条进一步明确：劳动合同期限 3 个月以上未满 1 年的，试用期不得超过 1 个月；劳动合同期限 1 年以上不满 3 年的，试用期不得超过 2 个月；3 年以上固定期限和无固定期限的劳动合同,试用期不得超过 6 个月。

2)试用期的次数限制

《劳动合同法》第 19 条规定:同一用人单位与同一劳动者只能约定一次试用期。

以完成一定工作任务为期限的劳动合同或者劳动合同期限不满 3 个月的,不得约定试用期。

试用期包含在劳动合同期限内。劳动合同仅约定试用期的,试用期不成立,该期限为劳动合同期限。

3)试用期内的最低工资

《劳动合同法》第 20 条规定:劳动者在试用期的工资不得低于本单位相同岗位最低档工资或者劳动合同约定工资的 80%,并不得低于用人单位所在地的最低工资标准。

《劳动合同法实施条例》对此作进一步明确:劳动者在试用期的工资不得低于本单位相同岗位最低档工资的 80%或者不得低于劳动合同约定工资的 80%,并不得低于用人单位所在地的最低工资标准。

4)试用期内合同解除条件的限制

《劳动合同法》第 21 条规定:在试用期中,除劳动者有《劳动合同法》第 39 条(即用人单位可以解除劳动合同的条件)和第 40 条第 1 款、第 2 款(即劳动者患病或者非因工负伤,在规定的医疗期满后不能从事原工作,也不能从事由用人单位另行安排的工作的;劳动者不能胜任工作,经过培训或者调整工作岗位,仍不能胜任工作的)规定的情形外,用人单位不得解除劳动合同。用人单位在试用期解除劳动合同的,应当向劳动者说明理由。

(6)劳动合同的无效

《劳动合同法》第 26 条规定:下列劳动合同无效或者部分无效:

1)以欺诈、胁迫的手段或者乘人之危,使对方在违背真实意思的情况下订立或者变更劳动合同的;

2)用人单位免除自己的法定责任、排除劳动者权利的;

3)违反法律、行政法规强制性规定的。

对劳动合同的无效或者部分无效有争议的,由劳动争议仲裁机构或者人民法院确认。

劳动合同部分无效,不影响其他部分效力的,其他部分仍然有效。

劳动合同被确认无效,劳动者已付出劳动的,用人单位应当向劳动者支付劳动报酬。劳动报酬的数额,参照本单位相同或者相近岗位劳动者的劳动报酬确定。

(7)劳动合同的变更

用人单位变更名称、法定代表人、主要负责人或者投资人等事项,不影响劳动合同的履行。

用人单位发生合并或者分立等情况,原劳动合同继续有效,劳动合同由承继其权利和义务的用人单位继续履行。

用人单位与劳动者协商一致,可以变更劳动合同约定的内容。变更劳动合同,应当采用书面形式。

变更后的劳动合同文本由用人单位和劳动者各执一份。

(8)劳动合同的解除

用人单位与劳动者协商一致，可以解除劳动合同。用人单位向劳动者提出解除劳动合同并与劳动者协商一致解除劳动合同的，用人单位应当向劳动者给予经济补偿。

劳动者提前30日以书面形式通知用人单位，可以解除劳动合同。劳动者在试用期内提前3日通知用人单位，可以解除劳动合同。

1）劳动者解除劳动合同的情形

《劳动合同法》第38条规定：用人单位有下列情形之一的，劳动者可以解除劳动合同，用人单位应当向劳动者支付经济补偿：

① 未按照劳动合同约定提供劳动保护或者劳动条件的；

② 未及时足额支付劳动报酬的；

③ 未依法为劳动者缴纳社会保险费的；

④ 用人单位的规章制度违反法律、法规的规定，损害劳动者权益的；

⑤ 因《劳动合同法》第26条第1款（即以欺诈、胁迫的手段或者乘人之危，使对方在违背真实意思的情况下订立或者变更劳动合同的）规定的情形致使劳动合同无效的；

⑥ 法律、行政法规规定劳动者可以解除劳动合同的其他情形。

用人单位以暴力、威胁或者非法限制人身自由的手段强迫劳动者劳动的，或者用人单位违章指挥、强令冒险作业危及劳动者人身安全的，劳动者可以立即解除劳动合同，不需事先告知用人单位。

2）用人单位可以解除劳动合同的情形

除用人单位与劳动者协商一致，用人单位可以与劳动者解除合同外，如遇下列情形，用人单位也可以与劳动者解除合同。

① 随时解除

《劳动合同法》第39条规定：劳动者有下列情形之一的，用人单位可以解除劳动合同：

A. 在试用期间被证明不符合录用条件的；

B. 严重违反用人单位的规章制度的；

C. 严重失职，营私舞弊，给用人单位造成重大损害的；

D. 劳动者同时与其他用人单位建立劳动关系，对完成本单位的工作任务造成严重影响，或者经用人单位提出，拒不改正的；

E. 因《劳动合同法》第26条第1款第1项（即以欺诈、胁迫的手段或者乘人之危，使对方在违背真实意思的情况下订立或者变更劳动合同的）规定的情形致使劳动合同无效的；

F. 被依法追究刑事责任的。

② 预告解除

《劳动合同法》第40条规定：有下列情形之一的，用人单位提前30日以书面形式通知劳动者本人或者额外支付劳动者1个月工资后，可以解除劳动合同，用人单位应当向劳动者支付经济补偿：

A. 劳动者患病或者非因工负伤，在规定的医疗期满后不能从事原工作，也不能从事由用人单位另行安排的工作的；

B. 劳动者不能胜任工作，经过培训或者调整工作岗位，仍不能胜任工作的；

C. 劳动合同订立时所依据的客观情况发生重大变化，致使劳动合同无法履行，经用人单位与劳动者协商，未能就变更劳动合同内容达成协议的。

用人单位依照此规定，选择额外支付劳动者 1 个月工资解除劳动合同的，其额外支付的工资应当按照该劳动者上 1 个月的工资标准确定。

③ 经济性裁员

《劳动合同法》第 41 条规定：有下列情形之一，需要裁减人员 20 人以上或者裁减不足 20 人但占企业职工总数 10% 以上的，用人单位提前 30 日向工会或者全体职工说明情况，听取工会或者职工的意见后，裁减人员方案经向劳动行政部门报告，可以裁减人员，用人单位应当向劳动者支付经济补偿：

A. 依照企业破产法规定进行重整的；

B. 生产经营发生严重困难的；

C. 企业转产、重大技术革新或者经营方式调整，经变更劳动合同后，仍需裁减人员的；

D. 其他因劳动合同订立时所依据的客观经济情况发生重大变化，致使劳动合同无法履行的。

④ 用人单位不得解除劳动合同的情形

《劳动合同法》第 42 条规定：劳动者有下列情形之一的，用人单位不得依照本法第 40 条、第 41 条的规定解除劳动合同：

A. 从事接触职业病危害作业的劳动者未进行离岗前职业健康检查，或者疑似职业病病人在诊断或者医学观察期间的；

B. 在本单位患职业病或者因工负伤并被确认丧失或者部分丧失劳动能力的；

C. 患病或者非因工负伤，在规定的医疗期内的；

D. 女职工在孕期、产期、哺乳期的；

E. 在本单位连续工作满 15 年，且距法定退休年龄不足 5 年的；

F. 法律、行政法规规定的其他情形。

（9）劳动合同终止

《劳动合同法》第 44 条规定：有下列情形之一的，劳动合同终止。用人单位与劳动者不得在劳动合同法规定的劳动合同终止情形之外约定其他的劳动合同终止条件：

1）劳动者达到法定退休年龄的，劳动合同终止；

2）劳动合同期满的。除用人单位维持或者提高劳动合同约定条件续订劳动合同，劳动者不同意续订的情形外，依照本项规定终止固定期限劳动合同的，用人单位应当向劳动者支付经济补偿；

3）劳动者开始依法享受基本养老保险待遇的；

4）劳动者死亡，或者被人民法院宣告死亡或者宣告失踪的；

5）用人单位被依法宣告破产的。依照本项规定终止劳动合同的，用人单位应当向劳动者支付经济补偿；

6）用人单位被吊销营业执照、责令关闭、撤销或者用人单位决定提前解散的。依照本项规定终止劳动合同的，用人单位应当向劳动者支付经济补偿；

7）法律、行政法规规定的其他情形。

（10）集体合同的内容与订立

集体合同的主要内容包括劳动报酬、工作时间、休息休假、劳动安全卫生、保险福利等事项，也可以就劳动安全卫生、女职工权益保护、工资调整机制等事项订立专项集体合同。

集体合同由工会代表职工与企业（用人单位）签订；没有建立工会的企业（用人单位），由职工推举的代表与企业（用人单位）签订。

（11）集体合同的效力

依法签订的集体合同对企业和企业全体职工具有约束力。职工个人与企业订立的劳动合同中劳动条件和劳动报酬等标准不得低于集体合同的规定。

（12）集体合同争议的处理

用人单位违反集体合同，侵犯职工劳动权益的，工会可以依法要求用人单位承担责任。因履行集体合同发生争议，经协商解决不成的，工会或职工协商代表可以自劳动争议发生之日起1年内向劳动争议仲裁委员会申请劳动仲裁；对劳动仲裁结果不服的，可以自收到仲裁裁决书之日起15日内向人民法院提起诉讼。

2. 《劳动法》关于劳动安全卫生的有关规定

（1）法规相关条文

《劳动法》关于劳动安全卫生的条文是第52条～第57条。

（2）劳动安全卫生

劳动安全卫生又称劳动保护，是指直接保护劳动者在劳动中的安全和健康的法律保护。

根据《劳动法》的有关规定，用人单位和劳动者应当遵守如下有关劳动安全卫生的法律规定：

1）用人单位必须建立、健全劳动安全卫生制度，严格执行国家劳动安全卫生规程和标准，对劳动者进行劳动安全卫生教育，防止劳动过程中的事故，减少职业危害。

2）劳动安全卫生设施必须符合国家规定的标准。

新建、改建、扩建工程的劳动安全卫生设施必须与主体工程同时设计、同时施工、同时投入生产和使用。

3）用人单位必须为劳动者提供符合国家规定的劳动安全卫生条件和必要的劳动防护用品，对从事有职业危害作业的劳动者应当定期进行健康检查。

4）从事特种作业的劳动者必须经过专门培训并取得特种作业资格。

5）劳动者在劳动过程中必须严格遵守安全操作规程。劳动者对用人单位管理人员违章指挥、强令冒险作业，有权拒绝执行；对危害生命安全和身体健康的行为，有权提出批评、检举和控告。

二、建 筑 材 料

构成建筑物或构筑物本身的材料称为建筑材料。建筑材料有多种分类方法，按化学成分的分类见表 2-1，按使用功能的分类见表 2-2。

建筑材料按化学成分分类 表 2-1

分类			举例
无机材料	非金属材料	天然石材	砂子、石子、各种岩石加工的石材等
		烧土制品	黏土砖、瓦、空心砖、锦砖、瓷器等
		胶凝材料	石灰、石膏、水玻璃、水泥等
		玻璃及熔融制品	玻璃、玻璃棉、岩棉、铸石等
		混凝土及硅酸盐制品	普通混凝土、砂浆及硅酸盐制品等
	金属材料	黑色金属	钢、铁、不锈钢等
		有色金属	铝、铜等及其合金
有机材料	植物材料		木材、竹材、植物纤维及其制品
	沥青材料		石油沥青、煤沥青、沥青制品
	合成高分子材料		塑料、涂料、胶粘剂、合成橡胶等
复合材料	金属材料与非金属材料复合		钢筋混凝土、预应力混凝土、钢纤维混凝土等
	非金属材料与有机材料复合		玻璃纤维增强塑料、聚合物混凝土、沥青混合料、水泥刨花板等
	金属材料与有机材料复合		轻质金属夹心板

建筑材料按使用功能分类 表 2-2

分类	定义及举例
结构材料	组成受力构件和结构所用的材料，如木材、石材、水泥、混凝土、钢材、砖、砌块等
功能材料	担负某些建筑功能的非承重材料，如防水材料、绝热材料、吸声和隔声材料、装饰材料等

（一）无机胶凝材料

1. 无机胶凝材料的分类及特性

胶凝材料也称为胶结材料，是用来把块状、颗粒状或纤维状材料粘结为整体的材料。无机胶凝材料也称矿物胶凝材料，是胶凝材料的一大类别，其主要成分是无机化合物，如水泥、石膏、石灰等均属无机胶凝材料。

按照硬化条件的不同，无机胶凝材料分为气硬性胶凝材料和水硬性胶凝材料两类。前者如石灰、石膏、水玻璃等，后者如水泥。

气硬性胶凝材料只能在空气中凝结、硬化、保持和发展强度，一般只适用于干燥环境，不宜用于潮湿环境与水中。

水硬性胶凝材料既能在空气中硬化，也能在水中凝结、硬化、保持和发展强度，既适用于干燥环境，又适用于潮湿环境与水中工程。

2. 通用水泥的品种及应用

水泥是一种加水拌合成塑性浆体，能胶结砂、石等材料，并能在空气和水中硬化的粉状水硬性胶凝材料。

水泥的品种很多。用于一般土木建筑工程的水泥为通用水泥，系通用硅酸盐水泥的简称，是以硅酸盐水泥熟料和适量的石膏，以及规定的混合材料制成的水硬性胶凝材料。通用水泥的品种、特性及应用范围见表 2-3。

通用水泥的品种、特性及应用范围 表 2-3

名称	硅酸盐水泥	普通硅酸盐水泥	矿渣硅酸盐水泥	火山灰质硅酸盐水泥	粉煤灰硅酸盐水泥	复合硅酸盐水泥
主要特性	1. 早期强度高； 2. 水化热高； 3. 抗冻性好； 4. 耐热性差； 5. 耐腐蚀性差； 6. 干缩小； 7. 抗碳化性好	1. 早期强度较高； 2. 水化热较高； 3. 抗冻性较好； 4. 耐热性较差； 5. 耐腐蚀性较差； 6. 干缩性较小； 7. 抗碳化性较好	1. 早期强度低，后期强度高； 2. 水化热低； 3. 抗冻性较差； 4. 耐热性较好； 5. 耐腐蚀性好； 6. 干缩性较大； 7. 抗碳化性较差； 8. 抗渗性差	1. 早期强度低，后期强度高； 2. 水化热低； 3. 抗冻性较差； 4. 耐热性较差； 5. 耐腐蚀性好； 6. 干缩性大； 7. 抗碳化性较差； 8. 抗渗性好	1. 早期强度低，后期强度高； 2. 水化热较低； 3. 抗冻性较差； 4. 耐热性较差； 5. 耐腐蚀性好； 6. 干缩性小； 7. 抗碳化性较差； 8. 抗裂性好	1. 早期强度稍低； 2. 其他性能同矿渣硅酸盐水泥
适用范围	1. 高强混凝土及预应力混凝土工程； 2. 早期强度要求高的工程及冬期施工的工程； 3. 严寒地区遭受反复冻融作用的混凝土工程	与硅酸盐水泥基本相同	1. 大体积混凝土工程； 2. 高温车间和有耐热要求的混凝土结构； 3. 蒸汽养护的构件； 4. 耐腐蚀要求高的混凝土工程	1. 地下、水中大体积混凝土结构； 2. 有抗渗要求的工程； 3. 蒸汽养护的构件； 4. 耐腐蚀要求高的混凝土工程	1. 地上、地下及水中大体积混凝土结构； 2. 蒸汽养护的构件； 3. 抗裂性要求较高的构件； 4. 耐腐蚀要求高的混凝土工程	可参照矿渣硅酸盐水泥、火山灰质硅酸盐水泥、粉煤灰硅酸盐水泥，但其性能受所用混合材料性能的影响，所以使用时应针对工程的性质加以选用

（二）混凝土

1. 普通混凝土的分类及主要技术性质

（1）普通混凝土的分类

混凝土是以胶凝材料、粗细骨料及其他外掺材料按适当比例拌制、成型、养护、硬化而成的人工石材。通常将水泥、矿物掺合材料、粗细骨料、水和外加剂按一定的比例配制而成的、干表观密度为 $2000\sim2800kg/m^3$ 的混凝土称为普通混凝土。

普通混凝土可以从不同角度进行分类：

1）按用途分：结构混凝土、抗渗混凝土、抗冻混凝土、大体积混凝土、水工混凝土、耐热混凝土、耐酸混凝土、装饰混凝土等。

2）按强度等级分：普通强度混凝土（<C60）、高强混凝土（≥C60）、超高强混凝土（≥C100）。

3）按施工工艺分：喷射混凝土、泵送混凝土、碾压混凝土、压力灌浆混凝土、离心混凝土、真空脱水混凝土。

普通混凝土广泛用于建筑、桥梁、道路、水利、码头、海洋等工程。

（2）普通混凝土的主要技术性质

混凝土的技术性质包括混凝土拌合物的技术性质和硬化混凝土的技术性质。混凝土拌合物的主要技术性质为和易性，硬化混凝土的主要技术性质包括强度、变形和耐久性等。

1）混凝土拌合物的和易性

混凝土中的各种组成材料按比例配合经搅拌形成的混合物称为混凝土拌合物，又称新拌混凝土。

① 混凝土拌合物的和易性概念

混凝土拌合物易于各工序施工操作（搅拌、运输、浇筑、振捣、成型等），并能获得质量稳定、整体均匀、成型密实的混凝土的性能，称为混凝土拌合物的和易性。和易性是满足施工工艺要求的综合性质，包括流动性、黏聚性和保水性。

流动性是指混凝土拌合物在自重或机械振动时能够产生流动的性质。流动性的大小反映了混凝土拌合物的稀稠程度，流动性良好的拌合物，易于浇筑、振捣和成型。

黏聚性是指混凝土组成材料间具有一定的黏聚力，在施工过程中混凝土能保持整体均匀的性能。黏聚性反映了混凝土拌合物的均匀性，黏聚性良好的拌合物易于施工操作，不会产生分层和离析的现象。黏聚性差时，会造成混凝土质地不均，振捣后易出现蜂窝、空洞等现象，影响混凝土的强度及耐久性。

保水性是指混凝土拌合物在施工过程中具有一定的保持内部水分而抵抗泌水的能力。保水性反映了混凝土拌合物的稳定性。保水性差的混凝土拌合物会在混凝土内部形成透水通道，影响混凝土的密实性，并降低混凝土的强度及耐久性。

混凝土拌合物和易性良好是保证混凝土施工质量的技术基础，也是混凝土适合泵送施工等现代化施工工艺的技术保证。在保证施工质量的前提下，具有良好的和易性，才能形成均匀、密实的硬化混凝土结构。

② 混凝土拌合物和易性的评定

混凝土拌合物的和易性目前还很难用单一的指标来评定，通常是以测定流动性为主，兼顾黏聚性和保水性。流动性常用坍落度法（适用于坍落度≥10mm）和维勃稠度法（适用于坍落度<10mm）进行测定。

坍落度数值越大，表明混凝土拌合物流动性大。根据坍落度值的大小，可将混凝土分为四级：大流动性混凝土（坍落度>160mm）、流动性混凝土（坍落度100～150mm）、塑性混凝土（坍落度10～90mm）和干硬性混凝土（坍落度<10mm）。

2）混凝土的强度

① 混凝土立方体抗压强度和强度等级

混凝土的抗压强度是混凝土结构设计的主要技术参数，也是混凝土质量评定的重要技术指标。

按照标准制作方法制成边长为150mm的标准立方体试件，在标准条件（温度20±2℃，相对湿度为95％以上）下养护28d，然后采用标准试验方法测得的抗压强度值，称为混凝土的立方体抗压强度，用f_{cu}表示。

为了便于设计和施工选用混凝土，将混凝土的强度按照混凝土立方体抗压强度标准值分为若干等级，即强度等级。《混凝土结构设计规范》GB 50010—2010（2015年版）中使用的普通混凝土分为C15、C20、C25、C30、C35、C40、C45、C50、C55、C60、C65、C70、C75、C80共十四个强度等级。其中"C"表示混凝土，C后面的数字表示混凝土立方体抗压强度标准值（$f_{cu,k}$）。如C30表示混凝土立方体抗压强度标准值30MPa≤$f_{cu,k}$＜35MPa。

② 混凝土轴心抗压强度

在实际工程中，混凝土结构构件大部分是棱柱体或圆柱体。为了能更好地反映混凝土的实际抗压性能，在计算钢筋混凝土构件承载力时，常采用混凝土的轴心抗压强度作为设计依据。

混凝土的轴心抗压强度是采用150mm×150mm×300mm的棱柱体作为标准试件，在标准条件（温度为20±2℃，相对湿度为95％以上）下养护28d，采用标准试验方法测得的抗压强度值。

③ 混凝土的抗拉强度

我国目前常采用劈裂试验方法测定混凝土的抗拉强度。劈裂试验方法是采用边长为150mm的立方体标准试件，按规定的劈裂拉伸试验方法测定混凝土的劈裂抗拉强度。

（3）混凝土的耐久性

混凝土抵抗其自身因素和环境因素的长期破坏，保持其原有性能的能力，称为耐久性。混凝土的耐久性主要包括抗渗性、抗冻性、耐蚀性、抗碳化、抗碱-骨料反应等方面。

1）抗渗性

混凝土抵抗压力液体（水或油）等渗透本体的能力称为抗渗性。

混凝土的抗渗性用抗渗等级表示。抗渗等级是以28d龄期的标准试件，用标准试验方法进行试验，以每组六个试件，四个试件未出现渗水时，所能承受的最大静水压（单位：MPa）来确定。混凝土的抗渗等级用代号P表示，分为P4、P6、P8、P10、P12和＞P12六个等级，它们分别表示混凝土抵抗0.4MPa、0.6MPa、0.8MPa、1.0MPa、1.2MPa和＞1.2MPa的液体压力而不渗水。

2）抗冻性

混凝土在吸水饱和状态下，抵抗多次反复冻融循环而不破坏，同时也不严重降低其各种性能的能力，称为抗冻性。

混凝土的抗冻性用抗冻等级表示。抗冻等级是以28d龄期的混凝土标准试件，在浸水饱和状态下，进行冻融循环试验，以抗压强度损失不超过25％，同时质量损失不超过5％时，所能承受的最大的冻融循环次数来确定。混凝土抗冻等级用F表示，分为F50、F100、F150、F200、F250、F300、F350、F400和＞F400九个等级。它们分别表示混凝土在强度损失不超过25％，质量损失不超过5％时，所能承受的最大冻融循环次数为：50

次、100 次、150 次、200 次、250 次、300 次、350 次、400 次和＞400 次。

　　3）耐蚀性

　　混凝土在外界各种侵蚀介质作用下，抵抗破坏的能力，称为混凝土的耐蚀性。当工程所处环境存在侵蚀介质时，对混凝土必须提出耐蚀性要求。

2. 普通混凝土的组成材料及其主要技术要求

　　普通混凝土的组成材料有水泥、细骨料、粗骨料、水、外加剂或掺合料。前四种材料是组成混凝土所必需的材料，后两种材料可根据混凝土性能的需要有选择性的添加。

　　（1）水泥

　　水泥是混凝土组成材料中最重要的材料，也是成本支出最多的材料，更是影响混凝土强度、耐久性最重要的影响因素。

　　水泥品种应根据工程性质与特点、所处的环境条件及施工所处条件及水泥特性合理选择。配制一般的混凝土可以选用硅酸盐水泥、普通硅酸盐水泥、矿渣硅酸盐水泥、火山灰质硅酸盐水泥及粉煤灰硅酸盐水泥、复合硅酸盐水泥等通用水泥。

　　水泥强度等级的选择应根据混凝土强度的要求来确定，低强度混凝土应选择低强度等级的水泥，高强度混凝土应选择高强度等级的水泥。因为若采用低强度等级的水泥配制高强度混凝土，不仅会使水泥的用量过大而不经济，而且由于水泥用量过多，还会引起混凝土的收缩和水化热增大；若采用高强度等级的水泥配制低强度混凝土，会因水泥用量过少而影响混凝土拌合物的和易性（不便于施工操作）和密实度，导致混凝土的强度及耐久性降低。一般情况下，中、低强度的混凝土（≤C30），水泥强度等级为混凝土强度等级的 1.5～2.0 倍；高强度混凝土，水泥强度等级与混凝土强度等级之比可小于 1.5，但不能低于 0.8。

　　（2）细骨料

　　细骨料是指公称直径小于 5.00mm 的岩石颗粒，通常称为砂。根据生产过程特点不同，砂可分为天然砂、人工砂和混合砂。天然砂包括河砂、湖砂、山砂和海砂。混合砂是天然砂与人工砂按一定比例组合而成的砂。

　　配制混凝土的砂子要求清洁不含杂质。

　　（3）粗骨料

　　粗骨料是指公称直径大于 5.00mm 的岩石颗粒，通常称为石子。其中天然形成的石子称为卵石，人工破碎而成的石子称为碎石。

　　粗骨料的最大粒径、颗粒级配、强度、坚固性、针片状颗粒含量、含泥量和泥块含量、有害物质含量应符合国家标准规定。

　　（4）水

　　混凝土用水包括混凝土拌制用水和养护用水。按水源不同分为饮用水、地表水、地下水、海水及经过处理的工业废水。地表水和地下水常溶有较多的有机质和矿物盐类；海水中含有较多硫酸盐，会降低混凝土后期强度，且影响抗冻性，同时，海水中含有大量氯盐，对混凝土中钢筋锈蚀有加速作用。

　　混凝土用水应优先采用符合国家标准的饮用水。在节约用水、保护环境的原则下，鼓励采用检验合格的中水（净化水）拌制混凝土。

（三）砂浆

1. 砂浆的分类及主要技术性质

（1）砂浆的分类

建筑砂浆是由胶凝材料、细骨料、掺加料和水配制而成的建筑工程材料。

根据所用胶凝材料的不同，建筑砂浆可分为水泥砂浆、石灰砂浆和混合砂浆（包括水泥石灰砂浆、水泥黏土砂浆、石灰黏土砂浆、石灰粉煤灰砂浆等）等。根据用途又分为砌筑砂浆和抹面砂浆。抹面砂浆包括普通抹面砂浆、装饰抹面砂浆、特种砂浆（如防水砂浆、耐酸砂浆、绝热砂浆、吸声砂浆等）。

水泥砂浆强度高，耐久性和耐水性好，但其流动性和保水性差，施工相对较困难，常用于地下结构或经常受水侵蚀的砌体部位。

混合砂浆强度较高，且耐久性、流动性和保水性均较好，便于施工，容易保证施工质量，是砌体结构房屋中常用的砂浆。

石灰砂浆强度较低，耐久性差，但流动性和保水性较好，可用于砌筑较干燥环境下的砌体。

（2）砌筑砂浆的主要技术性质

砌筑砂浆的技术性质主要包括新拌砂浆的密度、和易性，硬化砂浆的强度和对基面的粘结力、抗冻性、收缩值等指标。下面只介绍新拌砂浆的和易性和硬化砂浆的强度。

1）新拌砂浆的和易性

新拌砂浆的和易性是指砂浆易于施工并能保证质量的综合性质。和易性好的砂浆不仅在运输和施工过程中不易产生分层、离析、泌水，而且能在粗糙的砖、石基面上铺成均匀的薄层，与基层保持良好的粘结，便于施工操作。和易性包括流动性和保水性两个方面。

① 流动性

砂浆的流动性（又称稠度），是指砂浆在自重或外力作用下产生流动的性能。流动性的大小用"沉入度"表示，通常用砂浆稠度测定仪测定。

砂浆流动性的选择与砌体种类、施工方法及天气情况有关。流动性过大，砂浆太稀，过稀的砂浆不仅铺砌困难，而且硬化后强度降低；流动性过小，砂浆太稠，难于铺平。一般情况下用于多孔吸水的砌体材料或干热的天气，流动性应选得大些；用于密实不吸水的材料或湿冷的天气，流动性应选得小些。

② 保水性

新拌砂浆能够保持内部水分不泌出流失的能力，称为砂浆保水性。保水性良好的砂浆水分不易流失，易于摊铺成均匀密实的砂浆层；反之，保水性差的砂浆，在施工过程中容易泌水、分层离析，使流动性变差；同时由于水分易被砌体吸收，影响胶凝材料的正常硬化，从而降低砂浆的粘结强度。砂浆的保水性用保水率（%）表示。

2）硬化砂浆的强度

砂浆的强度是以 3 个 70.7mm×70.7mm×70.7mm 的立方体试块，在标准条件下养护 28d 后，用标准方法测得的抗压强度（MPa）算术平均值来评定的。

砂浆的强度等级分为 M5、M7.5、M10、M15、M20、M25、M30 七个等级。

2. 砌筑砂浆的组成材料及其主要技术要求

砌筑砂浆的组成材料包括胶凝材料、细骨料、掺加料和水。

（1）胶凝材料

砌筑砂浆主要的胶凝材料是水泥，常用的水泥种类有普通水泥、矿渣水泥、火山灰水泥、粉煤灰水泥和砌筑水泥等。砌筑砂浆用水泥的强度等级应根据砂浆品种及强度等级的要求进行选择。M15 及以下强度等级的砌筑砂浆宜选用 32.5 级通用硅酸盐水泥或砌筑水泥；M15 以上强度等级的砌筑砂浆宜选用 42.5 级普通硅酸盐水泥。

（2）细骨料

砌筑砂浆常用的细骨料为普通砂。除毛石砌体宜选用粗砂外，其他一般宜选用中砂。砂的含泥量不应超过 5%。

（3）水

拌合砂浆用水应符合现行行业标准《混凝土用水标准》JGJ 63—2006 的规定。应选用不含有害杂质的洁净水来拌制砂浆。

（4）掺加料

为了改善砂浆的和易性和节约水泥，可在砂浆中加入一些无机掺加料，如石灰膏、电石膏、粉煤灰等。

生石灰熟化成石灰膏时，应用孔径不大于 3mm×3mm 的网过滤，熟化时间不得少于 7d；磨细生石灰粉的熟化时间不得少于 2d。沉淀池中贮存的石灰膏，应采取防止干燥、冻结和污染的措施。严禁使用脱水硬化的石灰膏。

制作电石膏的电石渣应用孔径不大于 3mm×3mm 的网过滤，检验时应加热至 70℃并保持 20min，没有乙炔气味后，方可使用。

消石灰粉不得直接用于砌筑砂浆中。

石灰膏和电石膏试配时的稠度，应为 120mm±5mm。

粉煤灰的品质指标应符合《用于水泥和混凝土中的粉煤灰》GB/T 1596—2017 的规定。

（5）外加剂

为了使砂浆具有良好的和易性及其他施工性能，可在砂浆中掺入某些外加剂，如有机塑化剂、引气剂、早强剂、缓凝剂、防冻剂等。

（四）石材、砖和砌块

1. 砌筑用石材的分类及应用

天然石材是由采自地壳的岩石经加工或不加工而制成的材料。按岩石形状，石材可分为砌筑用石材和装饰用石材。砌筑用石材按加工后的外形规则程度分为料石和毛石两类。而料石又可分为细料石、粗料石和毛料石。

细料石通过细加工、外形规则，叠砌面凹入深度不应大于10mm，截面的宽度、高度不应小于200mm，且不应小于长度的1/4。

粗料石规格尺寸同细料石，但叠砌面凹入深度不应大于20mm。

毛料石外形大致方正，一般不加工或稍加修整，高度不应小于200mm，叠砌面凹入深度不应大于25mm。

毛石指形状不规则，中部厚度不小于200mm的石材。

砌筑用石材主要用于建筑物基础、挡土墙等，也可用于建筑物墙体。

2. 砖的分类及应用

砌墙砖按规格、孔洞率及孔的大小，分为普通砖、多孔砖和空心砖；按工艺不同又分为烧结砖和非烧结砖。

（1）烧结砖

1）烧结普通砖

以由煤矸石、页岩、粉煤灰或黏土为主要原料，经成型、焙烧而成的实心砖，称为烧结普通砖。

烧结普通砖的标准尺寸是240mm×115mm×53mm。

烧结普通砖按抗压强度分为MU30、MU25、MU20、MU15、MU10五个强度等级。

烧结普通砖是传统墙体材料。其优点是价格低廉，具有一定的强度、隔热、隔声性能及较好的耐久性。其缺点是烧砖能耗高、砖自重大、成品尺寸小、施工效率低、抗震性能差等，并且黏土砖制砖取土大量毁坏农田。目前，我国正大力推广墙体材料改革，禁止使用黏土实心砖。烧结普通砖主要用于砌筑建筑物的内墙、外墙、柱、烟囱和窑炉。

2）烧结多孔砖

烧结多孔砖是以煤矸石、页岩、粉煤灰或黏土为主要原料，经成型、焙烧而成的，孔洞率不大于35%的砖。

烧结多孔砖的外形为直角六面体，其长度、宽度、高度尺寸应符合下列要求：290mm，240mm，190mm，180mm；175mm，140mm，115mm，90mm。其他规格尺寸由供需双方协商确定。典型烧结多孔砖规格有190mm×190mm×90mm（M型）和240mm×115mm×90mm（P型）两种，如图2-1所示。

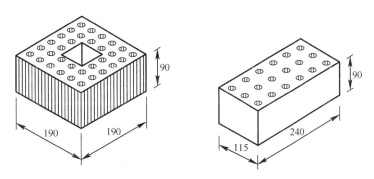

图2-1　典型规格烧结多孔砖

烧结多孔砖根据抗压强度分为 MU30、MU25、MU20、MU15、MU10 五个强度等级。

烧结多孔砖可以用于承重墙体。优等品可用于墙体装饰和清水墙砌筑,一等品和合格品可用于混水墙,中等泛霜的砖不得用于潮湿部位。

3)烧结空心砖

烧结空心砖是以煤矸石、页岩、粉煤灰或黏土为主要原料,经焙烧制成的孔洞率大于35%的砖。

烧结空心砖的长、宽、高应符合以下系列:290mm、190(140)mm、90mm;240mm、180(175)mm、115mm。

烧结空心砖主要用作非承重墙,如多层建筑内隔墙或框架结构的填充墙等。使用空心砖强度等级不低于 MU3.5,最好在 MU5 以上,孔洞率应大于 45%,以横孔方向砌筑。

(2)非烧结砖

不经焙烧而制成的砖均为非烧结砖。目前非烧结砖主要有蒸养砖、蒸压砖、碳化砖等,根据生产原材料区分主要有蒸压灰砂砖、蒸压粉煤灰砖、蒸压炉渣砖、混凝土砖等。

1)蒸压灰砂砖

蒸压灰砂砖简称灰砂砖,是以石灰等钙质材料和砂等硅质材料为主要原料,经坯料制备、压制排气成型、高压蒸汽养护而成的实心砖。

蒸压灰砂砖的尺寸规格为 240mm×115mm×53mm,其表观密度为 1800～1900kg/m³,根据产品的尺寸偏差和外观分为优等品(A)、一等品(B)、合格品(C)三个等级。

蒸压灰砂砖是在高压下成型,又经过蒸压养护,砖体组织致密,具有强度高、大气稳定性好、干缩率小、尺寸偏差小、外形光滑平整等特点。它主要用于工业与民用建筑的墙体和基础。其中,MU15、MU20 和 MU25 的灰砂砖可用于基础及其他部位,MU10 的灰砂砖可用于防潮层以上的建筑部位。蒸压灰砂砖不得用于长期受热 200℃以上、受急冷急热或有酸性介质侵蚀的环境,也不宜用于受流水冲刷的部位。

2)蒸压粉煤灰砖

蒸压粉煤灰砖简称粉煤灰砖,是以石灰、消石灰(如电石渣)或水泥等钙质材料及集料(砂等)为主要原料,掺加适量石膏,经坯料制备、压制排气成型、高压蒸汽养护而成的实心砖。

粉煤灰砖的尺寸规格为 240mm×115mm×53mm。

粉煤灰砖可用于工业与民用建筑的基础和墙体,但在易受冻融和干湿交替的部位必须使用优等品或一等品砖。用于易受冻融作用的部位时要进行抗冻性检验,并采取适当措施以提高其耐久性。长期受高于 200℃作用,或受冷热交替作用,或有酸性侵蚀的建筑部位不得使用粉煤灰砖。

3)蒸压炉渣砖

蒸压炉渣砖简称炉渣砖,是以煤燃烧后的残渣为主要原料,配以一定数量的石灰和少量石膏,经加水搅拌混合、压制成型、蒸养或蒸压养护而制成的实心砖。

炉渣砖的外形尺寸同普通黏土砖 240mm×115mm×53mm。炉渣砖的生产消耗大量工业废渣,属于环保型墙材。炉渣砖可用于一般工业与民用建筑的墙体和基础。但用于基础或易受冻融和干湿交替作用的建筑部位必须使用 MU15 及以上强度等级的砖;炉渣砖不得用于长期受热在200℃以上，或受急冷急热，或有侵蚀性介质的部位。

4）混凝土砖

混凝土普通砖是以水泥和普通骨料或轻骨料为主要原料，经原料制备、加压或振动加压、养护而制成。其规格与黏土实心砖相同，用于工业与民用建筑基础和承重墙体。混凝土普通砖的强度等级分为MU30、MU25、MU20和MU15。

混凝土多孔砖是以水泥为胶结材料，与砂、石（轻骨料）等经加水搅拌、成型和养护而制成的一种具有多排小孔的混凝土制品（图2-2）。它具有生产能耗低、节土利废、施工方便和体轻、强度高、保温效果好、耐久、收缩变形小、外观规整等特点，是一种替代烧结黏土砖的理想材料。产品主规格尺寸为240mm×115mm×90mm，砌筑时可配

图2-2　混凝土多孔砖
（240mm×115mm×90mm）

合使用半砖（120mm×115mm×90mm）、七分砖（180mm×115mm×90mm）或与主规格尺寸相同的实心砖等。强度等级分为MU30、MU25、MU20、MU15。

3. 砌块的分类及应用

砌块按产品主规格的尺寸，可分为大型砌块（高度＞980mm）、中型砌块（高度为380～980mm）和小型砌块（115mm＜高度＜380mm）。按有无孔洞可分为实心砌块和空心砌块。空心砌块的空心率≥25%。

目前在国内推广应用较为普遍的砌块有蒸压加气混凝土砌块、混凝土小型空心砌块、石膏砌块等。

（1）蒸压加气混凝土砌块

蒸压加气混凝土砌块是钙质材料（水泥、石灰等）和硅质材料（矿渣和粉煤灰）加入铝粉（作加气剂），经蒸压养护而成的多孔轻质块体材料，简称加气混凝土砌块。

蒸压加气混凝土砌块的尺寸规格为：长度600mm，高度200mm、240mm、250mm、300mm，宽度100mm、120mm、125mm、150mm、180mm、200mm、240mm、250mm、300mm，如需要其他规格，可由供需双方协商解决。

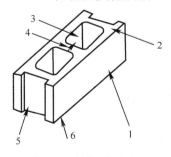

图2-3　混凝土小型空心
砌块各部位名称
1—条面；2—坐浆面（肋厚较小的面）；
3—壁；4—肋；5—顶面；6—铺浆
面（肋厚较大的面）

蒸压加气混凝土砌块具有表观密度小、保温及耐火性好、易加工、抗震性好、施工方便的特点，适用于低层建筑的承重墙。多层建筑和高层建筑的隔离墙、填充墙及工业建筑的围护墙体和绝热墙体。建筑的基础，处于浸水、高湿和化学侵蚀环境，承重制品表面温度高于80℃的部位，均不得采用加气混凝土砌块。

（2）普通混凝土小型空心砌块

混凝土小型空心砌块是以水泥为胶凝材料，砂、碎石或卵石、煤矸石、炉渣为骨料，经加水搅拌、振动加压或冲压成型、养护而成的小型砌块。混凝土小型空心砌块示意图如图2-3所示。

混凝土小型空心砌块主规格尺寸为 390mm×190mm×190mm、390mm×240mm×190mm，最小外壁厚不应小于 30mm，最小肋厚不应小于 25mm。

混凝土小型空心砌块建筑体系比较灵活，砌筑方便，主要用于建筑的内外墙体。

（五）钢材

1. 钢材的分类

钢材的品种繁多，分类方法也很多。主要的分类方法见表 2-4。

钢材的分类　　　　　　　　　　　　　表 2-4

分类方法	类别		特性
按化学成分分类	碳素钢	低碳钢	含碳量<0.25%
		中碳钢	含碳量 0.25%～0.60%
		高碳钢	含碳量>0.60%
	合金钢	低合金钢	合金元素总含量<5%
		中合金钢	合金元素总含量 5%～10%
		高合金钢	合金元素总含量≥10%
按脱氧程度分类	沸腾钢		脱氧不完全，硫、磷等杂质偏析较严重，代号为"F"
	镇静钢		脱氧完全，同时去硫，代号为"Z"
	特殊镇静钢		比镇静钢脱氧程度还要充分彻底，代号为"TZ"
按质量分类	普通钢		含硫量≤0.055%～0.065%，含磷量≤0.045%～0.085%
	优质钢		含硫量≤0.03%～0.045%，含磷量≤0.035%～0.045%
	高级优质钢		含硫量≤0.02%～0.03%，含磷量≤0.027%～0.035%

建筑工程中目前常用的钢种是普通碳素结构钢和普通低合金结构钢。

2. 钢结构用钢材的品种及特性

（1）钢种及钢号

建筑钢结构用钢材主要有碳素结构钢和低合金高强度结构钢两种。

1）碳素结构钢

① 碳素结构钢的牌号及其表示方法

碳素结构钢的牌号由字母 Q、屈服点数值、质量等级代号、脱氧方法代号四个部分组成。其中 Q 是"屈"字汉语拼音的首位字母；屈服点数值（以 N/mm^2 为单位）分为 195、215、235、275；质量等级代号有 A、B、C、D，表示质量由低到高；脱氧方法代号有 F、Z、TZ，分别表示沸腾钢、镇静钢、特殊镇静钢，其中代号 Z、TZ 可以省略不写。钢结构一般采用 Q235 钢，分为 A、B、C、D 四级，A、B 两级有沸腾钢和镇静钢，C 级全部为镇静钢，D 级全部为特殊镇静钢。例如 Q235A 代表屈服强度为 235N/mm^2，A 级，镇静钢。

② 碳素结构钢的特性与用途

Q235 钢既具有较高的强度，又具有较好的塑性和韧性，可焊性也好，同时力学性能稳定，对轧制、加热、急剧冷却时的敏感性较小，故在建筑钢结构中应用广泛。其中 Q235A 钢一般仅适用于承受静荷载作用的结构，Q235C 和 Q235D 钢可用于重要焊接的结构。同时 Q235D 钢冲击韧性很好，具有较强的抗冲击、振动荷载的能力，尤其适宜在较低温度下使用。

Q195 和 Q215 钢塑性很好，但强度过低，常用作生产一般使用的钢钉、铆钉、螺栓及钢丝等。Q275 钢强度很高，但塑性、可焊性较差，多用于生产机械零件和工具等。

2）低合金高强度结构钢

低合金高强度结构钢是在钢的冶炼过程中添加少量合金元素（合金元素的总量低于5%），以提高钢材的强度、耐腐蚀性及低温冲击韧性等。

① 低合金高强度结构钢的牌号及其表示方法

低合金高强度结构钢均为镇静钢或特殊镇静钢，所以它的牌号只有 Q、屈服点数值、质量等级三部分。屈服点数值（以 N/mm² 为单位）分为 295、345、390、420、460。质量等级有 A～E 五个级别。A 级无冲击功要求，B、C、D、E 级均有冲击功要求。不同质量等级对碳、硫、磷、铝等含量的要求也有区别。低合金高强度结构钢的 A、B 级属于镇静钢，C、D、E 级属于特殊镇静钢。例如 Q345E 代表屈服点为 345N/mm² 的 E 级低合金高强度结构钢。

② 低合金高强度结构钢的特性及应用

低合金高强度结构钢与碳素结构钢相比，具有较高的强度，综合性能好，所以在相同使用条件下，可比碳素结构钢节省用钢 20%～30%，对减轻结构自重有利。同时还具有良好的塑性、韧性、可焊性、耐磨性、耐蚀性、耐低温性等性能，具有良好的可焊性及冷加工性，易于加工与施工。低合金高强度结构钢主要用于轧制各种型钢（角钢、槽钢、工字钢）、钢板、钢管及钢筋，广泛用于钢结构和钢筋混凝土结构中，特别适用于各种重型结构、大跨度结构、高层结构及桥梁工程等，尤其对用于大跨度和大柱网的结构，其技术经济效果更为显著。

（2）钢结构用钢材的规格

钢结构所用钢材主要是型钢和钢板。型钢和钢板的成型有热轧和冷轧两种。

1）热轧型钢

热轧型钢主要采用碳素结构钢 Q235A、低合金高强度结构钢 Q345 和 Q390 热轧成型。

常用的热轧型钢有角钢、工字钢、槽钢、H 型钢等，如图 2-4 所示。

① 热轧普通工字钢

工字钢的规格以 "I" 与腰高度值×腿宽度值×腰厚度值（mm）表示。如：I450×150×11.5（简记为 I45a），表示腰高为 450mm、腿宽为 150mm、腰厚为 11.5mm 的工字钢。

工字钢广泛应用于各种建筑结构和桥梁，主要用于承受横向弯曲（腹板平面内受弯）的杆件，但不宜单独用作轴心受压构件或双向弯曲的构件。

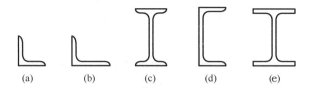

图 2-4　热轧型钢

(a) 等边角钢；(b) 不等边角钢；(c) 工字钢；(d) 槽钢；(e) H 型钢

② 热轧 H 型钢

H 型钢由工字型钢发展而来。H 型钢的规格型号以"代号 腹板高度×翼板宽度×腹板厚度×翼板厚度"(mm) 表示，也可用"代号　腹板高度×翼板宽度"表示。

与工字型钢相比，H 型钢优化了截面的分布，具有翼缘宽，侧向刚度大，抗弯能力强，翼缘两表面相互平行、连接构造方便，重量轻、节省钢材等优点。

H 型钢分为宽翼缘（代号为 HW）、中翼缘（代号为 HM）和窄翼缘 H 型钢（HN）以及 H 型钢桩（HP）。宽翼缘和中翼缘 H 型钢适用于钢柱等轴心受压构件，窄翼缘 H 型钢适用于钢梁等受弯构件。

③ 热轧普通槽钢

槽钢规格以"["与腰高度值×腿宽度值×腰厚度值（mm）表示。如：[200×75×9（简记为[20b）。

槽钢主要用于承受轴向力的杆件、承受横向弯曲的梁以及联系杆件，主要用于建筑钢结构、车辆制造等。

④ 热轧角钢

角钢可分为等边角钢和不等边角钢。

等边角钢的规格以"∠"与边宽度值×边宽度值×厚度值"（mm）表示。如：∠200×200×24（简记为∠200×24），表示边宽为 200mm、厚度为 24mm 的等边角钢。

不等边角钢的规格以"∠"与长边宽度值×短边宽度值×厚度值（mm）表示。如：∠160×100×16，表示长边宽为 160mm、短边宽为 100mm、厚度为 16mm 的不等边角钢。

角钢主要用作承受轴向力的杆件和支撑杆件，也可作为受力构件之间的连接零件。

2）冷弯薄壁型钢

冷弯薄壁型钢指用钢板或带钢在常温下弯曲成的各种断面形状的成品钢材。

冷弯薄壁型钢的类型有 C 型钢、U 型钢、Z 型钢、带钢、镀锌带钢、镀锌卷板、镀锌 C 型钢、镀锌 U 型钢、镀锌 Z 型钢。图 2-5 所示为常见形式的冷弯薄壁型钢。冷弯薄壁型钢的表示方法与热轧型钢相同。

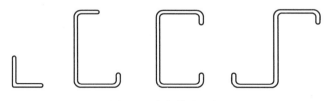

图 2-5　冷弯薄壁型钢

在房屋建筑中，冷弯型钢可用作钢架、桁架、梁、柱等主要承重构件，也被用作屋面檩条、墙架梁柱、龙骨、门窗、屋面板、墙面板、楼板等次要构件和围护结构。

3）板材

① 钢板

钢板是用碳素结构钢和低合金高强度结构钢经热轧或冷轧生产的扁平钢材。按轧制方式可分为热轧钢板和冷轧钢板。

表示方法：宽度×厚度×长度（mm）。

厚度大于 4mm 以上为厚板；厚度小于或等于 4mm 的为薄板。

热轧碳素结构钢厚板，是钢结构中主要使用的钢材。低合金高强度结构钢厚板，用于重型结构、大跨度桥梁和高压容器等。薄板用于屋面、墙面或轧型板原料等。

② 压型钢板

压型钢板是用薄板经冷轧成波形、U形、V 形等形状，如图 2-6 所示。压型钢板有涂层、镀锌、防腐等薄板。压型钢板具有单位质量轻、强度高、抗震性能好、施工快、外形美观等优点。主要用于围护结构、楼板、屋面板和装饰板等。

③ 花纹钢板

花纹钢板是表面压有防滑凸纹的钢板，主要用于平台、过道及楼梯等的铺板。钢板的基本厚度为 2.5～8.0mm，宽度为 600～1800mm，长度为 2000～12000mm。

④ 彩色涂层钢板

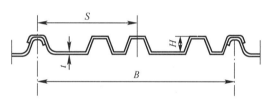

图 2-6　压型钢板

彩色涂层钢板是以冷轧钢板、电镀锌钢板、热镀锌钢板或镀铝锌钢板为基板经过表面脱脂、磷化、铬酸盐处理后，涂上有机涂料经烘烤而制成的产品。

彩色涂层钢板的标记方式为：钢板用途代号—表面状态代号—涂料代号—基材代号—板厚×板宽×板长。

3. 钢筋混凝土结构用钢材的品种及特性

钢筋混凝土结构用钢材主要是由碳素结构钢和低合金结构钢轧制而成的各种钢筋，其主要品种有热轧钢筋、冷加工钢筋、热处理钢筋、预应力混凝土用钢丝和钢绞线等。

（1）热轧钢筋

经热轧成型并自然冷却的成品钢筋，称为热轧钢筋。根据表面特征不同，热轧钢筋分为光圆钢筋和带肋钢筋两大类。

1）热轧光圆钢筋

热轧光圆钢筋，横截面为圆形，表面光圆。其牌号由 HPB＋屈服强度特征值构成。其中 HPB 为热轧光圆钢筋的英文（Hot -rolled Plain Steel Bars）缩写，屈服强度值分为 235MPa、300MPa 两个级别。国家标准推荐的钢筋公称直径有 6mm、8mm、10mm、

12mm、16mm、20mm 六种。

热轧光圆钢筋的强度较低，但塑性及焊接性能很好，故广泛用于钢筋混凝土结构的构造筋。

2）热轧带肋钢筋

热轧带肋钢筋通常为圆形横截面，且表面通常带有两条纵肋和沿长度方向均匀分布的横肋。

热轧带肋钢筋按屈服强度值分为 400MPa、500MPa、600MPa 三个等级，其牌号的构成及其含义见表 2-5。

热轧带肋钢筋牌号的构成及其含义   表 2-5

类别	牌号	牌号构成	英文字母含义
普通热轧钢筋	HRB400	由 HRB+屈服强度特征值构成	HRB——热轧带肋钢筋的英文（Hot rolled Ribbed Bars）缩写。 E——"地震"的英文（Earthquake）首位字母
	HRB500		
	HRB600		
	HRB400E	由 HRB+屈服强度特征值+E 构成	
	HRB500E		
细晶粒热轧钢筋	HRBF400	由 HRBF+屈服强度特征值构成	HRBF——在热轧带肋钢筋的英文缩写后加"细"的英文（Fine）首位字母。 E——"地震"的英文（Earthquake）首位字母
	HRBF500		
	HRBF400E	由 HRBF+屈服强度特征值+E 构成	
	HRBF500E		

热轧带肋钢筋的延性、可焊性、机械连接性能和锚固性能均较好，且其 400MPa、500MPa 级钢筋的强度高，因此 HRB400、HRBF400、HRB500、HRBF500 钢筋是混凝土结构的主导钢筋，实际工程中主要用作结构构件中的受力主筋、箍筋等。

（2）冷加工钢筋

1）冷轧带肋钢筋

冷轧带肋钢筋是采用由普通低碳钢或低合金钢热轧的圆盘条为母材，经冷轧减径后在其表面冷轧成二面或三面有肋的钢筋。

冷轧带肋钢筋的牌号由 CRB 和钢筋的抗拉强度最小值构成。C、R、B 分别为冷轧（Cold rolled）、带肋（Ribbed）、钢筋（Bar）三个词的英文首位字母。冷轧带肋钢筋分为 CRB550、CRB650、CRB800、CRB970 和 CRB1170 五个牌号。CRB550 冷轧带肋钢筋的公称直径范围为 4～12mm，为普通钢筋混凝土用钢筋。其他牌号钢筋的公称直径为 4mm、5mm、6mm，为预应力混凝土用钢筋。

2）冷拔低碳钢丝

冷拔低碳钢丝是用普通碳素钢热轧盘条钢筋在常温下冷拔加工而成。《冷拔低碳钢丝应用技术规程》JGJ 19—2010 只有 CDW550 一个强度级别，其直径为 3mm、4mm、5mm、6mm、7mm 和 8mm。

冷拔低碳钢丝用于预应力混凝土桩、钢筋混凝土排水管及环形混凝土电杆的钢筋骨架中的螺旋筋（环向钢筋）和焊接网、焊接骨架、箍筋和构造钢筋。冷拔低碳钢丝不得做预应力钢筋使用，做箍筋使用时直径不宜小于 5mm。

（3）热处理钢筋

预应力混凝土用热处理钢筋是普通热轧中碳低合金钢经淬火和回火等调质处理而成，有 6mm、8.2mm、10mm 三种规格的直径。

热处理钢筋强度高，锚固性好，不易打滑，预应力值稳定；施工简便，开盘后钢筋自然伸直，不需调直及焊接。主要用于预应力钢筋混凝土轨枕，也用于预应力梁、板结构及吊车梁等。

（4）预应力混凝土用钢丝

钢丝按加工状态分为冷拉钢丝和消除应力钢丝两类。

冷拉钢丝是用盘条通过拔丝模或轧辊经冷加工而成，以盘卷供货的钢丝。

消除应力钢丝，按松弛性能又分为低松弛级钢丝和普通松弛级钢丝。钢丝在塑性变形下（轴应变）进行短时热处理，得到的为低松弛钢丝。钢丝通过矫直工序后在适当温度下进行短时热处理，得到的为普通松弛钢丝。

钢丝按外形分为光圆钢丝、螺旋肋钢丝、刻痕钢丝三种。螺旋肋钢丝表面沿着长度方向上具有规则间隔的肋条（图 2-7）；刻痕钢丝表面沿着长度方向上具有规则间隔的压痕（图 2-8）。

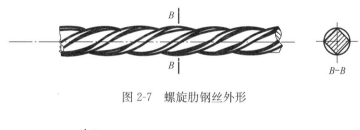

图 2-7 螺旋肋钢丝外形

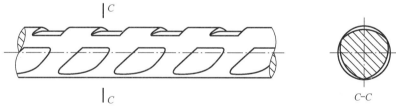

图 2-8 三面刻痕钢丝外形

预应力钢丝的抗拉强度比钢筋混凝土用热轧光圆钢筋、热轧带肋钢筋高很多，在构件中采用预应力钢丝可节省钢材、减少构件截面和节省混凝土。主要用于桥梁、吊车梁、大跨度屋架和管桩等预应力钢筋混凝土构件中。

（5）预应力混凝土钢绞线

预应力混凝土钢绞线是按严格的技术条件，绞捻起来的钢丝束。

预应力钢绞线按捻制结构分为五类：用两根钢丝捻制的钢绞线（代号为 1×2）、用三根钢丝捻制的钢绞线（代号为 1×3）、用三根刻痕钢丝捻制的钢绞线（代号为 1×3I）、用七根钢丝捻制的标准型钢绞线（代号为 1×7）、用七根钢丝捻制又经模拔的钢绞线［代号为（1×7）C］。钢绞线外形示意图如图 2-9 所示。

预应力钢丝和钢绞线具有强度高、柔度好，质量稳定，与混凝土粘结力强，易于锚

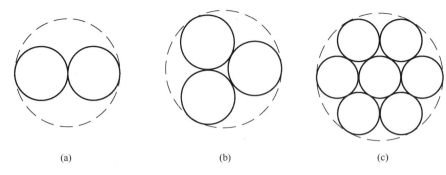

图 2-9 钢绞线外形示意

(a) 1×2 结构钢绞线；(b) 1×3 结构钢绞线；(c) 1×7 结构钢绞线

固，成盘供应不需接头等诸多优点。主要用于大跨度、大负荷的桥梁、电杆、轨枕、屋架、大跨度吊车梁等结构的预应力筋。

三、建 筑 工 程 识 图

（一）施工图的基本知识

房屋建筑施工图是指利用正投影的方法把所设计房屋的大小、外部形状、内部布置和室内装修，以及各部分结构、构造、设备等的做法，按照建筑制图国家标准规定绘制的工程图样。它是工程设计阶段的最终成果，同时又是工程施工、监理和计算工程造价的主要依据。

1. 房屋建筑施工图的作用及组成

按照内容和作用不同，房屋建筑施工图分为建筑施工图（简称"建施"）、结构施工图（简称"结施"）和设备施工图（简称"设施"）。

（1）建筑施工图的组成及作用

建筑施工图一般包括建筑设计说明、建筑总平面图、平面图、立面图、剖面图及建筑详图等。其中，平面图、立面图和剖面图是建筑施工图中最重要、最基本的图样，称为基本建筑图。

建筑施工图表达的内容主要包括房屋的造型、层数、平面形状与尺寸以及房间的布局、形状、尺寸、装修做法，墙体与门窗等构配件的位置、类型、尺寸、做法以及室内外装修做法等。建造房屋时，建筑施工图主要作为定位放线、砌筑墙体、安装门窗、装修的依据。

（2）结构施工图的组成及作用

结构施工图一般包括结构设计说明、结构平面布置图和结构详图三部分，主要用以表示房屋骨架系统的结构类型、构件布置、构件种类、数量、构件的内部构造和外部形状、大小，以及构件间的连接构造。施工放线、开挖基坑（槽），施工承重构件（如梁、板、柱、墙、基础、楼梯等）主要依据结构施工图。

（3）设备施工图的组成及作用

设备施工图可按工种不同再分成给水排水施工图（简称水施图）、供暖通风与空调施工图（简称暖施图）、电气设备施工图（简称电施图）等。水施图、暖施图、电施图一般都包括设计说明、设备的平面布置图、剖面图、系统图、详图等内容。设备施工图主要表达房屋给水排水、供电照明、供暖通风、空调、燃气等设备的布置和施工要求等。

2. 房屋建筑施工图的图示特点

房屋建筑施工图的图示特点主要体现在以下几方面：

（1）施工图中的各图样用正投影法绘制。一般在 H 面上作平面图，在 V 面上作正、背立面图，在 W 面上作剖面图或侧立面图。

（2）由于房屋形体较大，施工图一般都用较小比例绘制，但对于其中需要表达清楚的节点、剖面等部位，则用较大比例的详图来表现。

（3）房屋建筑的构配件和材料种类繁多，为作图简便，国家标准采用一系列图例来代表建筑构配件、卫生设备、建筑材料等。为方便读图，国家标准还规定了许多标注符号，构件的名称应用代号表示。

3. 制图标准相关规定

（1）常用建筑材料图例和常用构件代号

常用建筑材料图例见表 3-1。

常用建筑材料图例　　　　　　　　　　　表 3-1

序号	名称	图例	备注
1	自然土壤		包括各种自然土壤
2	夯实土壤		
3	石材		
4	毛石		
5	普通砖		包括实心砖、多孔砖、砌块等砌体。断面较窄不易绘出图例线时，可涂红，并在图纸备注中加注说明，画出该材料图例
6	饰面砖		包括铺地砖、陶瓷锦砖、人造大理石等
7	焦渣、矿渣		包括与水泥、石灰等混合而成的材料
8	混凝土		1. 本图例指能承重的混凝土及钢筋混凝土； 2. 包括各种强度等级、骨料、添加剂的混凝土； 3. 在剖面图上画出钢筋时，不画图例线； 4. 断面图形小时，不易画出图例线时，可涂黑
9	钢筋混凝土		
10	粉刷材料		

构件代号以构件名称的汉语拼音的第一个字母表示，如 B 表示板，WB 表示屋面板。对预应力混凝土构件，则在构件代号前加注"Y"，如 YKB 表示预应力混凝土空心板。

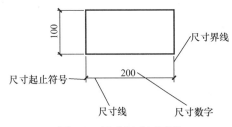

图 3-1　尺寸组成四要素

（2）尺寸标注

图样上的尺寸，应包括尺寸界线、尺寸线、尺寸起止符号和尺寸数字四个要素，如图 3-1 所示。

几种尺寸的标注形式见表 3-2。

尺寸的标注形式 表 3-2

注写的内容	注法示例	说明
半径	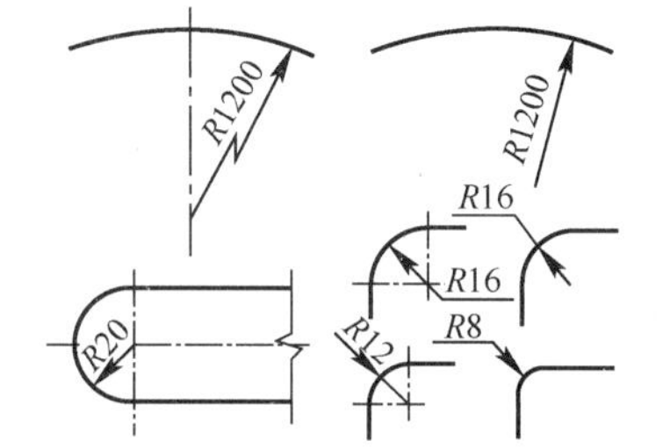	半圆或小于半圆的圆弧应标注半径，如左下方的例图所示。标注半径的尺寸线应一端从圆心开始，另一端箭头指向圆弧，半径数字前应加注符号"R"。 较大圆弧的半径，可按上方两个例图的形式标注；较小圆弧的半径，可按右下方四个例图的形式标注
直径	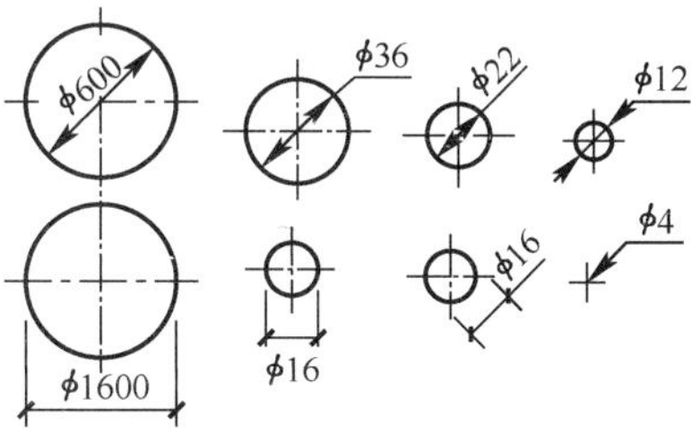	圆及大于半圆的圆弧应标注直径，如左侧两个例图所示，并在直径数字前加注符号"φ"。在圆内标注的直径尺寸线应通过圆心，两端画箭头指至圆弧。 较小圆的直径尺寸，可标注在圆外，如右侧六个例图所示
薄板厚度	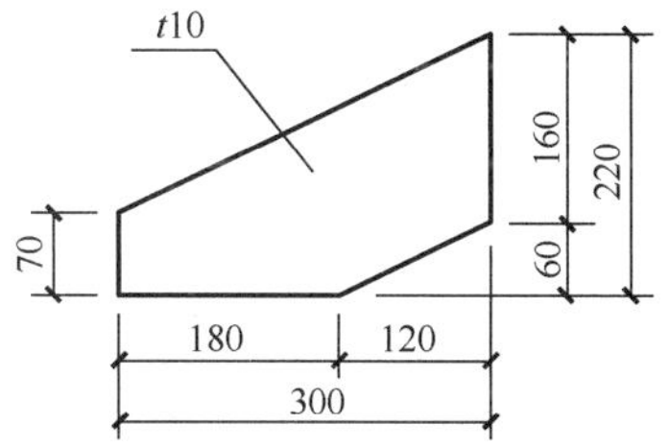	应在厚度数字前加注符号"t"
正方形	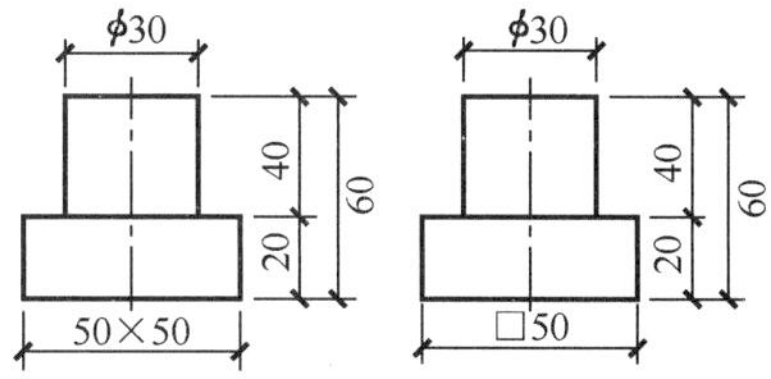	在正方形的侧面标注该正方形的尺寸，可用"边长×边长"标注，也可在边长数字前加正方形符号"□"
坡度	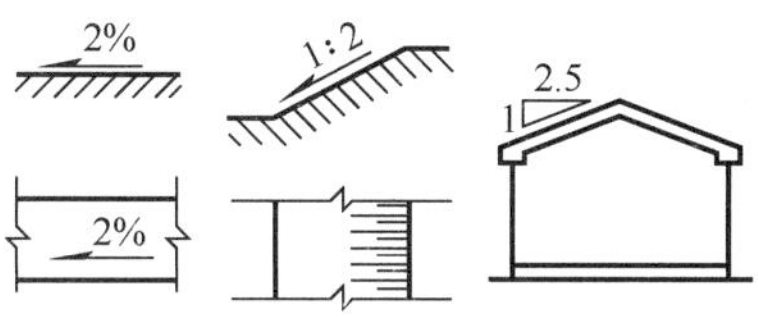	标注坡度时，在坡度数字下应加注坡度符号，坡度符号为单面箭头，一般指向下坡方向。 坡度也可用直角三角形形式标注，如右侧的例图所示。 图中在坡面高的一侧水平边上所画的垂直于水平边的长短相间的等距细实线，称为示坡线，也可用它来表示坡面
角度、弧长与弦长	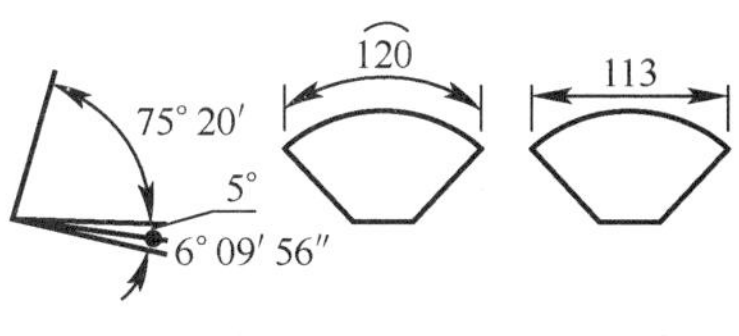	如左方的例图所示，角度的尺寸线是圆弧，圆心是角顶，角边是尺寸界线。尺寸起止符号用箭头；如没有足够的位置画箭头，可用圆点代替。角度的数字应水平方向注写。 如中间例图所示，标注弧长时，尺寸线为同心圆弧，尺寸界线垂直于该圆弧的弦，起止符号用箭头，弧长数字上加圆弧符号。 如右方的例图所示，圆弧的弦长的尺寸线应平行于弦，尺寸界线垂直于弦

续表

注写的内容	注法示例	说明
连续排列的 等长尺寸	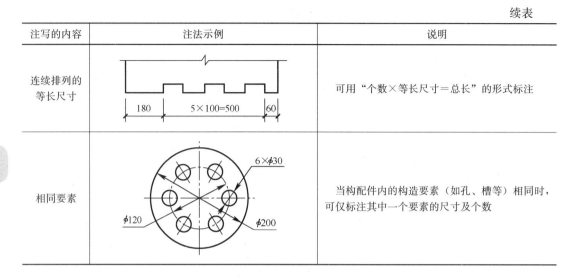	可用"个数×等长尺寸＝总长"的形式标注
相同要素		当构配件内的构造要素（如孔、槽等）相同时，可仅标注其中一个要素的尺寸及个数

（3）标高

标高是表示建筑的地面或某一部位的高度。在房屋建筑中，建筑物的高度用标高表示。标高分为相对标高和绝对标高两种。一般以建筑物底层室内地面作为相对标高的零点；我国把青岛市外的黄海海平面作为零点所测定的高度尺寸称为绝对标高。

各类图上的标高符号如图 3-2 所示。标高符号的尖端应指至被标注的高度，尖端可向下也可向上。在施工图中一般注写到小数点后三位即可；在总平面图中则注写到小数点后两位。零点标高注写成±0.000，负标高数字前必须加注"－"，正标高数字前不写"＋"。标高单位除建筑总平面图以米为单位外，其余一律以毫米为单位。

总平面图上的　　　　平面图上的楼　　　　立面图、剖面图各
室外标高符号　　　　地面标高符号　　　　部位的标高符号

图 3-2　标高符号

在建施图中的标高数字表示其完成面的数值。

（二）施工图的图示方法及内容

1. 建筑施工图

（1）建筑总平面图

1）建筑总平面图的图示方法

建筑总平面图是新建房屋所在地域的一定范围内的水平投影图。

建筑总平面图是将拟建工程四周一定范围内的新建、拟建、原有和将拆除的建筑物、构筑物连同其周围的地形地物状况，用水平投影方法画出的图样。由于总平面图绘图比例较小，图中的原有房屋、道路、绿化、桥梁、边坡、围墙及新建房屋等均用图例表示，几种常用图例见表 3-3。

总平面图的常用图例   表 3-3

名称	图例	说明
新建的建筑物	6 ▲	1. 需要时，可在图形内右上角以点数或数字（高层宜用数字）表示层数； 2. 用粗实线表示
围墙及大门		1. 上图为砖石、混凝土或金属材料的围墙，下图为钢丝网、篱笆等围墙； 2. 如仅表示围墙时不画大门
新建的道路	6 101.00 R9 ▼150.00	1. R9 表示道路转弯半径为 9m，150.00 为路面中心标高，6 表示 6％纵向坡度，101.00 表示变坡点间距离； 2. 图中斜线为道路断面示意，根据实际需要绘制

2）总平面图的图示内容

① 新建建筑物的定位

新建建筑物的定位一般采用两种方法，一是按原有建筑物或原有道路定位；二是按坐标定位。采用坐标定位又分为采用测量坐标定位和建筑坐标定位两种（图 3-3）。

图 3-3　新建建筑物定位方法
（a）测量坐标定位；（b）建筑坐标定位

A. 测量坐标定位：在地形图上用细实线画成交叉十字线的坐标网，X 为南北方向的轴线，Y 为东西方向的轴线，这样的坐标网称为测量坐标网。

B. 建筑坐标定位：建筑坐标一般在新开发区，房屋朝向与测量坐标方向不一致时采用。

② 标高

在总平面图中，标高以米为单位，并保留至小数点后两位。

③ 指北针或风玫瑰图

指北针用来确定新建房屋的朝向，其符号如图 3-4 所示。

总平面图上有时绘制风向频率玫瑰图，简称风玫瑰图，是新建房屋所在地区风向的示意图，同时也表明房屋和地物的朝向。

图 3-4　指北针

④ 建筑红线

各地方自然资源部门提供给建设单位的地形图为蓝图，在蓝图上用红色笔画定的土地使用范围的线称为建筑红线。任何建筑物在设计和施工中均不能超过此线。

⑤ 管道布置与绿化规划

⑥ 附近的地形地物：如等高线、道路、围墙、河流、水沟和池塘等与工程有关的

49

内容。

（2）建筑平面图

1）建筑平面图的图示方法

假想用一个水平剖切平面沿房屋的门窗洞口的位置把房屋切开，移去上部之后，画出的水平剖面图称为建筑平面图，简称平面图。沿底层门窗洞口切开后得到的平面图，称为底层平面图，沿二层门窗洞口切开后得到的平面图，称为二层平面图，依次可以得到三层、四层的平面图。当某些楼层平面相同时，可以只画出其中一个平面图，称其为标准层平面图。房屋屋顶的水平投影图称为屋顶平面图。

凡是被剖切到的墙、柱断面轮廓线用粗实线画出，其余可见的轮廓线用中实线或细实线，尺寸标注和标高符号均用细实线，定位轴线用细单点长画线绘制。砖墙一般不画图例，钢筋混凝土的柱和墙的断面通常涂黑表示。

常用门、窗图例如图3-5、图3-6所示。

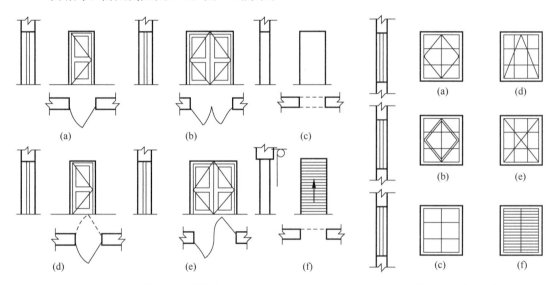

图 3-5 门图例

（a）单扇门；（b）双扇门；（c）空门洞；
（d）单扇双面弹簧门；（e）双扇双面弹簧门；
（f）卷帘门

图 3-6 窗图例

（a）单扇外开平开窗；（b）双扇内外开平
开窗；（c）单扇固定窗；（d）单扇外开上
悬窗；（e）单扇中悬窗；（f）百叶窗

2）建筑平面图的图示内容

① 表示墙、柱、内外门窗位置及编号，房间的名称或编号，轴线编号。

平面图上所用的门窗都应进行编号。门常用"M1"、"M2"或"M—1"、"M—2"等表示，窗常用"C1"、"C2"或"C—1"、"C—2"等表示。在建筑平面图中，定位轴线用来确定房屋的墙、柱、梁等的位置和作为标注定位尺寸的基线。定位轴线的编号宜标注在图样的下方与左侧，横向编号应用阿拉伯数字，从左至右顺序编写，竖向编号应用大写拉丁字母，从下至上顺序编写，拉丁字母中的I、O及Z三个字母不得作轴线编号，以免与数字1、0及2混淆（图3-7）。

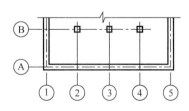

图 3-7 定位轴线的编号

② 注出室内外的有关尺寸及室内楼、地面的标高。

建筑平面图中的尺寸有外部尺寸和内部尺寸两种。

A. 外部尺寸。在水平方向和竖直方向各标注三道，最外一道尺寸标注房屋水平方向的总长、总宽，称为总尺寸；中间一道尺寸标注房屋的开间、进深，称为轴线尺寸（一般情况下，两横墙之间的距离称为"开间"；两纵墙之间的距离称为"进深"）。最里边一道尺寸以轴线定位的标注房屋外墙的墙段及门窗洞口尺寸，称为细部尺寸。

B. 内部尺寸。应标注各房间长、宽方向的净空尺寸，墙厚及轴线的关系、柱子截面、房屋内部门窗洞口、门垛等细部尺寸。

在平面图中所标注的标高均为相对标高。底层室内地面的标高一般用±0.000 表示。

③ 表示电梯、楼梯的位置及楼梯的上下行方向。

④ 表示阳台、雨篷、踏步、斜坡、通气竖道、管线竖井、烟囱、消防梯、雨水管、散水、排水沟、花池等位置及尺寸。

⑤ 画出卫生器具、水池、工作台、橱、柜、隔断及重要设备位置。

⑥ 表示地下室、地坑、地沟、各种平台、检查孔、墙上留洞、高窗等位置尺寸与标高。对于隐蔽的或者在剖切面以上部位的内容，应以虚线表示。

⑦ 画出剖面图的剖切符号及编号（一般只标注在底层平面图上）。

⑧ 标注有关部位上节点详图的索引符号。

⑨ 在底层平面图附近绘制出指北针。

⑩ 屋面平面图一般内容有：女儿墙、檐沟、屋面坡度、分水线与落水口、变形缝、楼梯间、水箱间、天窗、上人孔、消防梯以及其他构筑物、索引符号等。

图 3-8 为某住宅楼平面图。

（3）建筑立面图

1）建筑立面图的图示方法

在与房屋的四个主要外墙面平行的投影面上所绘制的正投影图称为建筑立面图，简称立面图。反映建筑物正立面、背立面、侧立面特征的正投影图，分别称为正立面图、背立面图和侧立面图，侧立面图又分左侧立面图和右侧立面图。立面图也可以按房屋的朝向命名，如东立面图、西立面图、南立面图、北立面图。此外，立面图还可以用各立面图的两端轴线编号命名，如①～⑦立面图、Ⓑ～Ⓠ立面图等。

为使建筑立面图轮廓清晰、层次分明，通常用粗实线表示立面图的最外轮廓线。外形轮廓线以内的细部轮廓，如凸出墙面的雨篷、阳台、柱、窗台、台阶、屋檐的下檐线以及窗洞、门洞等用中粗线画出。其余轮廓如腰线、粉刷线、分格线、落水管以及引出线等均采用细实线画出。地坪线用标准粗度的 1.2～1.4 倍的加粗线画出。

2）建筑立面图的图示内容

① 表明建筑物外貌形状、门窗和其他构配件的形状和位置，主要包括室外的地面线、房屋的勒脚、台阶、门窗、阳台、雨篷；室外的楼梯、墙和柱；外墙的预留孔洞、檐口、屋顶、雨水管、墙面修饰构件等。

② 外墙各个主要部位的标高和尺寸

立面图中用标高表示出各主要部位的相对高度，如室内外地面标高、各层楼面标高及檐口标高。相邻两楼面的标高之差即为层高。

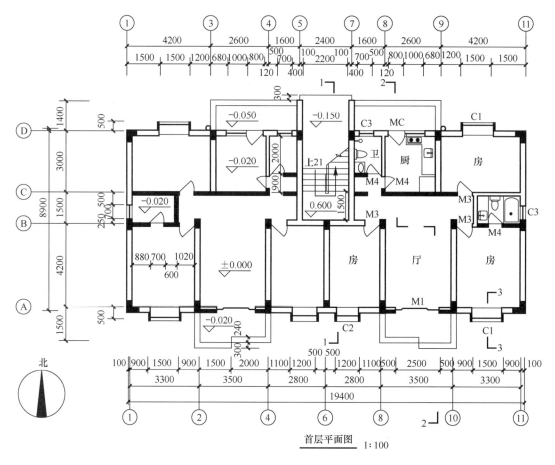

图 3-8 某住宅楼平面图

立面图中的尺寸是表示建筑物高度方向的尺寸,一般用三道尺寸线表示。最外面一道为建筑物的总高。建筑物的总高是从室外地面到檐口女儿墙的高度。中间一道尺寸线为层高,即下一层楼地面到上一层楼面的高度。最里面一道尺寸为门窗洞口的高度及与楼地面的相对位置。

③ 建筑物两端或分段的轴线和编号

在立面图中,一般只绘制两端的轴线及编号,以便和平面图对照确定立面图的观看方向。

④ 标出各个部分的构造、装饰节点详图的索引符号,外墙面的装饰材料和做法。

外墙面装修材料及颜色一般用索引符号表示具体做法。

图 3-9 为某住宅楼立面图。

(4) 建筑剖面图

1) 建筑剖面图的图示方法

假想用一个或多个垂直于外墙轴线的铅垂剖切平面将房屋剖开,移去靠近观察者的部分,对留下部分所作的正投影图称为建筑剖面图,简称剖面图。

剖面图一般表示房屋在高度方向的结构形式。凡是被剖切到的墙、板、梁等构件的断面轮廓线用粗实线表示,而没有被剖切到的其他构件的轮廓线,则常用中实线或细实线

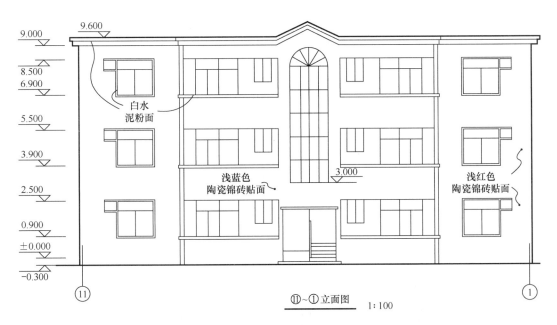

图 3-9 某住宅楼立面图

表示。

2）建筑剖面图的图示内容

① 墙、柱及其定位轴线。与建筑立面图一样，剖面图中一般只需画出两端的定位轴线及编号，以便与平面图对照。需要时也可以注出中间轴线。

② 室内底层地面、地沟、各层的楼面、顶棚、屋顶、门窗、楼梯、阳台、雨篷、墙洞、防潮层、室外地面、散水、脚踢板等能看到的内容。

③ 各个部位完成面的标高，包括室内外地面、各层楼面、各层楼梯平台、檐口或女儿墙顶面、楼梯间顶面、电梯间顶面等部位。

④ 各部位的高度尺寸。建筑剖面图中高度方向的尺寸包括外部尺寸和内部尺寸。外部尺寸的标注方法与立面图相同，包括三道尺寸：门、窗洞口的高度，层间高度，总高度。内部尺寸包括地坑深度、隔断、搁板、平台、室内门窗等的高度。

⑤ 楼面和地面的构造。一般采用引出线指向所说明的部位，按照构造的层次顺序，逐层加以文字说明。

⑥ 详图的索引符号

建筑剖面图中不能详细表示清楚的部位应引出索引符号，另用详图表示。详图索引符号如图 3-10 所示。

图 3-11 为某住宅楼剖面图。

（5）建筑详图

需要绘制详图或局部平面放大图的位置一般包括内外墙节点、楼梯、电梯、厨房、卫生间、门窗、室内外装饰等。

详图符号如图 3-12 所示。

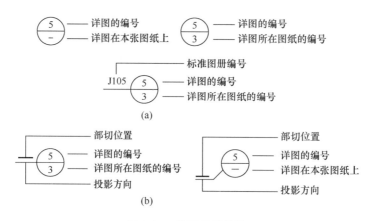

图 3-10   详图索引符号

(a) 详图索引符号；(b) 局部剖切索引符号

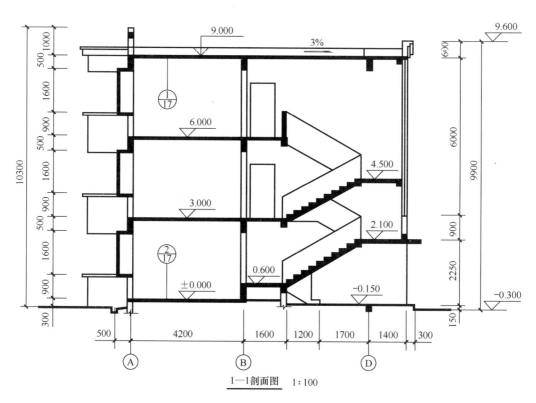

1—1剖面图   1:100

图 3-11   某住宅楼剖面图

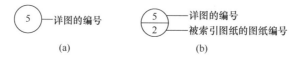

图 3-12   详图符号

(a) 详图与被索引在同一张图纸上；(b) 详图与被索引图不在同一张图纸上

2. 结构施工图

（1）结构设计说明

结构设计说明是带全局性的文字说明，它包括设计依据，工程概况，自然条件，选用材料的类型、规格、强度等级，构造要求，施工注意事项，选用的标准图集等。

（2）基础图的图示方法及内容

基础图是建筑物正负零标高以下的结构图，一般包括基础平面图和基础详图。

1）基础平面图

基础平面图是假想用一个水平剖切平面在室内地面处剖切建筑，并移去基础周围的土层，向下投影所得到的图样。

在基础平面图中，只画出基础墙、柱及基础底面的轮廓线，基础的细部轮廓（如大放脚或底板）可省略不画。凡被剖切到的基础墙、柱轮廓线，应画成中实线，基础底面的轮廓线应画成细实线。当基础墙上留有管洞时，应用虚线表示其位置，具体做法及尺寸另用详图表示。当基础中设基础梁和地圈梁时，用粗单点长画线表示其中心线的位置。

凡基础宽度、墙厚、大放脚、基底标高、管沟做法不同时，均以不同的断面图表示。

图 3-13 为基础平面图示例。

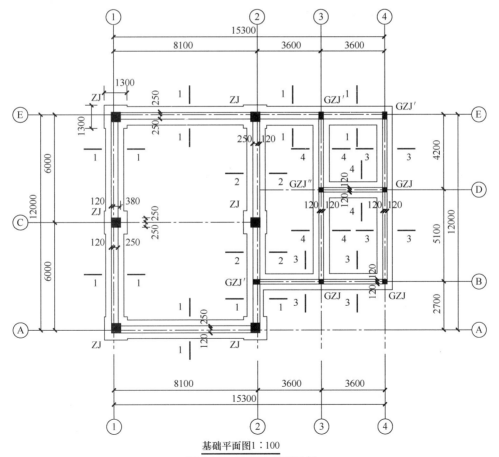

基础平面图1:100

图 3-13　基础平面图示例

2）基础详图

不同类型的基础，其详图的表示方法有所不同。如条形基础的详图一般为基础的垂直剖面图；独立基础的详图一般应包括平面图和剖面图。

基础详图的轮廓线用中实线表示，断面内应画出材料图例；对钢筋混凝土基础，则只画出配筋情况，不画出材料图例。

基础详图中需标注基础各部分的详细尺寸及室内、室外、基础底面标高等。

基础详图示例如图 3-14 所示。

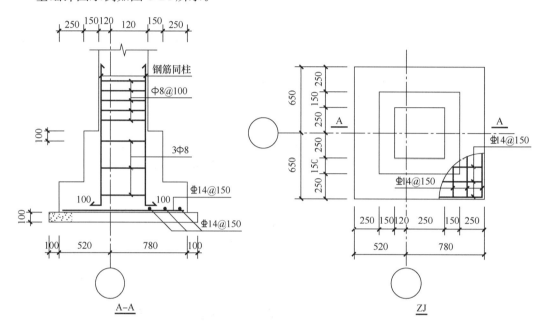

图 3-14 基础详图示例

（3）结构平面布置图

结构平面布置图是假想沿着楼板面将建筑物水平剖开所作的水平剖面图，主要表示各楼层结构构件（如墙、梁、板、墙、过梁和圈梁等）的平面布置情况，以及现浇楼板、梁的构造与配筋情况及构件之间的结构关系。对于承重构件布置相同的楼层，只画一个结构平面布置图，称为标准层结构平面布置图。

在楼层结构平面图中，外轮廓线用中粗实线表示，被楼板遮挡的墙、柱、梁等用细虚线表示，其他用细实线表示，图中的结构构件用构件代号表示。

图 3-15 为结构平面布置图示例。

（4）结构详图

1）钢筋混凝土构件图

钢筋混凝土构件图主要是配筋图，有时还有模板图钢筋表。

配筋图主要表达构件内部的钢筋位置、形状、规格和数量。一般用立面图和剖面图表示。绘制钢筋混凝土构件配筋图时，假想混凝土是透明体，使包含在混凝土中的钢筋"可见"。为了突出钢筋，构件外轮廓线用细实线表示，而主筋用粗实线表示，箍筋用中实线表示，钢筋的截面用小黑圆点涂黑表示。

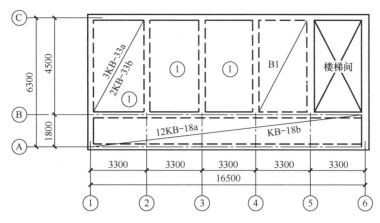

图 3-15 楼板平面布置示意

钢筋的标注有下面两种方式：

① 标注钢筋的直径和根数

② 标注钢筋的直径和相邻钢筋中心距

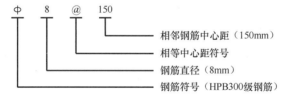

钢筋符号见表 3-4。

钢筋符号　　　　　　　　　　　　　　　　表 3-4

项次	牌号	符号
1	HPB300	Φ
2	HRB335 HRB400 HRB500	Φ Φ Φ
3	HRBF400 HRBF500	ΦF ΦF
4	RRB400	ΦR

图 3-16 为钢筋混凝土梁配筋图。

2）楼梯结构施工图

楼梯结构施工图包括楼梯结构平面图、楼梯结构剖面图和构件详图。

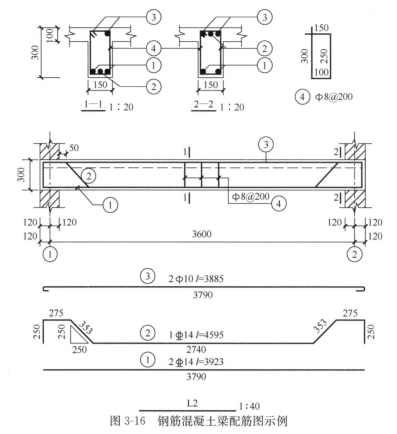

图 3-16 钢筋混凝土梁配筋图示例

① 楼梯结构平面图

根据楼梯梁、板、柱的布置变化，楼梯结构平面图包括底层楼梯结构平面图、中间层楼梯结构平面图和顶层楼梯结构平面图。当中间几层的结构布置和构件类型完全相同时，只用一个标准层楼梯结构平面图表示。

在各楼梯结构平面图中，主要反映出楼梯梁、板的平面布置，轴线位置与轴线尺寸，构件代号与编号，细部尺寸及结构标高，同时确定纵剖面图位置。当楼梯结构平面图比例较大时，还可直接绘制出休息平台板的配筋。

钢筋混凝土楼梯的可见轮廓线用细实线表示，不可见轮廓线用细虚线表示，剖切到的砖墙轮廓线用中实线表示，剖切到的钢筋混凝土柱用涂黑表示，钢筋用粗实线表示，钢筋截面用小黑点表示。

② 楼梯结构剖面图

楼梯结构剖面图是根据楼梯平面图中剖面位置绘出的楼梯剖面模板图。楼梯结构剖面图主要反映楼梯间承重构件梁、板、柱的竖向布置，构造和连接情况；平台板和楼层的标高以及各构件的细部尺寸。

③ 楼梯构件详图

楼梯构件详图包括斜梁、平台梁、梯段板、平台板的配筋图，其表示方法与钢筋混凝土构件施工图表示方法相同。当楼梯结构剖面图比例较大时，也可直接在楼梯结构剖面图上表示梯段板的配筋。

3）现浇板配筋图

现浇板配筋图一般在结构平面图上绘制，当有多块板配筋相同时亦可以采用编号的方法代替。现浇板配筋图的图示要点如下：

① 在平面上详细标注出预留洞与洞口加筋或加梁的情况，以及预埋件的情况。

② 梁可采用粗点画线绘制，当梁的位置不能在平面上表达清楚时应增加剖面。

③ 当相邻板的厚度、配筋、标高不同时，应增加剖面。板底圈梁可以用增加剖面的方法表示，当板底圈梁截面和配筋全部相同时也可以用文字表述。

④ 配合使用钢筋表或钢筋简图，表达图中所有现浇板的配筋情况和板的尺寸。

图 3-17 为现浇板配筋图示例。

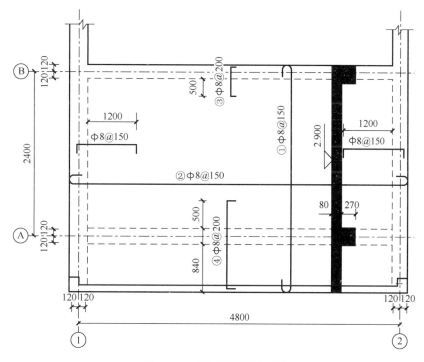

图 3-17　现浇板配筋图示例

需要说明的是，现浇梁、柱、板、板式楼梯、基础的施工图常采用混凝土结构施工图平面整体设计方法（简称平法）。按平面整体设计方法设计的结构施工图通常简称平法施工图，其制图规则和构造详图参见《混凝土结构施工图平面整体表示方法制图规则和构造详图》（22G101 图集）。

3. 设备施工图

如前所述，设备施工图可分为给水排水施工图、供暖通风与空调施工图、电气设备施工图。下面只介绍建筑给水排水施工图和建筑电气施工图。

（1）建筑给水排水施工图

1）设计说明及主要材料设备表

凡是图纸中无法表达或表达不清的而又必须为施工技术人员所了解的内容，均应用文字说明。设计说明应表达如下内容：设计概况、设计内容、引用规范、施工方法等。

工程中选用的主要材料及设备，应列表注明。表中应列出材料的类别、规格、数量，设备的品种、规格和主要尺寸。

2）给水排水平面图

室内给水排水平面图是在简化的建筑平面图上，按规定图例绘制的，用来表达室内给水用具、卫生器具、管道及其附件的平面布置。

平面图中应突出管线和设备，即用粗线表示管线，其余均为细线。

各种功能的管道、管道附件、卫生器具、用水设备，如消火栓箱、喷头等，均应用图例表示；各管道、立管均应编号标明。给水排水施工图的常用图例见表3-5，管道代号见表3-6。

给水排水施工图的常用图例　　　　　　　　　　　表 3-5

名称	图例	名称	图例
立式洗脸盆		污水池	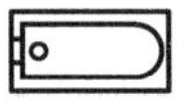
浴盆	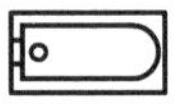	立管检查口	
盥洗槽	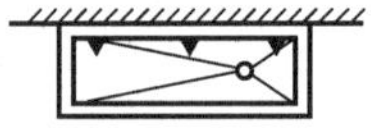	圆形地漏	
壁挂式小便器		放水龙头	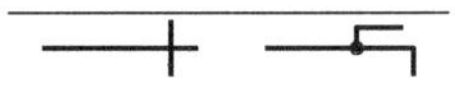 平面　　系统
蹲式大便器	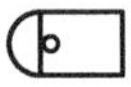	水表	
坐式大便器		水表井	

管道代号　　　　　　　　　　　表 3-6

名称	图例	名称	图例
生活给水管	—J—	热水给水管	—RJ—
中水给水管	—ZJ—	热水回水管	—RH—
循环给水管	—XJ—	热媒给水管	—RM—
循环回水管	—XH—	热媒回水管	—RMH—
废水管	—F—	通气管	—T—
压力废水管	—YF—	膨胀管	—PZ—
污水管	—W—	雨水管	—Y—
压力污水管	—YW—	压力雨水管	—YY—

给水排水施工图中管道标高和水位标高的标注方法如图 3-18 所示。

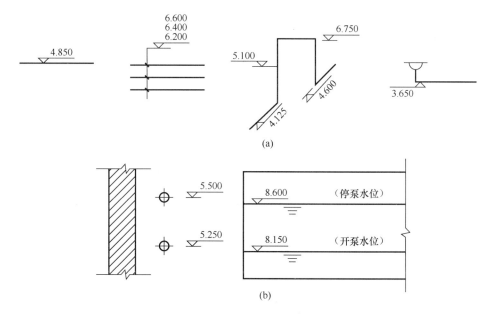

图 3-18　管道及水位标高标注方法

（a）平面图和轴测图中管道标高标准方法；（b）剖面图中管道及水位标高标注方法

　　管径标注方法如图 3-19 所示。管径以毫米为单位。水煤气输送钢管（镀锌或非镀锌）、铸铁管等管材，管径宜以公称直径 DN 表示，如 $DN25$ 表示公称直径为 25mm；无缝钢管、焊接钢管（直缝或螺旋缝）、铜管、不锈钢管等管材，管径以外径 $D×$壁厚表示，如 $D159×4$ 表示管道外径 159mm，壁厚 4mm；塑料管材，管径宜按产品标准的方法表示。

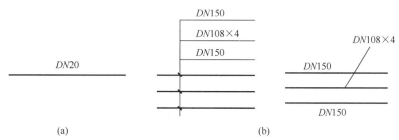

图 3-19　管径的标注方法

（a）单管管径表示法；（b）多管管径表示法

　　管道编号表示方法如图 3-20 所示。

　　图 3-21 为××综合楼给水排水平面图。图中给水管道采用 1.6MPa 级 PP-R 管（管径以 d_e 表示），热（电）熔连接；室内排水管采用 UPVC 排水塑料管（管径以 D_e 表示），胶粘结；大便器冲洗管采用热镀锌钢管（管径以 DN 表示），法兰连接或火丝扣连接。

　　3）给水排水系统图

　　给水排水系统图，也称给水排水轴测图，用于表达给排水管道和设备在建筑中的空间布置关系。

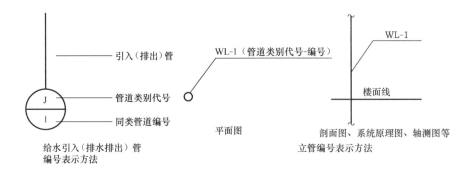

图 3-20 管道编号表示方法

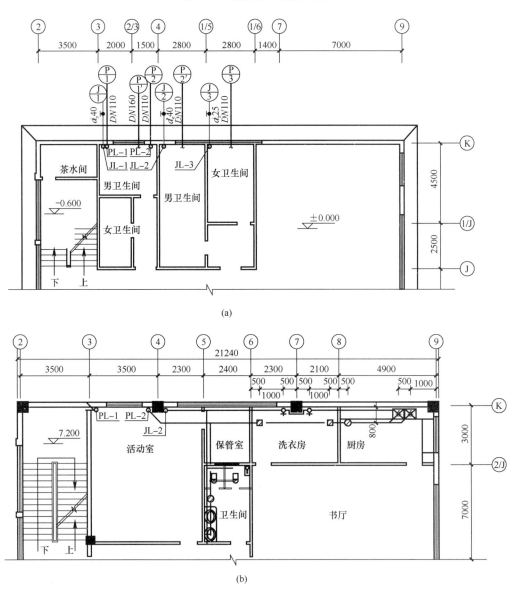

(a)

(b)

图 3-21 ××综合楼给水排水平面图

(a) 一层给水排水平面图；(b) 三层给水排水平面图

室内给水排水系统轴测图一般按正面斜等测的方式绘制。轴测图通常以整个排水系统或给水系统为表达对象，因此，也称为排水系统图或给水系统图。轴测图也可以以管路系统的某一部分为表达对象，如卫生间的给水或排水等。

系统图中对用水设备及卫生器具的种类、数量和位置完全相同的支管、立管可不重复完全绘出，但应用文字标明。当系统图立管、支管在轴测方向重复交叉影响视图时，可标号断开移至空白处绘制。

图 3-22 为××综合楼给水系统图。

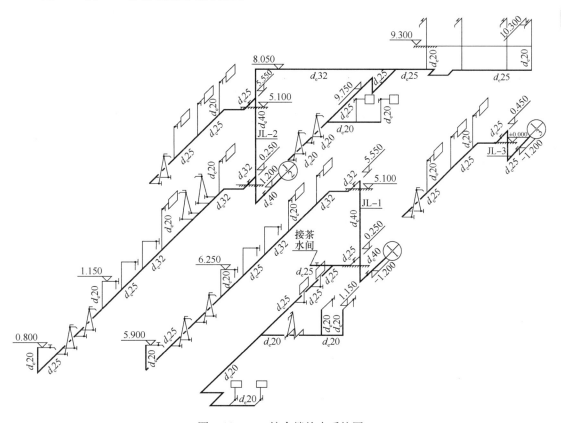

图 3-22　××综合楼给水系统图

4）给水排水系统原理图

当建筑物的层数较多时，用管道系统的轴测图很难表达清楚，而且效率低，此时可用系统原理图代替系统轴测图。

5）详图

凡平面图、系统图中局部构造因受图面比例影响而表达不完善或无法表达的，必须绘制施工详图。详图主要包括管道节点、水表、过墙套管、卫生器具等的安装详图以及卫生间大样详图。

（2）建筑电气施工图

建筑电气施工图包括基本图和详图两大部分。基本图中包括设计说明、主要材料设备表、建筑电气系统图、建筑电气平面图。

1) 基本图

① 设计说明及主要材料设备表

设计说明一般包括供电方式、电压等级、主要线路敷设方式、防雷、接地及图中未能表达的各种电气安装高度、工程主要技术数据、施工和验收要求以及有关事项等。

主要材料设备表包括工程所需的各种设备、管材、导线等名称、型号、规格、数量等。

② 建筑电气系统图

建筑电气系统图是用来表示照明和动力供配电系统组成的图纸，可分为照明系统图和动力系统图两种。

建筑电气系统图是由各种电气图形符号用线条连接起来，并加注文字代号而形成的一种简图，它不表明电气设施的具体安装位置，所以它不是投影图，也不按比例绘制。

各种配电装置都是按规定的图例绘制，相应的型号注在旁边。电气系统图一般用单线绘制，且画为粗实线，并按规定格式标注出各段导线的数量和规格。动力系统图有时也用多线绘制。图中主要标注电气设备、元件等的型号、规格和它们之间的连接关系。例如，一般在配电线路上要标注导线型号、敷设部位、敷设方式、穿管管径、线路编号及总的设备容量；照明配电箱内要标注各开关、控制电器的型号、规格等。通过系统图可以看到整个工程的供电全貌和接线关系。

图 3-23 为某办公楼照明配电系统图。

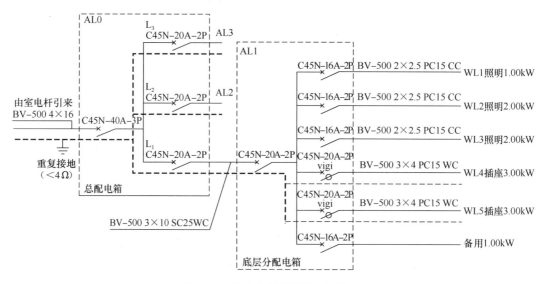

图 3-23 某办公楼照明配电系统图

③ 建筑电气平面图

建筑电气平面图是电气照明施工图中的基本图样，用来表示建筑物内所有电气设备、开关、插座和配电线路的安装平面位置图以及各种动力设备平面布置、安装、接线的图示。电气平面图主要包括电气照明平面图和动力平面图。

电气照明平面图是在建筑施工平面图上，用各种电气图形符号和文字符号表示电气线路及电气设备安装位置及要求。电气照明平面图一般要求按楼层、段分别绘制。在电气平面图上详细、具体地标注所有电气线路的具体走向及电气设备的位置。

电气照明施工图中，基本线、可见轮廓线、可见导线、一次线路、主要线路等采用粗实线；二次线路、一般线路采用细实线；辅助线、不可见轮廓线、不可见导线、屏蔽线等采用虚线；控制线、分界线、功能围框线、分组围框线等采用点画线；辅助围框线、36V以下线路等采用双点画线。

在电气施工图中，线路和电气设备的安装高度必要时应标注标高。通常采用与建筑施工图相统一的相对标高，或者用相对于本层楼地面的相对标高。

照明灯具按以下形式标注：

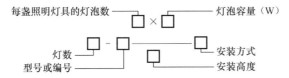

其中，型号常用拼音字母来表示；灯数表明有 n 组这样的灯具；安装方式的标准见表 3-7；安装高度是指从地面到灯具的高度，单位为 m，若为吸顶形式安装，安装高度及安装方式可简化为"—"。

灯具安装方式的标注　　　　　表 3-7

符号	说明	符号	说明	符号	说明
SW	线吊式	C	吸顶式	CR	顶棚内安装
CS	链式	R	嵌入式	WR	墙壁内安装
DS	管吊式	S	支架上安装	HM	座装
W	壁装式	CL	柱上安装		

例如，在电气照明平面图中标为：

$$2-Y\frac{2\times30}{2.5}CS$$

表明有两组荧光灯，每组由 2 根 30W 的灯管组成，采用链条吊装形式，安装高度为 2.5m。

配电线路的标注形式为：

$$a(b\times c)d-e$$

其中，a 为导线型号；b 为导线根数；c 为导线截面；d 为敷设方式及穿管管径；e 为敷设部位。

需标注引入线的规格时的标注形式为：

$$a\frac{b-c}{d(e\times f)-g}$$

其中，a 为设备编号；b 为型号；c 为容量；d 为导线型号；e 为导线根数；f 为导线截面；g 为敷设方式。

常用导线敷设方式及线路敷设部位的符号及含义见表 3-8、表 3-9。

常用导线敷设方式文字符号及含义　　　　　　　　　表 3-8

符号	说明	符号	说明
PCL	用塑料夹敷设	MT	穿电线管敷设
AL	用铅皮线卡敷设	PC	穿硬塑料管敷设
PR	用塑料线槽敷设	FPC	穿半硬塑料管敷设
MR	用金属线槽敷设	KPC	穿塑料波纹电线管敷设
SC	穿焊接钢管敷设	CP	穿金属软管敷设

常用导线敷设部位文字符号及含义　　　　　　　　　表 3-9

符号	说明	符号	说明
AB	沿或跨梁（屋架）敷设	WC	暗敷设在墙内
BC	敷设在梁内	CE	沿顶棚或顶板面敷设
AC	沿或跨柱敷设	CC	暗敷在屋面或顶板内
CLC	暗敷在柱内	SCE	吊顶内敷设
WS	沿墙面敷设	F´	地板或地面下敷设

常用的导线电缆型号见表 3-10。

导线、电缆型号（500V 以下）　　　　　　　　　　表 3-10

型号	说明
BV、BLV	铜芯、铝芯聚氯乙烯绝缘导线
BVV、BLVV	铜芯、铝芯塑料绝缘护套线
BX、BLX	铜芯、铝芯橡皮绝缘电线
VV、VLV	铜芯、铝芯聚氯乙烯绝缘，聚氯乙烯护套内钢带铠装电力电缆
XV、XLV	铜芯、铝芯橡皮绝缘电力电缆
ZQ、ZL	铅护套、铝护套油浸纸绝缘电力电缆

常用电气照明图例符号见表 3-11。

常用电气照明图例符号　　　　　　　　　　　　　　表 3-11

名称	图形符号	名称	图形符号
多种电源配电箱		灯或信号灯一般符号	
照明配电箱（屏）		开关一般符号	
单相插座 暗装		单极拉线开关	
带保护接点的插座 暗装		单极开关 暗装	
密闭（防水）		密闭（防水）	
防爆		防爆	

图 3-24 为某办公楼底层照明平面图。

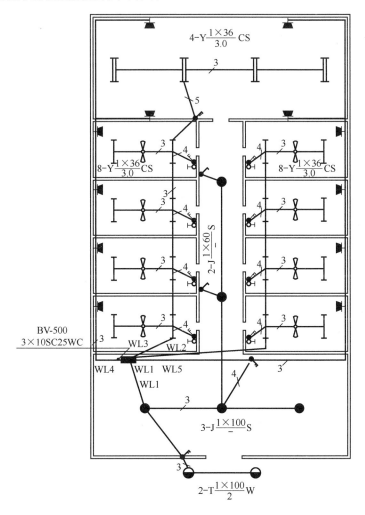

图 3-24　某办公楼底层照明平面图

2）详图

详图包括电气工程详图和标准图。

电气工程详图指柜、盘的布置图和某些电气部件的安装大样图，对安装部件的各部位注有详细尺寸，一般是在没有标准图可选用并有特殊要求的情况下才绘制的图。

标准图是通用性详图，表示一组设备或部件的具体图形和详细尺寸，便于制作安装。

（三）施工图的识读

1. 施工图识读方法

（1）总揽全局。识读施工图前，先阅读建筑施工图，建立起建筑物的轮廓概念，了解和明确建筑施工图平面、立面、剖面的情况。在此基础上，阅读结构施工图目录，对图样数量和类型做到心中有数。阅读结构设计说明,了解工程概况及所采用的标准图等。粗读结构平面图,了解构件类型、数量和位置。

(2) 循序渐进。根据投影关系、构造特点和图纸顺序,从前往后、从上往下、从左往右、由外向内、由大到小、由粗到细反复阅读。

(3) 相互对照。识读施工图时,应当将图样与说明对照看,建筑施工图、结构施工图、设备施工图对照看,基本图与详图对照看。

(4) 重点细读。以不同工种身份,有重点地细读施工图,掌握施工必需的重要信息。

2. 施工图识读步骤

识读施工图的一般顺序如下:

(1) 阅读图纸目录。根据目录对照检查全套图纸是否齐全,标准图和重复利用的旧图是否配齐,图纸有无缺损。

(2) 阅读设计总说明。了解本工程的名称、建筑规模、建筑面积、工程性质以及采用的材料和特殊要求等。对本工程有一个完整的概念。

(3) 通读图纸。按建施图、结施图、设施图的顺序对图纸进行初步阅读,也可根据技术分工的不同进行分读。读图时,按照先整体后局部,先文字说明后图样,先图形后尺寸的顺序进行。

(4) 精读图纸。在对图纸分类的基础上,对图纸及该图的剖面图、详图进行对照,精细阅读,对图样上的每个线面、每个尺寸都务必认清看懂,并掌握它与其他图的关系。

四、建 筑 施 工 技 术

（一）地基与基础工程

1. 岩土的工程分类

岩土的分类方法很多。在建筑施工中，按照施工开挖的难易程度将岩土分为八类，见表 4-1。其中，一～四类为土，五～八类为岩石。

岩土的工程分类　　　　　　　　　　　　　　　　表 4-1

类别	土的名称	现场鉴别方法
第一类（松软土）	砂，粉土，冲积砂土层，种植土，泥炭（淤泥）	用锹挖掘
第二类（普通土）	粉质黏土，潮湿的黄土，夹有碎石、卵石的砂，种植土，填筑土和粉土	用锄头挖掘
第三类（坚土）	软及中等密实黏土，重粉质、粉质黏土，粗砾石，干黄土及含碎石、卵石的黄土、压实填土	用镐挖掘
第四类（砂砾坚土）	重黏土及含碎石、卵石的黏土，粗卵石，密实的黄土，天然级配砂石，软泥灰岩及蛋白石	用镐挖掘吃力，冒火星
第五类（软石）	硬石炭纪黏土，中等密实页岩，泥灰岩，白垩土，胶结不紧的砾岩，软的石灰岩	用风镐、大锤等
第六类（次坚石）	泥岩，砂岩，砾岩，坚实的页岩、泥灰岩，密实的石灰石，风化花岗石、片麻岩	用爆破，部分用风镐
第七类（坚石）	大理石，辉绿岩，玢岩，粗、中粒花岗石，坚实的白云岩、砂岩、砾岩、片麻岩、石灰石	用爆破方法
第八类（特坚石）	安山岩，玄武岩，花岗片麻岩，坚实细粒花岗石，闪长岩，石英岩、辉长岩、辉绿岩，玢岩	用爆破方法

2. 基坑（槽）开挖、支护及回填的主要方法

（1）基坑（槽）开挖

1）施工工艺流程

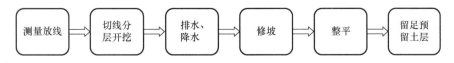

2) 施工要点

① 浅基坑（槽）开挖，应先进行测量定位，抄平放线，定出开挖长度。

② 按放线分块（段）分层挖土。根据土质和水文情况，采取在四侧或两侧直立开挖或放坡，以保证施工操作安全。

③ 在地下水位以下挖土。应在基坑（槽）四周挖好临时排水沟和集水井，或采用井点降水，将水位降低至坑（槽）底以下 500mm，以利土方开挖。降水工作应持续到基础（包括地下水位下回填土）施工完成。雨期施工时，基坑（槽）应分段开挖，挖好一段浇筑一段垫层，并在基坑（槽）四周围做土堤或挖排水沟，以防地面雨水流入基坑（槽），同时应经常检查边坡和支撑情况，以防止坑壁受水浸泡造成塌方。

④ 基坑开挖应尽量防止对地基土的扰动。当基坑挖好后不能立即进行下道工序时，应预留 15～30cm 一层土不挖，待下道工序开始再挖至设计标高。采用机械开挖基坑时，为避免破坏基底土，应在基底标高以上预留 15～30cm 的土层由人工挖掘修整。

⑤ 基坑开挖时，应对平面控制桩、水准点、基坑平面位置、水平标高、边坡坡度等经常复测检查。

⑥ 基坑挖完后应进行验槽，做好记录，当发现地基土质与地质勘探报告、设计要求不符时，应及时与有关人员研究处理。

（2）基坑支护

1) 钢板桩施工

钢板桩支护具有施工速度快、可重复使用的特点。常用的钢板桩有 U 形和 Z 形，还有直腹板式、H 形和组合式钢板桩。常用的钢板桩施工机械有自由落锤、气动锤、柴油锤、振动锤，使用较多的是振动锤。

2) 水泥土墙施工

深层搅拌水泥土桩墙，是采用水泥作为固化剂，通过特制的深层搅拌机械，在地基深处就地将软土和水泥强制搅拌形成水泥土，利用水泥和软土之间所产生的一系列物理-化学反应，使软土硬化成整体性的并有一定强度的挡土、防渗墙。

3) 地下连续墙施工

用特制的挖槽机械，在泥浆护壁下开挖一个单元槽段的沟槽，清底后放入钢筋笼，用导管浇筑混凝土至设计标高，一个单元槽段即施工完毕。各单元槽段间由特制的接头连接，形成连续的钢筋混凝土墙体。工程开挖土方时，地下连续墙可用做支护结构，既挡土又挡水，地下连续墙还可同时用作建筑物的承重结构。

（3）土方回填压实

1) 施工工艺流程

2) 施工要点

① 土料要求与含水量控制

填方土料应符合设计要求，以保证填方的强度和稳定性。当设计无要求时，应符合以下规定：

A. 碎石类土、砂土和爆破石渣（粒径不大于每层铺土厚度的 2/3），可作为表层下的填料；

B. 含水量符合压实要求的黏性土，可作各层填料；

C. 淤泥和淤泥质土，一般不能用作填料。

土料含水量一般以手握成团，落地开花为适宜。含水量过大，应采取翻松、晾干、风干、换土回填、掺入干土或其他吸水性材料等措施；当含水量小时，则应预先洒水润湿。亦可采取增加压实遍数或使用大功率压实机械等措施。

② 基底处理

A. 场地回填应先清除基底上垃圾、草皮、树根，排除坑穴中积水、淤泥和杂物，并应采取措施防止地表清水流入填方区，浸泡地基，造成地基土下陷。

B. 当填方基底为耕植土或松土时，应将基底充分夯实和碾压密实。

③ 回填压实

A. 人工填土要求：填土应从场地最低部分开始，由一端向另一端自下而上分层铺填。每层虚铺厚度，用人工打夯夯实时不大于 20cm，用打夯机械夯实时宜为 20～25cm。深浅坑（槽）相连时，应先填深坑（槽），填平后与浅坑全面分层填夯。如采取分段填筑，交接处应填成阶梯形。墙基及管道回填应在两侧用细土同时均匀回填、夯实，防止墙基及管道中心线位移。

夯填土应按次序进行，一夯压半夯。较大面积人工回填用打夯机夯实。两机平行时其间距不得小于 3m。在同一夯打路线上，前后间距不得小于 10m。

B. 机械填土要求：铺土应分层进行，每次铺土厚度不大于 30～50cm（视所用压实机械的要求而定）。每层铺土后，利用填土机械将地表面刮平。填土程序一般尽量采取横向或纵向分层卸土，以利行驶时初步压实。

（二）砌体工程

1. 砌体工程的种类

根据砌筑主体的不同，砌体工程可分为砖砌体工程、石砌体工程、砌块砌体工程、配筋砌体工程。

（1）砖砌体

由砖和砂浆砌筑而成的砌体称为砖砌体。砖有烧结黏土砖、烧结多孔砖、蒸压灰砂砖、粉煤灰砖、混凝土砖等，并有实心砖与空心砖两种形式。

（2）石砌体

由石材和砂浆砌筑的砌体称为石砌体。常用的石砌体有料石砌体、毛石砌体、毛石混凝土砌体。

（3）砌块砌体

由砌块和砂浆砌筑的砌体称为砌块砌体。常用的砌块砌体有混凝土空心砌块砌体、加气混凝土砌块砌体、水泥炉渣空心砌块砌体、粉煤灰硅酸盐砌块砌体等。

（4）配筋砌体

为了提高砌体的受压承载力和减小构件的截面尺寸，可在砌体内配置适量的钢筋形成配筋砌体。

2. 砌体施工工艺

（1）砖砌体

1）施工工艺流程

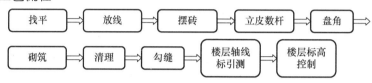

2）施工要点

① 找平、放线：砌筑前，在基础防潮层或楼面上先用水泥砂浆或细石混凝土找平，然后在龙门板上以定位钉为标志，弹出墙的轴线、边线，定出门窗洞口位置，如图 4-1 所示。

② 摆砖：是指在放线的基面上按选定的组砌形式用于砖试摆。一般在房屋外纵墙方向摆顺砖，在山墙方向摆丁砖，摆砖由一个大角摆到另一个大角，砖与砖留10mm 缝隙。摆砖的目的是校对放出的墨线在门窗洞口、

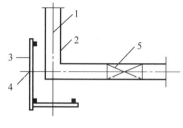

图 4-1 墙身放线

1—墙轴线；2—墙边线；3—龙门板；

4—墙轴线标志；5—门洞位置标志

附墙垛等处是否符合砖的模数，以尽可能减少砍砖，并使砌体灰缝均匀，组砌得当。

③ 立皮数杆：是指在其上划有每皮砖和灰缝厚度，以及门窗洞口、过梁、楼板、梁底、预埋件等标高位置的一种木制标杆，如图 4-2 所示。其在砌筑时可控制每皮砖的竖向尺寸，并使铺灰、砌砖的厚度均匀，洞口及构件位置留设正确，同时还可以保证砌体的垂直度。

皮数杆一般立于房屋的四大角、内外墙交接处、楼梯间以及洞口多的地方。一般可每隔 10～15m 立一根。皮数杆的设立，应有两个方向斜撑或锚钉加以固定，以保证其固定和垂直。一般每次开始砌砖前应用水准仪校正标高，并检查一遍皮数杆的垂直度和牢固程度。

④ 盘角、砌筑：砌筑时应先盘角，盘角是确定墙身两面横平竖直的主要依据，盘角时主要大角不宜超过 5 皮砖，且应随砌随盘，做到"三皮一吊，五皮一靠"，对照皮数杆检查无误后，才能挂线砌筑中间墙体。为了保证灰缝平直，要挂线砌筑。一般一砖墙单面挂线，一砖半以上砖墙则宜双面挂线。

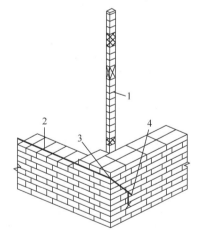

图 4-2 皮数杆示意

1—皮数杆；2—准线；

3—竹片；4—圆铁钉

⑤ 清理、勾缝：当该层该施工面墙体砌筑完成后，应及时对墙面和落地灰进行清理。

勾缝是清水砖墙的最后的一道工序，具有保护墙面和增加墙面美观的作用。墙面勾缝采用砌筑砂浆随砌随勾缝的原浆勾缝和加浆勾缝，加浆勾缝系指在砌筑几皮砖以后，先在灰缝处划出 1cm 深的灰槽。待砌完整个墙体以后，再用细砂拌制 1：1.5 水泥砂浆勾缝，勾缝完的墙面应及时清扫。

⑥ 楼层轴线引测：为了保证各层墙身轴线的重合和施工方便，在弹墙身线时，应根据龙门板上标注的轴线位置将轴线引测到房屋的外墙基上，二层以上各层墙的轴线，可用经纬仪或锤球引测到楼层上去，同时还须根据图上轴线尺寸用钢尺进行校核。

⑦ 楼层标高的控制：各层标高除立皮数杆控制外，还可弹出室内水平线进行控制。底层砌到一定高度后，在各层的里墙身，用水准仪根据龙门板上的 ±0.000 标高，引出统一标高的测量点（一般比室内地坪高出 200～500mm），然后在墙角两点弹出水平线，依次控制底层过梁、圈梁和楼板底标高。当楼层墙身砌到一定高度后，先从底层水平线用钢尺往上量各层水平控制线的第一个标志，然后以此标志为准，用水准仪引测再定出各层墙面的水平控制线，以此控制各层标高。

（2）砌块砌体

1）施工工艺流程

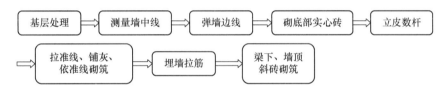

2）施工要点

① 基层处理：将砌筑加气砖墙体根部的混凝土梁、柱的表面清扫干净，用砂浆找平，拉线，用水平尺检查其平整度。

② 砌底部实心砖：在墙体底部，在砌第一皮加气砖前，应用实心砖砌筑，其高度宜不小于 200mm。

③ 拉准线、铺灰、依准线砌筑：为保证墙体垂直度、水平度，采取分段拉准线砌筑，铺浆要厚薄均匀，每一块砖全长上铺满砂浆，浆面平整，保证灰缝厚度，灰缝厚度宜为 15mm，灰缝要求横平竖直，水平灰缝应饱满，竖缝采用挤浆和加浆方法，不得出现透明缝，严禁用水冲洗灌缝。铺浆后立即放置砌块，要求一次摆正找平。如铺浆后不立即放置砌块，砂浆凝固了，须铲去砂浆，重新砌筑。

④ 埋墙拉筋：与钢筋混凝土柱（墙）的连接，采取在混凝土柱（墙）上打入 2Φ6 @500 的膨胀螺栓，然后在膨胀螺栓上焊接 Φ6 的钢筋，长可埋入加气砖墙体内 1000mm。

⑤ 梁下、墙顶斜砖砌筑：与梁的接触处待加气砖砌完一星期后采用灰砂砖斜砌顶紧。

（3）毛石砌体

1）施工工艺流程

2）施工要点

① 砂浆用水泥砂浆或水泥混合砂浆，一般用铺浆法砌筑，灰缝厚度应符合要求，且

砂浆饱满。毛料石和粗料石砌体的灰缝厚度不宜大于 20mm,细料石砌体的灰缝厚度不宜大于 5mm。

② 毛石砌体宜分皮卧砌,且按内外搭接,上下错缝,拉结石、丁砌石交错设置的原则组砌,不得采用外面侧立石块,中间填心的砌筑方法。每日砌筑高度不宜超过 1.2m,在转角处及交接处应同时砌筑,如不能同时砌筑时,应留斜槎。

③ 毛石墙一般灰缝不规则,对外观要求整齐的墙面,其外皮石材可适当加工。毛石墙的第一皮及转角、交接处和洞口处,应用料石或较大的平毛石砌筑,每个楼层砌体最上一皮应选用较大的毛石砌筑。墙角部分纵横宽度至少为 0.8m。毛石墙在转角处,应采用有直角边的石料砌在墙角一面,按长短形状纵横搭接砌入墙内,丁字接头处,要选取较为平整的长方形石块,长短纵横砌入墙内,使其在纵横墙中上下皮能相互搭接;毛石墙的第一皮石块及最上一皮石块应选用较大的石块。

④ 平毛石砌筑,第一皮大面向下,以后各皮上下错缝,内外搭接,墙中不应放铲口石和全部对合石,毛石墙必须设置拉结石,拉结石应均匀分布,相互错开,一般每 0.7m² 墙面至少设置一块,且同皮内的中距不大于 2m。拉结石长度,如墙厚等于或小于 400mm,应等于墙厚。墙厚大于 400mm,可用两块拉结石内外搭接,搭接长度不小于 150mm,且其中一块长度不小于墙厚的 2/3。

⑤ 毛石挡土墙一般按 3~4 皮为一个分层高度砌筑,每砌一个分层高度应找平一次;毛石挡土墙外露面灰缝厚度不得大于 40mm,两个分层高度间分层处的错缝不得小于 80mm;对于中间毛石砌筑的料石挡土墙,丁砌料石应深入中间毛石部分的长度不应小于 200mm;挡土墙的泄水孔应按设计施工,若无设计规定时,应按每米高度上间隔 2m 左右设置一个泄水孔。

(三) 钢筋混凝土工程

1. 常见模板的种类

(1) 组合式模板

组合式模板,是现代模板技术中具有通用性强、装拆方便、周转使用次数多的一种新型模板,用它进行现浇混凝土结构施工,可事先按设计要求组拼成梁、柱、墙、楼板的大型模板,整体吊装就位,也可采用散支散拆方法。

1) 组合钢模板

组合钢模板由钢模板和配件两大部分组成。配件又由连接件和支承件组成。钢模板主要包括平面模板、阴角模板、阳角模板、连接角模板等。

2) 钢框木(竹)胶合板模板

钢框木(竹)胶合板模板,是以热轧异型钢为钢框架,以覆面胶合板作板面,并加焊若干钢筋承托面板的一种组合式模板。面板有木、竹胶合板,单片木面竹芯胶合板等。

(2) 工具式模板

工具式模板,是针对工程结构构件的特点,研制开发的可持续周转使用的专用型模板,常用的有大模板、滑动模板、爬升模板、飞模等。

1）大模板

大模板是大型模板或大块模板的简称。它的单块模板面积大，通常是以一面现浇墙使用一块模板，区别于组合钢模板和钢框胶合板模板，故称大模板，如图4-3、图4-4所示。

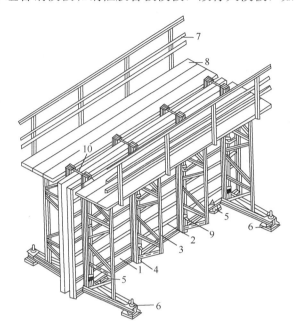

图4-3　桁架式大模板构造示意

1—面板；2—水平肋；3—支撑桁架；4—竖肋；5—水平调整装置；
6—垂直调整装置；7—栏杆；8—脚手板；9—穿墙螺栓；10—固定卡具

大模板依其构造和组拼方式可以分为整体式大模板、组合式大模板、拼装式大模板和筒形模板，以及用于外墙面施工的装饰混凝土模板。

2）滑动模板

滑动模板（简称滑模）施工，是现浇混凝土工程的一项施工工艺，与常规施工方法相比，这种施工工艺具有施工速度快、机械化程度高、可节省支模和搭设脚手架所需的工料、能较方便地将模板进行拆散和灵活组装并可重复使用。

3）爬升模板

爬升模板是综合大模板与滑动模板工艺特点的一种工艺，具有大模板和滑动模板共同的优点。尤其适用于超高层建筑施工。爬升模板（即爬模），是一种适用于现浇钢筋混凝土竖向（或倾斜）结构的模板工艺，如墙体、电梯井、桥梁、塔柱等。

4）飞模

飞模是一种大型工具式模板。因其外形如桌，故又称桌模或台模。由于它可以借助起重机械从已浇筑完混凝土的楼板下吊运飞出转移到上层重复使用，故称飞模。

飞模主要由平台板、支撑系统（包括梁、支架、支撑、支腿等）和其他配件（如升降和行走机构等）组成。适用于大开间、大柱网、大进深的现浇钢筋混凝土楼盖施工，尤其适用于现浇板柱结构（无柱帽）楼盖的施工。

（3）永久性模板

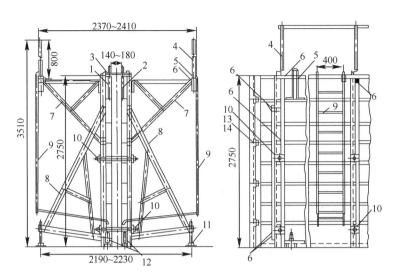

图 4-4　大模板构造

1—反向模板；2—正向模板；3—上口卡板；4—活动护身栏；5—爬梯横担；6—螺栓连接；7—操作平台斜撑；

8—支撑架；9—爬梯；10—穿墙螺栓；11—地脚螺栓；12—地脚；13—反活动角模；14—正活动角模

永久性模板，亦称一次性消耗模板，是在结构构件混凝土浇筑后模板不拆除，并构成构件受力或非受力的组成部分。

1）压型钢板模板

压型钢板模板，是采用镀锌或经防腐处理的薄钢板，经成型机冷轧成具有梯波形截面的槽型钢板或开口式方盒状钢壳的一种工程模板材料。

压型钢板模板具有加工容易，质量轻，安装速度快，操作简便和取消支、拆模板的繁琐工序等优点。

2）预应力混凝土薄板模板

预应力混凝土薄板模板，一般是在构件预制工厂的台座上生产，通过施加预应力配筋制作成的一种预应力混凝土薄板构件，这种薄板主要应用于现浇钢筋混凝土楼板工程，薄板本身即为现浇楼板的永久性模板，当与楼板的现浇混凝土叠合后，又是构成楼板的受力结构部分，与楼板组成组合板，或构成楼板的非受力结构部分，而只作永久性模板使用。

2. 钢筋工程施工工艺

（1）钢筋加工

1）钢筋除锈

钢筋的表面应洁净。油渍、漆污和用锤敲击时能剥落的浮皮、铁锈等应在使用前清除干净。在焊接前，焊点处的水锈应清除干净。

钢筋的除锈，一般可通过以下两个途径：一是在钢筋冷拉或钢丝调直过程中除锈，对大量钢筋的除锈较为经济省力；二是用机械方法除锈。如采用电动除锈机除锈，对钢筋的局部除锈较为方便。还可采用手工除锈（用钢丝刷、砂盘）、喷砂和酸洗除锈等。

2）钢筋调直

钢筋的调直是在钢筋加工成型之前，对热轧钢筋进行矫正，使钢筋成为直线的一道工序。钢筋调直的方法分为机械调直和人工调直。以圆盘供应的钢筋在使用前需要进行调直，调直应优先采用机械方法调直，以保证调直钢筋的质量。

3）钢筋切断

断丝钳切断法：主要用于切断直径较小的钢筋，如钢丝网片、分布钢筋等。

手动切断机：主要用于切断直径在 16mm 以下的钢筋，其手柄长度可根据切断钢筋直径的大小来调，以达到切断时省力的目的。

液压切断器切断法：切断直径在 16mm 以上的钢筋。

4）钢筋弯曲成型

弯曲成型是指将钢筋加工成设计图纸要求的形状。常用弯曲成型设备是钢筋弯曲成型机，也有的采用简易钢筋弯曲成型装置。

钢筋弯钩和弯折的有关规定如下：

① 受力钢筋

A. HPB300 级钢筋末端应作 180°弯钩，其弯弧内直径不应小于钢筋直径的 2.5 倍，弯钩的弯后平直部分长度不应小于钢筋直径的 3 倍。

B. 当设计要求钢筋末端需作 135°弯钩时，300MPa 级、400MPa 级、500MPa 级钢筋的弯弧内直径 D 不应小于钢筋直径的 4 倍，弯钩的弯后平直部分长度应符合设计要求。

C. 钢筋作不大于 90°的弯折时，弯折处的弯弧内直径不应小于钢筋直径的 5 倍。

② 箍筋

除焊接封闭环式箍筋外，箍筋的末端应作弯钩。弯钩形式应符合设计要求；当设计无具体要求时，应符合下列规定：

A. 箍筋弯钩的弯弧内直径除应满足前述受力钢筋要求外，尚应不小于受力钢筋的直径。

B. 箍筋弯钩的弯折角度：对一般结构，不应小于 90°；对有抗震等要求的结构应为 135°。

C. 钢筋弯后的平直部分长度：对一般结构，不宜小于箍筋直径的 5 倍，对有抗震等要求的结构，不应小于箍筋直径的 10 倍。

（2）钢筋的连接

钢筋的连接可分为两类：绑扎搭接；机械连接或焊接。当受拉钢筋的直径 $d>25$mm 及受压钢筋的直径 $d>28$mm 时，不宜采用绑扎搭接接头。

1）钢筋绑扎搭接连接

绑扎搭接连接是用 20～22 号铁丝将两段钢筋扎牢使其连接起来以达到接长的目的。

① 同一构件中相邻纵向受力钢筋的绑扎搭接接头宜相互错开。

② 钢筋绑扎搭接接头连接区段的长度为 1.3 倍搭接长度，凡搭接接头中点位于该连接区段长度内的搭接接头均属于同一连接区段。当钢筋直径相同时，钢筋搭接接头面积百分率为 50%。

③ 位于同一连接区段内的受拉钢筋搭接接头面积百分率：对梁类、板类及墙类构件，不宜大于 25%；对柱类构件，不宜大于 50%。

④ 在任何情况下，纵向受拉钢筋绑扎搭接接头的搭接长度不应小于 300mm，纵向受压钢筋的受压搭接长度不应小于 200mm。

2) 钢筋焊接连接

① 钢筋电阻点焊

钢筋电阻点焊是将两根钢筋安放成交叉叠接形式，压紧于两电极之间，利用电阻热熔化母材金属，加压形成焊点的一种压焊方法。

② 钢筋电弧焊

钢筋电弧焊是以焊条作为一极、钢筋为另一极，利用焊接电流通过产生的电弧热进行焊接的一种熔焊方法。

③ 钢筋电渣压力焊

钢筋电渣压力焊是将两根钢筋安放成竖向对接形式，利用焊接电流通过两根钢筋端面间隙，在焊剂层下形成电弧过程和电渣过程，产生电弧热和电阻热，熔化钢筋，加压完成的一种压焊方法。

3) 钢筋机械连接

① 钢筋套筒挤压连接

带肋钢筋套筒挤压连接是将两根待接钢筋插入钢套筒，用挤压连接设备沿径向挤压钢套筒，使之产生塑性变形，依靠变形后的钢套筒与被连接钢筋纵、横肋产生的机械咬合成为整体的钢筋连接方法。

② 钢筋锥螺纹套筒连接

钢筋锥螺纹套筒连接是将两根待接钢筋端头用套丝机做出锥形外丝，然后用带锥形内丝的套筒将钢筋两端拧紧的钢筋连接方法。

③ 钢筋镦粗直螺纹套筒连接

钢筋镦粗直螺纹套筒连接是先将钢筋端头镦粗，再切削成直螺纹，然后用带直螺纹的套筒将钢筋两端拧紧的钢筋连接方法。

④ 钢筋滚压直螺纹套筒连接

钢筋滚压直螺纹套筒连接是利用金属材料塑性变形后冷作硬化增强金属材料强度的特性，使接头与母材等强的连接方法。根据滚压直螺纹成型方式，又可分为直接滚压螺纹、压肋滚压螺纹、剥肋滚压螺纹三种类型。

（3）钢筋安装

1) 钢筋现场绑扎

钢筋绑扎用的铁丝，可采用 20～22 号铁丝，其中 22 号铁丝只用于绑扎直径 12mm 以下的钢筋。

控制混凝土保护层厚度采用水泥砂浆垫块或塑料卡。水泥砂浆垫块的厚度，应等于保护层厚度。垫块的平面尺寸：当保护层厚度等于或小于 20mm 时为 30mm×30mm，大于 20mm 时为 50mm×50mm。当在垂直方向使用垫块时，可在垫块中埋入 20 号铁丝。

2) 基础钢筋绑扎

① 施工工艺流程

② 施工要点

A. 钢筋网的绑扎。四周两行钢筋交叉点应每点扎牢。中间部分交叉点可相隔交错扎牢，但必须保证受力钢筋不位移。双向主筋的钢筋网，则须将全部钢筋相交点扎牢。绑扎时应注意相邻绑扎点的铁丝扣要成八字形，以免网片歪斜变形。

B. 基础底板采用双层钢筋网时，在上层钢筋网下面应设置钢筋撑脚或混凝土撑脚，以保证钢筋位置正确。

钢筋撑脚每隔 1m 放置一个。其直径选用：当板厚 $h \leqslant 30cm$ 时为 $8 \sim 10mm$；当板厚 $h = 30 \sim 50mm$ 时为 $12 \sim 14mm$；当板厚 $h > 50cm$ 时为 $16 \sim 18mm$。

C. 钢筋的弯钩应朝上。不要倒向一边；但双层钢筋网的上层钢筋弯钩应朝下。

D. 独立柱基础为双向弯曲，其底面短边的钢筋应放在长边钢筋的上面。

E. 现浇柱与基础连接用的插筋，其箍筋应比柱的箍筋缩小一个柱筋直径，以便连接。插筋位置一定要固定牢靠，以免造成柱轴线偏移。

F. 对厚片筏上部钢筋网片，可采用钢管临时支撑体系。

3）柱钢筋绑扎

① 工艺流程

② 施工要点

A. 柱中的竖向钢筋搭接时，角部钢筋的弯钩应与模板成 $45°$（多边形柱为模板内角的平分角，圆形柱应与模板切线垂直）。中间钢筋的弯钩应与模板成 $90°$。如果用插入式振捣器浇筑小型截面柱时，弯钩与模板的角度不得小于 $15°$。

B. 箍筋的接头（弯钩叠合处）应交错布置在四角纵向钢筋上，箍筋转角与纵向钢筋交叉点均应扎牢（箍筋平直部分与纵向钢筋交叉点可间隔扎牢），绑扎箍筋时绑扣相互间应成八字形。

C. 下层柱的钢筋露出楼面部分宜用工具式柱箍将其收进一个柱筋直径，以利上层柱的钢筋搭接。当柱截面有变化时，其下层柱钢筋的露出部分必须在绑扎梁的钢筋之前先行收缩准确。

D. 框架梁、牛腿及柱帽等钢筋，应放在柱的纵向钢筋内侧。

E. 柱钢筋的绑扎应在模板安装前进行。

4）墙钢筋绑扎

① 工艺流程

② 施工要点

A. 墙（包括水塔壁、烟囱筒身、池壁等）的垂直钢筋每段长度不宜超过 4m（钢筋直径 $\leqslant 12mm$）或 6m（直径 $> 12mm$），水平钢筋每段长度不宜超过 8m，以利绑扎。

B. 墙的钢筋网绑扎同基础，钢筋的弯钩应朝向混凝土内。

C. 采用双层钢筋网时，在两层钢筋间应设置撑铁，以固定钢筋间距。撑铁可用直径6～10mm 的钢筋制成，长度等于两层网片的净距，间距约为1m，相互错开排列。

D. 墙的钢筋可在基础钢筋绑扎之后浇筑混凝土前插入基础内。

E. 墙钢筋的绑扎也应在模板安装前进行。

5）梁钢筋绑扎

① 工艺流程

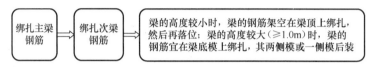

② 施工要点

A. 纵向受力钢筋采用双层排列时，两排钢筋之间应垫以直径≥25mm 的短钢筋，以保持其设计距离。

B. 箍筋的接头（弯钩叠合处）应交错布置在两根架立钢筋上。其余同柱。

C. 框架节点处钢筋穿插十分稠密时，应特别注意梁顶面主筋间的净距要有 30mm，以利浇筑混凝土。

D. 梁钢筋的绑扎与模板安装之间的配合关系：a. 梁的高度较小时，梁的钢筋架空在梁顶上绑扎，然后再落位；b. 梁的高度较大（≥1.0m）时，梁的钢筋宜在梁底模上绑扎，其两侧模或一侧模后装。

6）板钢筋绑扎

① 工艺流程

② 施工要点

A. 现浇楼板钢筋的绑扎是在梁钢筋骨架放下之后进行的。在现浇楼板钢筋铺设时，对于单向受力板，应先铺设平行于短边方向的受力钢筋，后铺设平行于长边方向分布钢筋；对于双向受力板，应先铺设平行于短边方向的受力钢筋，后铺设平行于长边方向的受力钢筋。且须特别注意，板上部的负筋、主筋与分布钢筋的相交点必须全部绑扎，并垫上保护层垫块。如楼板为双层钢筋时，两层钢筋之间应撑铁，以确保两层钢筋之间的有效高度，管线应在负筋没有绑扎前预埋好，以免施工人员施工时过多地踩倒负筋。

B. 板、次梁与主梁交叉处，板的钢筋在上，次梁的钢筋居中，主梁的钢筋在下；当有圈梁或垫梁时，主梁的钢筋在上。

C. 板的钢筋网绑扎与基础相同。但应注意板上部的负筋，要防止被踩下，特别是雨篷、挑檐、阳台等悬臂板。要严格控制负筋位置，以免拆模后断裂。

（4）植筋施工

在钢筋混凝土结构上钻出孔洞，注入胶粘剂，植入钢筋，待其固化后即完成植筋施工。用此法植筋犹如原有结构中的预埋筋，能使所植钢筋的技术性能得以充分利用。

3. 混凝土工程施工工艺

混凝土工程施工包括混凝土拌合料的制备、运输、浇筑、振捣、养护等工艺过程，传统的混凝土拌合料是在混凝土配合比确定后在施工现场进行配料和拌制，近年来，混凝土拌合料的制备实现了工业化生产，大多数城市实现了混凝土集中预拌，商品化供应混凝土拌合料，施工现场的混凝土工程施工工艺减少了制备过程。

（1）混凝土拌合料的运输

1）运输要求

混凝土拌合料自商品混凝土厂装车后，应及时运至浇筑地点。混凝土拌合料运输过程中一般要求：

① 保持其均匀性，不离析、不漏浆；

② 运到浇筑地点时应具有设计配合比所规定的坍落度；

③ 应在混凝土初凝前浇入模板并捣实完毕；

④ 保证混凝土浇筑能连续进行。

2）运输时间

混凝土从搅拌机卸出到浇筑进模后时间间隔不得超过表4-2中所列的数值。若使用快硬水泥或掺有促凝剂的混凝土，其运输时间由试验确定，轻骨料混凝土的运输、浇筑延续时间应适当缩短。

混凝土从搅拌机中卸出到浇筑完毕的延续时间（单位：min）　　表4-2

混凝土强度等级	气温低于25℃	气温高于25℃
C30及C30以下	120	90
高于C30	90	60

3）运输方案及运输设备

混凝土拌合料自搅拌站运至工地，多采用混凝土搅拌运输车，在工地内，混凝土运输目前可以选择的组合方案有：

①"泵送"方案；

②"塔式起重机＋料斗"方案。

（2）混凝土浇筑

混凝土浇筑就是将混凝土放入已安装好的模板内并振捣密实以形成符合要求的结构或构件的施工过程，包括布料、振捣、抹平等工序。

1）混凝土浇筑的基本要求

① 混凝土应分层浇筑，分层捣实，但两层混凝土浇捣时间间隔不得超过规范规定；

② 浇筑应连续作业，在竖向结构中如浇灌高度超过3m时，应采用溜槽或串筒下料；

③ 在浇筑竖向结构混凝土前，应先在浇筑处底部填入50～100mm厚与混凝土内砂浆成分相同的水泥浆或水泥砂浆（接浆处理）；

④ 浇筑过程应经常观察模板及其支架、钢筋、埋设件和预留孔洞的情况，当发现有

变形或位移时，应立即快速处理。

2）混凝土振捣

在浇筑过程中，必须使用振捣工具振捣混凝土，尽快将拌合物中的空气振出，因为空气含量太多的混凝土会降低强度。用于振捣密实混凝土拌合物的机械，按其作业方式可分为：内部振动器、表面振动器、外部振动器和振动台。

（3）混凝土养护

养护方法有：自然养护、蒸汽养护、蓄热养护等。

对混凝土进行自然养护，是指在平均气温高于+5℃的条件下于一定时间内使混凝土保持湿润状态。自然养护又可分为洒水养护和喷洒塑料薄膜养生液养护等。

洒水养护是用吸水保温能力较强的材料（如草帘、芦席、麻袋、锯末等）将混凝土覆盖，经常洒水使其保持湿润。养护时间长短取决于水泥品种，硅酸盐水泥、普通硅酸盐水泥和矿渣硅酸盐水泥拌制的混凝土，不少于7d；火山灰质硅酸盐水泥和粉煤灰硅酸盐水泥拌制的混凝土不少于14d；有抗渗要求的混凝土不少于14d。洒水次数以能保持混凝土具有足够的润湿状态为宜。养护初期和气温较高时应增加洒水次数。

喷洒塑料薄膜养生液养护适用于不易洒水养护的高耸构筑物和大面积混凝土结构及缺水地区。

对于表面积大的构件（如地坪、楼板、屋面、路面等），也可用湿土、湿砂覆盖，或沿构件周边用黏土等围住，在构件中间蓄水进行养护。

混凝土必须养护至其强度达到1.2MPa以上，才准在上面行人和架设支架、安装模板，且不得冲击混凝土，以免破坏正在硬化过程中的混凝土的内部结构。

（四）钢结构工程

1. 钢结构的主要连接方法

（1）焊接

钢结构工程常用的焊接方法有：药皮焊条手工电弧焊、自动（半自动）埋弧焊、气体保护焊。

1）药皮焊条手工电弧焊：原理是在涂有药皮的金属电极与焊件之间施加电压，由于电极强烈放电导致气体电离，产生焊接电弧，高温下致使焊条和焊件局部熔化，形成气体、熔渣、熔池，气体和熔渣对熔池起保护作用，同时，熔渣与熔池金属产生冶炼反应后凝固成焊渣，冷却凝成焊缝，固态焊渣覆盖于焊缝金属表面后成形。

2）埋弧焊：是当今生产效率较高的机械化焊接方法之一，又称焊剂层下自动电弧焊。焊丝与母材之间施加电压并相互接触放弧后使焊丝端部及电弧区周围的焊剂及母材熔化，形成金属熔滴、熔池及熔渣。金属熔池受到浮于表面的熔渣和焊剂蒸气的保护，不与空气接触，避免有害气体侵入。埋弧焊焊接质量稳定、焊接生产率高，无弧光、烟尘少等优点，是压力容器、管段制造、焊接H型钢、十字形、箱形截面梁柱制作的主要方法。

3）气体保护焊：包括钨极氩弧焊（TIG）、熔化极气体保护焊（GMAW）等，目前

应用较多的是 CO_2 气体保护焊。CO_2 气体保护焊是采用喷枪喷出 CO_2 气体作为电弧焊的保护介质,使熔化金属与空气隔绝,保护焊接过程的稳定。用于钢结构的 CO_2 气体保护焊按焊丝分为:实芯焊丝 CO_2 气体保护焊(GMAW)和药芯焊丝 CO_2 气体保护焊(FCAW)。按熔滴过渡形式分为:短路过渡、滴状过渡、射滴过渡。按保护气体性质分为:纯 CO_2 气体保护焊和 $Ar+CO_2$ 气体保护焊。

（2）螺栓连接

1）普通螺栓连接

建筑钢结构中常用的普通螺栓牌号为 Q235。普通螺栓强度等级要低,一般为 4.4S、4.8S、5.6S 和 8.8S。例如 4.8S,"S"表示级,"4"表示栓杆抗拉强度为 400MPa,0.8 表示屈强比,则屈服强度为 $400×0.8=320$MPa。

建筑钢结构中使用的普通螺栓,一般为六角头螺栓,常用规格有 M8、M10、M12、M16、M20、M24、M30、M36、M42、M48、M56、M64 等。普通螺栓质量等级按加工制作质量及精度分为 A、B、C 三个等级,A 级加工精度最高,C 级最差,A 级螺栓为精制螺栓,B 级螺栓为半精制螺栓,A、B 级适用于拆装式结构或连接部位需传递较大剪力的重要结构中,C 级螺栓为粗制螺栓,由圆钢压制而成,适用于钢结构安装中的临时固定,或用于承受静载的次要连接。普通螺栓可重复使用,建筑结构主结构螺栓连接,一般应选用高强螺栓,高强螺栓不可重复使用,属于永久连接的预应力螺栓。

2）高强度螺栓连接

高强度螺栓连接按受力机理分为:摩擦型高强度螺栓和承压型高强度螺栓。摩擦型高强度螺栓靠连接板叠间的摩擦阻力传递剪力,以摩擦力刚好被克服作为连接承载力的极限状态;承压型高强度螺栓是当剪力大于摩擦阻力后,以栓杆被剪断或连接板被挤坏作为承载力极限。

高强度螺栓按形状不同分为:大六角头型高强度螺栓和扭剪型高强度螺栓。大六角头型高强度螺栓一般采用指针式扭力（测力）扳手或预置式扭力（定力）扳手施加预应力,目前使用较多的是电动扭矩扳手,按拧紧力矩的 50% 进行初拧,然后按 100% 拧紧力矩进行终拧,大型节点初拧后,按初拧力矩进行复拧,最后终拧。扭剪型高强度螺栓的螺栓头为盘头,栓杆端部有一个承受拧紧反力矩的十二角体（梅花头）和一个能在规定力矩下剪断的断颈槽。扭剪型高强度螺栓通过特制的电动扳手,拧紧时对螺母施加顺时针力矩,对梅花头施加逆时针力矩,终拧至栓杆端部断颈拧掉梅花头为止。

大六角头螺栓常用 8.8S 和 10.9S 两个强度等级,扭剪型螺栓只有 10.9S,目前扭剪型 10.9S 使用较为广泛。10.9S 中的 10 表示抗拉强度为 1000MPa,9 表示屈服强度比为 0.9,屈服强度为 900MPa。国标扭剪型高强度螺栓为 M16、M20、M22、M24 四种,非国标有 M27、M30 两种;国标大六角高强度螺栓有 M12、M16、M20、M22、M24、M27、M30 等型号。

（3）自攻螺钉连接

自攻螺钉多用于薄金属板间的连接,连接时先对被连接板制出螺纹底孔,再将自攻螺钉拧入被连接件螺纹底孔中,由于自攻螺钉螺纹表面具有较高硬度（≥HRC45）,其螺纹具有弧形三角截面普通螺纹,螺纹表面也具有较高硬度,可在被连接板的螺纹底孔中攻出内螺纹,从而形成连接。

自攻螺钉分为自钻自攻螺钉与普通自攻螺钉。不同之处在于普通自攻螺钉在连接时，须经过钻孔（钻螺纹底孔）和攻丝（包括紧固连接）两道工序；而自钻自攻螺钉在连接时，是将钻孔和攻丝两道工序合并后一次完成，先用螺钉前面的钻头进行钻孔，接着就用螺钉进行攻丝和紧固连接，可节约施工时间，提高工效。

自攻螺钉具有低拧入力矩和高锁紧性能的特点，在轻型钢结构中广泛应用。

（4）铆钉连接

铆钉连接按照铆接应用情况，可以分为活动铆接、固定铆接、密缝铆接，在建筑工程中一般不使用。

2. 钢结构安装施工工艺

钢结构施工包括制作与安装两部分。

（1）钢结构安装工艺流程

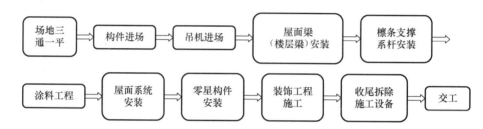

（2）钢结构安装施工要点

1）吊装前准备工作

① 安装前应对基础轴线和标高、预埋板位置、预埋与混凝土紧贴性进行检查、检测和办理交接手续。

② 超出规定的偏差，在吊装之前应设法消除，构件制作允许偏差应符合规范要求。

③ 准备好所需的吊具、吊索、钢丝绳、电焊机及劳保用品，为调整构件的标高准备好各种规格的铁垫片、钢楔。

2）吊装工作

① 吊点采用四点绑扎，绑扎点应用软材料垫至其中以防钢构件受损。

② 起吊时先将钢构件吊离地面50cm左右，使钢构件中心对准安装位置中心，然后徐徐升钩，将钢构件吊至需连接位置即刹车对准预留螺栓孔，并将螺栓穿入孔内，初拧作临时固定，同时进行垂直度校正和最后固定，经校正后，并终拧螺栓作最后固定。

3）钢构件连接要点

① 钢构件螺栓连接要点

A. 钢构件拼装前应检查清除飞边、毛刺、焊接飞溅物等，摩擦面应保持干燥、整洁，不得在雨中作业。

B. 高强度螺栓在大六角头上部有规格和螺栓号，安装时其规格和螺栓号要与设计图上要求相同，螺栓应能自由穿入孔内，不得强行敲打，并不得气割扩孔，穿放方向符合设计图纸的要求。

C. 从构件组装到螺栓拧紧，一般要经过一段时间，为防止高强度螺栓连接副的扭矩系数、标高偏差、预拉力和变异系数发生变化，高强度螺栓不得兼作安装螺栓。

D. 为使被连接板叠密贴，应从螺栓群中央顺序向外施拧，即从节点中刚变大的中央按顺序向下受约束的边缘施拧。为防止高强度螺栓连接副的表面处理涂层发生变化影响预拉力，应在当天终拧完毕，为了减少先拧与后拧的高强度螺栓预拉力的差别，其拧紧必须分为初拧和终拧两步进行，对于大型节点，螺栓数量较多，则需要增加一道复拧工序，复拧扭矩仍等于初拧的扭矩，以保证螺栓均达到初拧值。

E. 高强度六角头螺栓施拧采用的扭矩扳手和检查采用的扭矩扳手在扳前和扳后均应进行扭矩校正。其扭矩误差应分别为使用扭矩的±5％和±3％。

对于高强度螺栓终拧后的检查，可用"小锤击法"逐个进行检查，此外应进行扭矩抽查，如果发现欠拧漏拧者，应及时补拧到规定扭矩，如果发现超拧的螺栓应更换。

对于高强度大六角螺栓扭矩检查采用"松扣、回扣法"，即先在累平杆的相对应位置划一组直线，然后将螺母退回约30°～50°，在拧到与细直线重合时测定扭矩，该扭矩与检查扭矩的偏差在检查扭矩的±10％范围内为合格，扭矩检查应在终拧 1h 后进行，并在终拧后 24h 之内完成检查。

F. 高强度螺栓上、下接触面处加有 1/20 以上斜度时应采用垫圈垫平。高强度螺栓孔必须是钻成的，孔边应无飞边、毛刺，中心线倾斜度不得大于 2mm。

② 钢构件焊接连接要点

A. 焊接区表面及其周围 20mm 范围内，应用钢丝刷、砂轮、氧乙炔火焰等工具，彻底清除待焊处表面的氧化皮、锈、油污、水等污物。施焊前，焊工应复核焊接件的接头质量和焊接区域的坡口、间隙、钝边等的处理情况。当发现有不符合要求时，应修整合格后方可施焊。

B. 厚度 12mm 以下板材，可不开坡口，采用双面焊，正面焊电流稍大，熔深达 65％～70％，反面达 40％～55％。厚度大于 12～20mm 的板材，单面焊后，背面清根，再进行焊接。厚度较大的板，开坡口焊，一般采用手工打底焊。

C. 多层焊时，一般每层焊高为 4～5mm，多道焊时，焊丝离坡口面 3～4mm 处焊。

D. 填充层总厚度低于母材表面 1～2mm，稍凹，不得熔化坡口边。

E. 盖面层应使焊缝对坡口熔宽每边 3±1mm，调整焊速，使余高为 0～3mm。

F. 焊道两端加引弧板和熄弧板，引弧和熄弧焊缝长度应大于或等于 80mm。引弧和熄弧板长度应大于或等于 150mm。引弧和熄弧板应采用气割方法切除，并修磨平整，不得用锤击落。

G. 埋弧焊每道焊缝熔敷金属横截面的成型系数（宽度：深度）应大于 1。

H. 不应在焊缝以外的母材上打火引弧。

（五）防水工程

1. 防水工程的主要种类

根据所用材料的不同，防水工程可分为柔性防水和刚性防水两大类。柔性防水用的是各类卷材和沥青胶结料等柔性材料；刚性防水采用的主要是砂浆和混凝土类的刚性材料。

防水砂浆防水通过增加防水层厚度和提高砂浆层的密实性来达到防水要求。防水混凝土是通过采用较小的水灰比，适当增加水泥用量和砂率，提高灰砂比，采用较小的骨料粒径，严格控制施工质量等措施，从材料和施工两方面抑制和减少混凝土内部孔隙的形成，特别是抑制孔隙间的连通，堵塞渗透水通道，靠混凝土本身的密实性和抗渗性来达到防水要求的混凝土。为了提高混凝土的防水要求，还可通过在混凝土中加入一定量的外加剂，如减水剂、加气剂、防水剂及膨胀剂等，以改善混凝土性能和结构的组成，提高其密实性和抗渗性，达到防水要求。一般有加气剂防水混凝土、减水剂防水混凝土、三乙醇胺防水混凝土、氯化铁防水混凝土等。

按工程部位和用途，防水工程又可分为屋面防水工程、地下防水工程、楼地面防水工程三大类。

2. 防水工程施工工艺

（1）防水砂浆工程施工工艺

1）刚性多层抹面水泥砂浆防水施工

刚性多层抹面水泥砂浆防水工程是利用不同配合比的水泥浆和水泥砂浆分层分次施工，相互交替抹压密实，充分切断各层次毛细孔网，形成一多层防渗的封闭防水整体。

① 施工工艺流程

找平层施工 → 防水层施工 → 质量检查

② 施工要点

A. 刚性防水层的背水面基层的防水层采用四层做法（"二素二浆"），迎水面基层的防水层采用五层做法（"三素二浆"）。素浆和水泥砂浆的配合比按表4-3选用。

普通水泥砂浆防水层的配合比　　　　　　　　　　　　　　　表 4-3

名称	配合比（质量比）		水灰比	适用范围
	水泥	砂		
素浆	1	—	0.55～0.60	水泥砂浆防水的第一层
素浆	1	—	0.37～0.40	水泥砂浆防水层的第三、五层
砂浆	1	1.5～2.0	0.40～0.50	水泥砂浆防水层的第二、四层

B. 施工前要进行基层处理，清理干净表面、浇水湿润、补平表面蜂窝孔洞，使基层表面平整、坚实、粗糙，以增加防水层与基层间的粘结力。

C. 防水层每层应连续施工，素灰层与砂浆层应在同一天内施工完毕。为了保证防水层抹压密实，防水层各层间及防水层与基层间粘结牢固，必须做好素灰抹面、水泥砂浆揉浆和收压等施工关键工序。素灰层要求薄而均匀，抹面后不易干撒水泥粉。揉浆是使水泥砂浆素灰相互渗透结合牢固，既保护素灰层又起防水作用，揉浆时严禁加水，以免引起防水层开裂、起粉、起砂。

2）掺防水剂水泥砂浆防水施工

掺防水剂的水泥砂浆又称防水砂浆，是在水泥砂浆中掺入占水泥重量的 3%～5% 各种防水剂配制而成，常用的防水剂有氯化物金属盐类防水剂和金属皂类防水剂。

防水层施工时的环境温度为5～35℃，必须在结构变形或沉降趋于稳定后进行。为防止裂缝产生，可在防水层内增设金属网片。其施工方法有：

① 抹压法。先在基层涂刷一层1：0.4的水泥浆（重量比），随后分层铺抹防水砂浆，每层厚度为5～10mm，总厚度不小于20mm。每层应抹压密实，待下一层养护凝固后再铺抹上一层。

② 扫浆法。施工先在基层薄涂一层防水净浆，随后分层铺刷防水砂浆，第一层防水砂浆经养护凝固后铺刷第二层，每层厚度为10mm，相邻两层防水砂浆铺刷方向互相垂直，最后将防水砂浆表面扫出条纹。

③ 氯化铁防水砂浆施工。先在基层涂刷一层防水净浆，然后抹底层防水砂浆，其厚12mm分两遍抹压，第一遍砂浆阴干后，抹压第二遍砂浆；底层防水砂浆抹完12h后，抹压面层防水砂浆，其厚13mm分两遍抹压，操作要求同底层防水砂浆。

3）聚合物水泥砂浆施工

掺入各种树脂乳液的防水砂浆，其抗渗能力，可单独用于防水工程或作防渗漏水工程的修补，获得较好的防水效果。因其价格较高，聚合物掺量比例要求较严。

（2）防水混凝土施工工艺

1）施工工艺流程

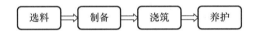

2）施工要点

① 选料：水泥强度等级不低于42.5MPa，水化热低，抗水（软水）性好，泌水性小（即保水性好），有一定的抗侵蚀性的水泥。粗骨料选用级配良好、粒径5～30mm的碎石。细骨料选用级配良好、平均粒径0.4mm的中砂。

② 制备：在保证能振捣密实的前提下水灰比尽可能小，一般不大于0.6，坍落度不大于50mm，水泥用量在320～400kg/m³之间，砂率取35%～40%。

③ 防水混凝土施工

A. 模板

防水混凝土所用模板，除满足一般要求外，应特别注意模板拼缝严密，保证不漏浆。对于贯穿墙体的对拉螺栓，要加止水片，做法是在对拉螺栓中部焊一块2～3mm厚，80mm×80mm的钢板，止水片与螺栓必须满焊严密，拆模后沿混凝土结构边缘将螺栓割断。也可以使用膨胀橡胶止水片，做法是将膨胀橡胶止水片紧套于对拉螺栓中部即可。

B. 钢筋

为了有效地保护钢筋和阻止钢筋的引水作用，迎水面防水混凝土的钢筋保护层厚度，不得小于50mm。留设保护层，应以相同配合比的细石混凝土或水泥砂浆制成垫块，将钢筋垫起，严禁以钢筋垫钢筋。钢筋以及绑扎铁丝均不得接触模板。若采用铁马凳架设钢筋时，在不能取掉的情况下，应在铁马凳上加焊止水环，防止水沿铁马凳渗入混凝土结构。

C. 混凝土

在浇筑过程中，应严格分层连续浇筑，每层厚度不宜超过 300～400mm，机械振捣密实。浇筑防水混凝土的自由落下高度不得超过 1.5m。在常温下，混凝土终凝后（一般浇筑后 4～6h），就应在其表面覆盖草袋，并经常浇水养护，保持湿润，由于抗渗等级发展慢，养护时间比普通混凝土要长，故防水混凝土养护时间不少于 14d。防水混凝土结构拆模时，必须注意结构表面与周围气温的温差不应过大（一般不大于 15℃），否则会由于混凝土结构表面局部产生温度应力而出现裂缝，影响混凝土的抗渗性。拆模后应及时进行填土，以避免混凝土因干缩和温差产生裂缝，也有利于混凝土后期强度的增长和抗渗性提高。

D. 施工缝

底板混凝土应连续浇筑，不得留施工缝。墙体一般只允许留水平施工缝，其位置一般宜留在高出底板上表面不小于 500mm 的墙身上，如必须留设垂直施工缝时，则应留在结构的变形缝处。

为了使接缝严密，继续浇筑混凝土前，应将施工缝处混凝土凿毛，清除浮粒和杂物，用水清洗干净并保持湿润，再铺上一层厚 20～50mm 与混凝土成分相同的水泥砂浆，然后继续浇筑混凝土。

（3）防水涂料防水工程施工工艺

防水涂料防水层属于柔性防水层。

涂料防水层是用防水涂料涂刷于结构表面所形成的表面防水层。一般采用外防外涂和外防内涂施工方法。常用的防水涂料有橡胶沥青类防水涂料、聚氨酯防水涂料、硅橡胶防水涂料、丙烯酸酯防水涂料、沥青类防水涂料等。

1）施工工艺流程

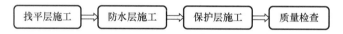

找平层施工 ⇒ 防水层施工 ⇒ 保护层施工 ⇒ 质量检查

2）施工要点

① 找平层施工（表 4-4）

表 4-4

找平层的种类及施工要求

找平层类别	施工要点	施工注意事项
水泥砂浆找平层	（1）砂浆配合比要称量准确，搅拌均匀，砂浆铺设应按由远到近、由高到低的程序进行，在每一分格内最好一次连续抹成，并用 2m 左右的直尺找平，严格掌握坡度。 （2）待砂浆稍收水后，用抹子抹平压实压光。终凝前，轻轻取出嵌缝木条。 （3）铺设找平层 12h 后，需洒水养护或喷冷底子油养护。 （4）找平层硬化后，应用密封材料嵌填分格缝	（1）注意气候变化，如气温在 0℃ 以下，或终凝前可能下雨时，不宜施工。 （2）底层为塑料薄膜隔离层防水层或不吸水保温层时，宜在砂浆中加减水剂并严格控制稠度。 （3）完工后表面少踩踏。砂浆表面不允许撒干水泥或水泥浆压光。 （4）屋面结构为装配式钢筋混凝土屋面板时，应用细石混凝土嵌缝，嵌缝的细石混凝土宜掺微膨胀剂，强度等级不应小于 C20。当板缝宽度大于 40mm 或上窄下宽时，板缝内应设置构造钢筋。灌缝高度应与板平齐，板端应用密封材料嵌缝

找平层类别	施工要点	施工注意事项
沥青砂浆找平层	（1）基层必须干燥，然后满涂冷底子油 1～2 道，涂刷要薄而均匀，不得有气泡和空白，涂刷后表面保持清洁。 （2）待冷底子油干燥后可铺设沥青砂浆，其虚铺厚度约为压实后厚度的 1.30～1.40 倍。 （3）待砂浆刮平后，即用火滚进行滚压（夏天温度较高时，筒内可不生火）。滚压至平整、密实、表面没有蜂窝、不出现压痕为止。滚筒应保持清洁，表面可涂刷柴油。滚压不到之处可用烙铁烫压刮平整，施工完毕后避免在上面踩踏。 （4）施工缝应留成斜槎，继续施工时接槎处应清理干净并刷热沥青一遍，然后铺沥青砂浆，用火滚或烙铁烫平	（1）检查屋面板等基层安装牢固程度。不得有松动之处。屋面应平整、找好坡度并清扫干净。 （2）雾、雨、雪天不得施工。一般不宜在气温 0℃ 以下施工。如在严寒地区必须在气温 0℃ 以下施工时应采取相应的技术措施（如分层分段流水施工及采取保温措施等）
细石混凝土找平层	（1）细石混凝土宜采用机械搅拌和机械振捣。浇筑时混凝土的坍落度应控制在 10mm，浇捣密实。灌缝高度应低于板面 10～20mm。表面不宜压光。 （2）浇筑完板缝混凝土后，应及时覆盖并浇水养护 7d，待混凝土强度等级达到 C15 时，方可继续施工	施工前用细石混凝土对管壁四周处稳固堵严并进行密封处理，施工时节点处应清洗干净予以湿润，吊模后振捣密实。沿管的周边划出 8～10mm 沟槽，采用防水类卷材、涂料或油膏裹住立管、套管和地漏的沟槽内，以防止楼面的水有可能顺管道接缝处出现渗漏现象

② 防水层施工

A. 涂刷基层处理剂

基层处理剂涂刷时应用刷子用力薄涂，使涂料尽量刷进基层表面的毛细孔。并将基层可能留下来的少量灰尘等无机杂质，像填充料一样混入基层处理剂中，使之与基层牢固结合。这样即使屋面上灰尘不能完全清扫干净，也不会影响涂层与基层的牢固粘结。特别在较为干燥的屋面上进行溶剂型防水涂料施工时，使用基层处理剂打底后再进行防水涂料涂刷，效果相当明显。

B. 涂布防水涂料

厚质涂料宜采用铁抹子或胶皮板刮涂施工；薄质涂料可采用棕刷、长柄刷、圆滚刷等进行人工涂布，也可采用机械喷涂。涂料涂布应分条或按顺序进行，分条进行时，每条宽度应与胎体增强材料宽度相一致，以避免操作人员踩踏刚涂好的涂层。流平性差的涂料，为便于抹压，加快施工进度，可以采用分条间隔施工的方法，条带宽 800～1000mm。

C. 铺设胎体增强材料

在涂刷第 2 遍涂料时，或第 3 遍涂料涂刷前，即可加铺胎体增强材料。胎体增强材料可采用湿铺法或干铺法铺贴。

湿铺法是在第 2 遍涂料涂刷时，边倒料、边涂布、边铺贴的操作方法。

干铺法是在上道涂层干燥后，边干铺胎体增强材料，边在已展平的表面上用刮板均匀满刮一道涂料。也可将胎体增强材料按要求在已干燥的涂层上展平后，用涂料将边缘部位点粘固定，然后再在上面满刮一道涂料，使涂料浸入网眼渗透到已固化的涂膜上。

胎体增强材料可以是单一品种的，也可以采用玻璃纤维布和聚酯纤维布混合使用。混合使用时，一般下层采用聚酯纤维布，上层采用玻璃纤维布。

D. 收头处理

为了防止收头部位出现翘边现象，所有收头均应用密封材料压边，压边宽度不得小于10mm，收头处的胎体增强材料应裁剪整齐，如有凹槽时应压入凹槽内，不得出现翘边、皱折、露白等现象，否则应进行处理后再涂封密封材料。

③ 保护层施工（表4-5）

保护层的种类及施工要求
表 4-5

保护层类别	施工要点	施工注意事项
细石混凝土保护层	适宜顶板和底板使用。先以氯丁系胶粘剂（如404胶等）花粘虚铺一层石油沥青纸胎油毡作保护隔离层，再在油毡隔离层上浇筑细石混凝土，用于顶板保护层时厚度不应小于70mm。用于底板时厚度不应小于50mm	浇筑混凝土时不得损坏油毡隔离层和卷材防水层，如有损坏应及时用卷材接缝胶粘剂补粘一块卷材修补牢固。再继续浇筑细石混凝土
水泥砂浆保护层	适宜立面使用。在三元乙丙等高分子卷材防水层表面涂刷胶粘剂，以胶粘剂撒粘一层细砂，并用压辊轻轻滚压使细砂粘牢在防水层表面，然后再抹水泥砂浆保护层。使之与防水层能粘结牢固，起到保护立面卷材防水层的作用	
泡沫塑料保护层	适用于立面。在立面卷材防水层外侧用氯丁系胶粘剂直接粘贴5~6mm厚的聚乙烯泡沫塑料板做保护层。也可以用聚醋酸乙烯乳液粘贴40mm厚的聚苯泡沫塑料做保护层	这种保护层为轻质材料，故在施工及使用过程中不会损坏卷材防水层
砖墙保护层	适用于立面。在卷材防水层外侧砌筑永久保护墙，并在转角处及每隔5~6m处断开，断开的缝中填以卷材条或沥青麻丝；保护墙与卷材防水层之间的空隙应随时以砌筑砂浆填实	要注意在砌砖保护墙时，切勿损坏已完工的卷材防水层

（4）卷材防水工程施工工艺

1）施工工艺流程

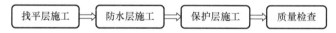

找平层施工 ➡ 防水层施工 ➡ 保护层施工 ➡ 质量检查

2）施工要点

① 地面防水可采用在水泥类找平层上铺设沥青类防水卷材、防水涂料或水泥类材料防水层，以涂膜防水最佳。

② 水泥类找平层表面应坚固、洁净、干燥。铺设防水卷材或涂刷涂料前应涂刷基层处理剂，基层处理剂应采用与卷材性能配套（相容）的材料，或采用同类涂料的底子油。

③ 当采用掺有防水剂的水泥类找平层作为防水隔离层时，防水剂的掺入量和水泥强度等级（或配合比）应符合设计要求。

④ 地面防水层应做在面层以下，四周卷起，高出地面不小100mm。

⑤ 地面向地漏处的排水坡度一般为2%~3%，地漏周围50mm范围内的排水坡度为3%~5%。地漏标高应根据门口至地漏的坡度确定，地漏上口标高应低于周围20mm以上，以利排水畅通。地面排水坡度和坡向应正确，不可出现倒坡和低注。

⑥ 所有穿过防水层的预埋件、紧固件注意联结可靠（空心砌体，必要时应将局部用C10混凝土填实），其周围均应采用高性能密封材料密封。洁具、配件等设备沿墙周边及地漏口周围、穿墙、地管道周围均应嵌填密封材料，地漏离墙面净距离宜≥80mm。

⑦ 轻质隔墙离地100~150mm以下应采用C15混凝土；混凝土空心砌块砌筑的隔墙，

90

最下一层砌块之空心应用 C15 混凝土填实；卫生间防水层宜从地面向上一直做到楼板底；公共浴室还应在平顶粉刷中加作聚合物水泥基防水涂膜，厚度≥0.5mm。

⑧ 卷材防水应采用沥青防水卷材或高聚物改性沥青防水卷材，所选用的基层处理剂、胶粘剂应与卷材配套。防水卷材及配套材料应有产品合格证书和性能检测报告，材料的品种、规格、性能等应符合现行国家产品标准和设计要求。

五、施工项目管理

施工项目管理是指建筑企业运用系统的观点、理论和方法，对施工项目进行的决策、计划、组织、控制、协调等全过程的全面管理。

施工项目管理具有以下特点：

（1）施工项目管理的主体是建筑企业。其他单位都不进行施工项目管理，例如建设单位对项目的管理称为建设项目管理，设计单位对项目的管理称为设计项目管理。

（2）施工项目管理的对象是施工项目。施工项目管理周期包括工程投标、签订施工合同、施工准备、施工、竣工验收、保修等。施工项目具有多样性、固定性和体型庞大等特点，因此施工项目管理具有先有交易活动，后有"生产成品"，生产活动和交易活动很难分开等特殊性。

（3）施工项目管理的内容是按阶段变化的。由于施工项目各阶段管理内容差异大，因此要求管理者必须进行有针对性的动态管理，要使资源优化组合，以提高施工效率和效益。

（4）施工项目管理要求强化组织协调工作。由于施工项目生产活动具有独特性（单件性）、流动性、露天作业、工期长、需要资源多，且施工活动涉及的经济关系、技术关系、法律关系、行政关系和人际关系复杂等特点，因此，必须通过强化组织协调工作才能保证施工活动的顺利进行。主要强化办法是优选项目经理，建立调度机构，配备称职的调度人员，努力使调度工作科学化、信息化，建立起动态的控制体系。

（一）施工项目管理的内容及组织

1. 施工项目管理的内容

施工项目管理包括以下八方面内容：

（1）建立施工项目管理组织

根据施工项目管理组织原则，结合工程规模、特点，选择合适的组织形式，建立施工项目管理机构，明确各部门、各岗位的责任、权限和利益；在符合企业规章制度的前提下，根据施工项目管理的需要，制定施工项目经理部管理制度。

（2）编制施工项目管理规划

在工程投标前，由企业管理层编制施工项目管理大纲，对施工项目管理从投标到保修期满进行全面的纲要性规划。施工项目管理大纲可以用施工组织设计替代。

在工程开工前，由项目经理组织编制施工项目管理实施规划，对施工项目管理从开工到交工验收进行全面的指导性规划。当承包人以施工组织设计代替项目管理规划时，施工组织设计应满足项目管理规划的要求。

（3）施工项目的目标控制

在施工项目实施的全过程中，应对项目质量、进度、成本和安全目标进行控制，以实现项目的各项约束性目标。其控制的基本过程是：确定各项目标控制标准；在实施过程中，通过检查、对比，衡量目标的完成情况；将衡量结果与标准进行比较，若有偏差，分析原因，采取相应的措施以保证目标的实现。

（4）施工项目的生产要素管理

施工项目的生产要素主要包括劳动力、材料、机械设备、技术和资金。管理生产要素的内容有：分析各生产要素的特点；按一定的原则、方法，对施工项目的生产要素进行优化配置并评价；对施工项目各生产要素进行动态管理。

（5）施工项目的合同管理

为了确保施工项目管理及工程施工的技术组织效果和目标实现，从工程投标开始，就要加强工程承包合同的策划、签订、履行和管理。同时，还应做好签证与索赔工作，讲究索赔的方法和技巧。

（6）施工项目的信息管理

进行施工项目管理和施工项目目标控制、动态管理，必须在项目实施的全过程中，充分利用计算机对项目有关的各类信息进行收集、整理、储存和使用，提高项目管理的科学性和有效性。

（7）施工现场的管理

在施工项目实施过程中，应对施工现场进行科学有效的管理，以达到文明施工、保护环境、塑造良好的企业形象、提高施工管理水平的目的。

（8）组织协调

协调和控制都是计划目标实现的保证。在施工项目实施过程中，应进行组织协调，沟通和处理好内部及外部的各种关系，排除各种干扰和障碍。

2. 施工项目管理的组织机构

（1）施工项目管理组织的主要形式

施工项目管理组织的形式是指在施工项目管理组织中处理管理层次、管理跨度、部门设置和上下级关系的组织结构的类型。主要的管理组织形式有直线式、职能式、矩阵式、事业部式等。

1）直线式

直线式项目组织是指为了完成某个特定项目，从企业各职能部门抽调专业人员组成项目经理部。项目经理部的成员与原来的职能部门暂时脱离管理关系，成为项目的全职人员。项目部各职能部门（或岗位）对工程的成本、进度、质量、安全等目标进行控制，并由项目经理组织和协调各职能部门的工作，其形式如图 5-1 所示。

直线式组织适用于大型项目以及工期要求紧，要求多工种、多部门密切配合的项目。图 5-2 是某施工项目采用的直线式组织结构。

2）职能式

职能式项目组织是指在各管理层之间设置职能部门，上下层次通过职能部门进行管理的一种组织结构形式。在这种组织形式中，由职能部门在所管辖的业务范围内指挥下级。这种组织形式加强了施工项目目标控制的职能化分工，能够发挥职能机构的专业化管理作用，但由于一个工作部门有多个指令源，可能使下级在工作中无所适从，其形式如图 5-3 所示。

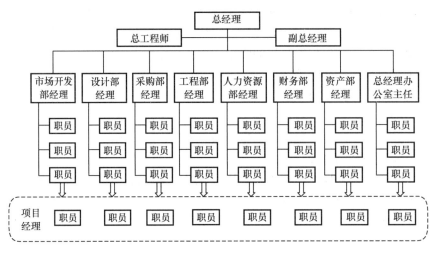

图 5-1　直线式项目组织示意图

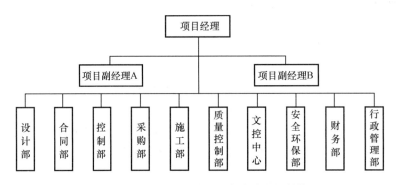

图 5-2　某施工项目采用的直线式组织结构

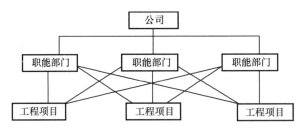

图 5-3　职能式项目组织示意图

3）矩阵式

矩阵式项目组织是指结构形式呈矩阵状的组织，其项目管理人员由企业有关职能部门派出并进行业务指导，接受项目经理的直接领导，其形式如图 5-4 所示。

矩阵式项目组织适用于同时承担多个需要进行项目管理工程的企业。在这种情况下，各项目对专业技术人才和管理人员都有需求，加在一起数量较大，采用矩阵式组织可以充分利用有限的人才对多个项目进行管理，特别有利于发挥优秀人才的作用；适用于大型、复杂的施工项目。因大型复杂的施工项目要求多部门、多技术、多工种配合实施，在不同阶段，对不同人员，在数量和搭配上有不同的需求。

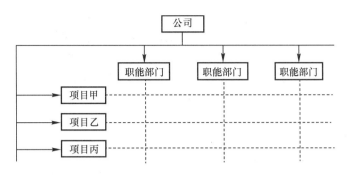

图 5-4 矩阵式项目组织形式示意图

4）事业部式项目组织

企业成立事业部，事业部对企业来说是职能部门，对外界来说享有相对独立的经营权，是一个独立单位。事业部可以按地区设置，也可以按工程类型或经营内容设置，在事业部下边设置项目经理部。项目经理由事业部选派，一般对事业部负责，有的可以直接对业主负责，这是根据其授权程度决定的。

事业部式项目组织适用于大型经营性企业的工程承包，特别是适用于远离公司本部的工程承包。需要注意的是，一个地区只有一个项目，没有后续工程时，不宜设立地区事业部，也就是说它适用于在一个地区内有长期市场或一个企业有多种专业化施工力量时采用。在这种情况下，事业部与地区市场同寿命，地区没有项目时，该事业部应撤销。

（2）施工项目经理部

施工项目经理部是由企业授权，在施工项目经理的领导下建立的项目管理组织机构，是施工项目的管理层，其职能是对施工项目实施阶段进行综合管理。

1）项目经理部的性质

施工项目经理部的性质可以归纳为以下三方面：

① 相对独立性。施工项目经理部的相对独立性主要是指它与企业存在着双重关系。一方面，它作为企业的下属单位，同企业存在着行政隶属关系，要绝对服从企业的全面领导；另一方面，它又是一个施工项目独立利益的代表，存在着独立的利益，同企业形成一种经济承包或其他形式的经济责任关系。

② 综合性。施工项目经理部的综合性主要表现在以下几方面：

A. 施工项目经理部是企业所属的经济组织，主要职责是管理施工项目的各种经济活动。

B. 施工项目经理部的管理职能是综合的，包括计划、组织、控制、协调、指挥等多方面。

C. 施工项目经理部的管理业务是综合的，从横向看包括人、财、物、生产和经营活动，从纵向看包括施工项目全寿命周期的主要过程。

③ 临时性。施工项目经理部是企业一个施工项目的责任单位，随着项目的开工而成立，随着项目的竣工而解体。

2）项目经理部的作用

① 负责施工项目从开工到竣工的全过程施工生产经营的管理，对作业层负有管理与

服务的双重责任；

② 为项目经理决策提供信息依据，执行项目经理的决策意图，由项目经理全面负责；

③ 项目经理部作为项目团队，应具有团队精神，完成企业所赋予的基本任务，即项目管理；凝聚管理人员的力量；协调部门之间、管理人员之间的关系；影响和改变管理人员的观念和行为，沟通部门之间、项目经理部与作业队之间、与公司之间、与环境之间的关系；

④ 项目经理部是代表企业履行工程承包合同的主体，对项目产品和建设单位负责。

3）建立施工项目经理部的基本原则

① 根据所设计的项目组织形式设置。因为项目组织形式与项目的管理方式有关，与企业对项目经理部的授权有关。不同的组织形式对项目经理部的管理力量和管理职责提出了不同要求，提供了不同的管理环境。

② 根据施工项目的规模、复杂程度和专业特点设置。例如，大型项目经理部可以设职能部、处；中型项目经理部可以设处、科；小型项目经理部一般只需设职能人员即可。如果项目的专业性强，便可设置专业性强的职能部门，如水电处、安装处、打桩处等。

③ 根据施工工程任务需要调整。项目经理部是一个具有弹性的一次性管理组织，随着工程项目的开工而组建，随着工程项目的竣工而解体，不应搞成一级固定性组织。在工程施工开始前建立，在工程竣工交付使用后解体。项目经理部不应有固定的作业队伍，而是根据施工的需要，由企业（或授权给项目经理部）在社会市场吸收人员，进行优化组合和动态管理。

④ 适应现场施工的需要。项目经理部的人员配置应面向现场，满足现场的计划与调度、技术与质量、成本与核算、劳务与物资、安全与文明施工的需要，而不应设置专营经营与咨询、研究与发展、政工与人事等与项目施工关系较少的非生产性管理部门。

4）项目经理部部门设置

不同企业的项目经理部，其部门的数量、名称和职责都有较大差异，但以下5个部门是基本的：

① 经营核算部门。主要负责工程预结算、合同与索赔、资金收支、成本核算、工资分配等工作。

② 技术管理部门。主要负责生产调度、文明施工、劳动管理、技术管理、施工组织设计、计划统计等工作。

③ 物资设备供应部门。主要负责材料的询价、采购、计划供应、管理、运输，工具管理，机械设备的租赁，保养维修等工作。

④ 质量安全部门。主要负责工程质量、安全管理、消防保卫、环境保护等工作。

⑤ 安全后勤部门。主要负责行政管理、后勤保险等工作。

5）项目部岗位设置及职责

① 岗位设置。根据项目大小不同，人员安排不同，项目部领导层从上往下设置项目经理、项目技术负责人等；项目部设置最基本的六大岗位：施工员、质量员、安全员、资料员、造价员、测量员，其他还有材料员、标准员、机械员、劳务员等（图5-5）。

② 岗位职责。在现代施工企业的项目管理中，施工项目经理是施工项目的最高责任人和组织者，是决定施工项目盈亏的关键性角色。一般说来，人们习惯于将项目经理定位

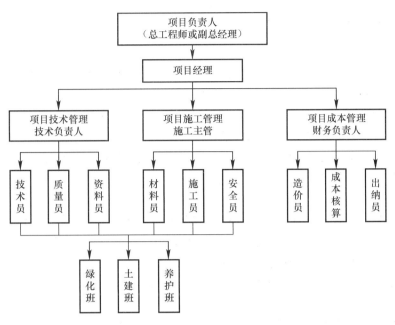

图 5-5　某项目部组织机构框图

于企业的中层管理者或中层干部，然而由于项目管理及项目环境的特殊性，在实践中的项目经理所行使的管理职权与企业职能部门的中层干部往往是有所不同的。前者体现在决策职能的增强上，着重于目标管理；而后者则主要表现为控制职能的强化，强调和讲究的是过程管理。实际上，项目经理应该是职业经理式的人物，是复合型人才，是通才。其应懂法律、善管理、会经营、敢负责、能公关等，具有各方面的较为丰富的经验和知识，而职能部门的负责人则往往是专才，是某一技术专业领域的专家。对项目经理的素质和技能要求在实践中往往是同企业中的总经理完全相同的。

项目技术负责人是在项目部经理的领导下，负责项目部施工生产、工程质量、安全生产和机械设备管理工作。

施工员、质量员、安全员、资料员、造价员、测量员、材料员、标准员、机械员、劳务员都是项目的专业人员，是施工现场的管理者。

6）项目经理部的解体

项目经理部是一次性具有弹性的施工现场生产组织机构，工程临近结尾时，业务管理人员乃至项目经理要陆续撤走，因此，必须重视项目经理部的解体和善后工作。企业工程管理部门是项目经理部解体善后工作的主管部门，主要负责项目经理部的解体后工程项目在保修期间问题的处理，包括因质量问题造成的返（维）修、工程剩余价款的结算以及回收等。

（二）施工项目目标控制

施工项目的目标控制主要包括：施工项目进度控制、施工项目质量控制、施工项目成本控制、施工项目安全控制四个方面。

1. 施工项目目标控制的任务

(1) 施工项目进度控制的任务

施工项目进度控制的总目标是确保施工项目的合同工期的实现,或者在保证施工质量和不因此而增加施工实际成本的条件下,适当缩短工期。

施工项目进度控制的任务是:在既定的工期内,编制出最优的施工进度计划;在执行该计划的施工中,经常检查施工实际进度情况,并将其与计划进度相比较;若出现偏差,便分析产生的原因和对工期的影响程度,找出必要的调整措施,修改原计划,不断地如此循环,直至工程竣工验收。

(2) 施工项目质量控制的任务

施工项目质量控制的任务是:在准备阶段编制施工技术文件,制定质量管理计划和质量控制措施、进行施工技术交底;在项目施工阶段对实施情况进行监督、检查和测量,并将项目实施结果与事先制定的质量标准进行比较,判断其是否符合质量标准,找出存在的质量问题,分析质量问题的形成原因,采取补救措施。

(3) 施工项目成本控制的任务

施工项目成本控制的任务是:先预测目标成本,然后编制成本计划;在项目实施过程中,收集实际数据,进行成本核算;对实际成本和计划成本进行比较,如果发生偏差,应及时进行分析,查明原因,并及时采取有效措施,不断降低成本。将各项生产费用控制在原来所规定的标准和预算之内,以保证实现规定的成本目标。

(4) 施工项目安全控制的任务

施工项目安全管理的内容包括职业健康、安全生产和环境管理。

职业健康管理的主要任务是制定并落实职业病、传染病的预防措施;为员工配备必要的劳动保护用品,按要求购买保险;组织员工进行健康体检,建立员工健康档案等。

安全生产管理的主要任务是制定安全管理制度、编制安全管理计划和安全事故应急预案;识别现场的危险源,采取措施预防安全事故;重视安全教育培训、安全检查,提高员工的安全意识和安全生产素质。

环境管理的主要任务是规范现场的场容环境,保持作业环境的整洁卫生;预防环境污染事件,减少施工对周围居民和环境的影响等。

2. 施工项目目标控制的措施

(1) 施工项目进度控制的措施

施工项目进度控制的措施主要有组织措施、技术措施、合同措施、经济措施和信息管理措施等。

组织措施主要是指落实各级进度控制的人员及其具体任务和工作责任,建立进度控制的组织系统;按照施工项目的结构、施工阶段或合同结构的层次进行项目分解,确定各分项工程进度控制的工期目标,建立进度控制的工期目标体系;建立进度控制的工作制度,如定期检查的时间、方法,召开协调会议的时间、参加人员等,并对影响施工实际进度的主要因素进行分析和预测,制订调整施工实际进度的组织措施。

技术措施主要是指应尽可能采用先进的施工技术、施工方法和新材料、新工艺、新技术，保证进度目标实现；落实施工方案，在发生问题时，能适时调整工作之间的逻辑关系，加快施工进度。

合同措施是指通过合同的跟踪控制保证工期进度的实现，即保持总进度控制目标与合同总工期相一致；分包合同的工期符合总包合同要求；供货、供电、运输、构件加工等合同规定的提供服务时间与有关的进度控制目标相一致。

经济措施是指要制订切实可行的实现施工计划进度所必需的资金保证措施，包括落实实现进度目标的保证资金；签订并实施关于工期和进度的经济承包责任制；建立并实施关于工期和进度的奖惩制度。

信息管理措施是指建立完善的工程统计管理体系和统计制度，详细、准确、定时地收集有关工程实际进度情况的资料和信息，并进行整理统计，得出工程施工实际进度完成情况的各项指标，将其与施工计划进度的各项指标进行比较，定期地向建设单位提供施工进度比较报告。

（2）施工项目质量控制的措施

1）提高管理、施工及操作人员自身素质

管理、施工及操作人员素质的高低对工程质量起决定性的作用。首先，应提高所有参与工程施工人员的质量意识，让他们树立五大观念，即质量第一的观念、预控为主的观念、为用户服务的观念、用数据说话的观念以及社会效益与企业效益相结合的综合效益观念。其次，要搞好人员培训，提高员工素质。要对现场施工人员进行质量、施工技术、安全等方面的教育和培训，提高施工人员的综合素质。

2）建立完善的质量保证体系

工程项目质量保证体系是指现场施工管理组织的施工质量自控系统或管理系统，即施工单位为保证工程项目的质量管理和目标控制，以现场施工管理组织机构为基础，通过质量目标的确定和分解，管理人员和资源的配置，建立质量管理制度并完善，形成具有质量控制和质量保证能力的工作系统。

施工项目质量保证体系的内容应根据施工管理的需要并结合工程特点进行设置，具体如下：

① 施工项目质量控制的目标体系；

② 施工项目质量控制的工作分工；

③ 施工项目质量控制的基本制度；

④ 施工项目质量控制的工作流程；

⑤ 施工项目质量计划或施工组织设计；

⑥ 施工项目质量控制点的设置和控制措施的制订；

⑦ 施工项目质量控制关系网络设置及运行措施。

3）加强原材料质量控制

一是提高采购人员的政治素质和质量鉴定水平，使那些既有一定专业知识又忠于事业的人担任该项工作。二是采购材料要广开门路，综合比较，择优选货。三是施工现场材料人员要会同工地负责人、甲方等有关人员对现场设备及进场材料进行检查验收。特殊材料要有说明书和试验报告、生产许可证，对钢材、水泥、防水材料、混凝土外加剂等必须进行复试和见证取样试验。

4）提高施工的质量管理水平

每项工程均应有总体施工方案，每一分项工程施工之前也要做到方案先行，并且施工方案必须实行分级审批制度，方案审完后还要做出样板，反复对样板中存在的问题进行修改，直至达到设计要求方可执行。在工程实施过程中，应根据出现的新问题、新情况，及时对施工方案进行修改。

5）确保施工工序的质量

工程项目的施工过程是由一系列相互关联、相互制约的工序所构成，工序质量是构成工程质量的最基本的单元，上道工序存在质量缺陷或隐患，不仅会使本工序质量达不到标准的要求，而且直接影响下道工序及后续工程的质量与安全，进而影响最终成品的质量。因此，在施工中要建立严格的交接班检查制度，在每一道工序进行中，必须坚持自检、互检。如监理人员在检查时发现质量问题，应分析产生问题的原因，要求承包人采取合适的措施进行修整或返工。处理完毕，检查合格后方可进行下一道工序施工。

6）加强施工项目的过程控制

施工人员的控制。施工项目管理人员由项目经理统一指挥，各自按照岗位标准进行工作，公司随时对项目管理人员的工作状态进行考核，并如实记录考察结果存入工程档案之中，依据考核结果，奖优罚劣。

施工材料的控制。施工材料的选购，必须是经过考察后合格的、信誉好的材料供应商，在材料进场前必须先报验，经检测部门合格后的材料方能使用，从而保证质量，并节约成本。

施工工艺的控制。施工工艺的控制是决定工程质量好坏的关键。为了保证工艺的先进性、合理性，公司工程部针对分项分部工程编制作业指导书，并下发各基层项目部技术人员，合理安排创造良好的施工环境，保证工程质量。

加强专项检查，开展自检、专检、互检活动，及时解决问题。各工序完工后由班组长组织质量员对本工序进行自检、互检。自检时，严格执行技术交底及现行规程、规范，在自检中发现问题由班组自行处理并填写自检记录，班组自检记录填写完善，自检的问题已确实修正后，方可由项目专职质量员进行验收。

（3）施工项目安全控制的措施

1）安全制度措施

项目经理部必须执行国家、行业、地区安全法规、标准，并以此制定本项目的安全管理制度，主要包括：

① 行政管理方面：安全生产责任制度；安全生产例会制度；安全生产教育制度；安全生产检查制度；伤亡事故管理制度；劳保用品发放及使用管理制度；安全生产奖惩制度；工程开竣工的安全制度；施工现场安全管理制度；安全技术措施计划管理制度；特殊作业安全管理制度；环境保护、工业卫生工作管理制度；锅炉、压力容器安全管理制度；场区交通安全管理制度；防火安全管理制度；意外伤害保险制度；安全检举和控告制度等。

② 技术管理方面：关于施工现场安全技术要求的规定；各专业工种安全技术操作规程；设备维护检修制度等。

2）安全组织措施

① 建立施工项目安全管理组织系统。

② 建立与项目安全组织系统相配套的各专业、各部门、各生产岗位的安全责任系统。

③ 建立项目经理的安全生产职责及项目班子成员的安全生产职责。

④ 作业人员安全纪律。现场作业人员与施工安全生产关系最为密切，他们遵守安全生产纪律和操作规程是安全控制的关键。

3）安全技术措施

施工准备阶段的安全技术措施见表 5-1，施工阶段的安全技术措施见表 5-2。

施工准备阶段的安全技术措施 表 5-1

施工准备阶段	内容
技术准备	① 了解工程设计对安全施工的要求； ② 调查工程的自然环境（水文、地质、气候、洪水、雷击等）和施工环境（地下设施、管道及电缆的分布与走向、粉尘、噪声等）对施工安全的影响，及施工时对周围环境安全的影响； ③ 当改、扩建工程施工与建设单位使用或生产发生交叉，可能造成双方伤害时，双方应签订安全施工协议，搞好施工与生产的协议，以明确双方责任，共同遵守安全事项； ④ 在施工组织设计中，编制切实可行、行之有效的安全技术措施，并严格履行审批手续，送安全部门备案
物资准备	① 及时供应质量合格的安全防护用品（安全帽、安全带、安全网等），满足施工需要； ② 保证特殊工种（电工、焊工、爆破工、起重工等）使用的工具器械质量合格，技术性能良好； ③ 施工机具、设备（起重机、卷扬机、电锯、平面刨、电气设备）、车辆等需经安全技术性能检测，鉴定合格、防护装置齐全、制动装置可靠，方可进场使用； ④ 施工周转材料（脚手杆、扣件、跳板等）须经认真挑选，不符合安全要求的禁止使用
施工现场准备	① 按施工总平面图要求做好现场施工准备； ② 现场各种临时设施和库房的布置，特别是炸药库、油库的布置，易燃易爆品的存放都必须符合安全规定和消防要求，并经公安消防部门批准； ③ 电气线路、配电设备应符合安全要求，有安全用电防护措施； ④ 场内道路应通畅，设交通标志，危险地带设危险信号及禁止通行标志，以保证行人和车辆通行安全； ⑤ 现场周围和陡坡及沟坑处设好围栏、防护板，现场入口处设"无关人员禁止入内"的标志及警示标志； ⑥ 塔式起重机等起重设备安置应与输电线路、永久的或临设的工程间要有足够的安全距离，避免碰撞，以保证搭设脚手架、安全网的施工距离； ⑦ 现场设消防栓，应有足够有效的灭火器材
施工队伍准备	① 新工人、特殊工种工人须经岗位技术培训与安全教育后，持合格证上岗； ② 高、险、难作业工人须经身体检查合格后，方可施工作业； ③ 开工前，项目经理应对全体人员进行安全教育、安全技术交底，形成由相关人员签字的三级安全教育卡和安全技术交底记录

施工阶段的安全技术措施 表 5-2

施工阶段	内容
一般施工	① 单项工程、单位工程均有安全技术措施,分部分项工程有安全技术具体措施,施工前由技术负责人向有关人员进行安全技术交底; ② 安全技术应与施工生产技术相统一,各项安全技术措施必须在相应的工序施工前做好; ③ 操作者严格遵守相应的操作规程,实行标准化作业; ④ 施工现场的危险地段应设有防护、保险、信号装置及危险警示标志; ⑤ 针对采用的新工艺、新技术、新设备、新结构制定专门的施工安全技术措施; ⑥ 有预防自然灾害(防台风、雷击、防洪排水、防暑降温、防寒、防冻、防滑等)的专门安全技术措施; ⑦ 在明火作业(焊接、切割、熬沥青等)现场应有防火、防爆安全技术措施; ⑧ 有特殊工程、特殊作业的专业安全技术措施,如土石方施工安全技术、爆破安全技术、脚手架安全技术、起重吊装安全技术、电气安全技术、高处作业及主体交叉作业安全技术、焊割安全技术、防火安全技术、交通运输安全技术、安装工程安全技术、烟囱及筒仓安全技术等
拆除工程	① 详细调查拆除工程结构特点和强度,电线线路,管道设施等现状,制定可靠的安全技术方案; ② 拆除建筑物之前,在建筑物周围划定危险警戒区域,设立安全围栏,禁止无关人员进入作业区; ③ 拆除工作开始前,先切断被拆除建筑物的电线、供水、供热、供煤气的通道; ④ 拆除工作应按自上而下顺序进行,禁止数层同时拆除,必要时要对底层或下部结构进行加固; ⑤ 栏杆、楼梯、平台应与主体拆除程度配合进行,不能先行拆除; ⑥ 拆除作业工人应站在脚手架上或稳固的结构部分操作,拆除承重梁和柱之前应先拆除其承重的全部结构、并防止其他部分坍塌; ⑦ 拆下的材料要及时清理运走,不得在旧楼板上集中堆放,以免超负荷; ⑧ 被拆除的建筑物内需要保留的部分或需保留的设备应事先搭好防护棚; ⑨ 一般不采用推倒方法拆除建筑物,必须采用推倒方法的应采取特殊安全措施

(4)施工项目成本控制的措施

1)组织措施

组织措施是从施工成本控制的组织方面采取的措施。组织措施是其他各类措施的前提和保障,而且一般不需要增加什么费用,运用得当可以收到良好的效果。组织措施的一方面,要使施工成本控制成为全员的活动。施工成本管理不仅是专业成本管理人员的工作,各级项目管理人员都负有成本控制责任,如实行项目经理责任制,落实施工成本管理的组织机构和人员,明确各级施工成本管理人员的任务和职能分工、权利和责任。另一方面,编制施工成本控制工作计划,确定合理详细的工作流程。要做好施工采购规划,通过生产要素的优化配置、合理使用、动态管理,有效控制实际成本;加强施工定额管理和施工任务管理,控制活劳动和物化劳动的消耗;加强施工调度,避免因施工计划不周和盲目调度造成窝工损失、机械利用率降低、物料积压等而使施工成本增加。

2)技术措施

采取先进的技术措施,走技术与经济相结合的道路,确定科学合理的施工方案和工艺技术，以技术优势来取得经济效益是降低项目成本的关键。首先，制定先进合理的施工方案和施工工艺，合理布置施工现场，不断提高工程施工工业化、现代化水平，以达到缩短工期、提高质量、降低成本的目的。其次，在施工过程中大力推广各种降低消耗、提高工效的新工艺、新技术、新材料、新设备和其他能降低成本的技术革新措施，提高经济效益。最后，加强施工过程中的技术质量检验制度和力度，严把质量关，提高工程质量，杜绝返工现象和损失，减少浪费。

3）经济措施

① 控制人工费用。控制人工费用的根本途径是提高劳动生产率，改善劳动组织结构，减少窝工浪费；实行合理的奖惩制度和激励办法，提高员工的劳动积极性和工作效率；加强劳动纪律，加强技术教育和培训工作；压缩非生产用工和辅助用工，严格控制非生产人员比例。

② 控制材料费。材料费用占工程成本的比例很大，因此，降低成本的潜力最大。降低材料费用的主要措施是制订好材料采购的计划，包括品种、数量和采购时间，减少仓储量，避免出现完料不尽，垃圾堆里有黄金的现象，节约采购费用；改进材料的采购、运输、收发、保管等方面的工作，减少各个环节的损耗；合理堆放现场材料，避免和减少二次搬运和摊销损耗；严格材料进场验收和限额领料控制制度，减少浪费；建立结构材料消耗台账，时时监控材料的使用和消耗情况，制定并贯彻节约材料的各种相应措施，合理使用材料，建立材料回收台账，注意工地余料的回收和再利用。另外，在施工过程中，要随时注意发现新产品、新材料的出现，及时向建设单位和设计院提出采用代用材料的合理建议，在保证工程质量的同时，最大限度地做好增收节支。

③ 控制机械费用。在控制机械使用费方面，最主要的是加强机械设备的使用和管理力度，正确选配和合理利用机械设备，提高机械使用率和机械效率。要提高机械效率必须提高机械设备的完好率和利用率。机械利用率的提高靠人，完好率的提高在于保养和维护。因此，在机械设备的使用和维护方面要尽量做到人机固定，落实机械使用、保养责任制，实行操作员、驾驶员经培训持证上岗，保证机械设备被合理规范的使用，并保证机械设备的使用安全，同时应建立机械设备档案制度，定期对机械设备进行保养维护。另外，要注意机械设备的综合利用，尽量做到一机多用，提高利用率，从而加快施工进度、增加产量、降低机械设备的综合使用费。

④ 控制间接费及其他直接费。间接费是项目管理人员和企业的其他职能部门为该工程项目所发生的全部费用。这一项费用的控制主要应通过精简管理机构，合理确定管理幅度与管理层次，业务管理部门的费用通过实行节约承包来落实，同时对涉及管理部门的多个项目实行清晰分账，落实谁受益谁负担，多受益多负担，少受益少负担，不受益不负担的原则。其他直接费包括临时设施费、工地二次搬运费、生产工具用具使用费、检验试验费和场地清理费等，应本着合理计划、节约为主的原则进行严格监控。

4）合同措施

采用合同措施控制施工成本，应贯穿整个合同周期，包括从合同谈判开始到合同终结的全过程。由于现在的施工合同通常是一种格式合同，合同条款是发包人制定的，所以承包人的合同管理首先是分析承包合同中的潜在风险，通过对引起成本变动的风险因素的识别和分析，制定必要的风险对策，如风险回避、风险转移、风险分散、风险控制和风险自留等。其次,在合同履行期间,承包人要重视工程签证和进度款的结算工作。最后,要密切关注对方合同履行的情况,以及不同合同之间的履约衔接,寻求索赔机会;同时也要密切关注自己履行合同的情况,以防止被对方索赔。

(三)施工资源与现场管理

1. 施工资源管理的任务和内容

施工资源,也称施工项目生产要素,是指投入施工项目的劳动力、材料、机械设备、技术和资金等要素。施工项目生产要素是施工项目管理的基本要素,施工项目管理实际上就是根据施工项目的目标、特点和施工条件,通过对生产要素的有效和有序地组织和管理项目,并实现最终目标。施工项目的计划和控制的各项工作最终都要落实到生产要素管理上。生产要素的管理对施工项目的质量、成本、进度和安全都有重要影响。

(1)施工项目资源管理的内容

1)劳动力。当前,我国在建筑业企业中设置专业作业企业序列,施工综合企业、施工总承包企业和专业承包企业的作业人员按合同由专业作业企业提供。劳动力管理主要依靠专业作业企业,项目经理部协助管理。施工项目中的劳动力,关键在使用,使用的关键在提高效率,提高效率的关键是如何调动作业人员的积极性,调动积极性的最好办法是加强思想政治工作和利用行为科学,从劳动力个人的需要与行为的关系的观点出发,进行恰当的激励。

2)材料。建筑材料按在生产中的作用可分为主要材料、辅助材料和其他材料。其中主要材料指在施工中被直接加工,构成工程实体的各种材料,如钢材、水泥、木材、砂、石等。辅助材料指在施工中有助于产品的形成,但不构成实体的材料,如促凝剂、隔离剂、润滑物等。其他材料指不构成工程实体,但又是施工中必需的材料,如燃料、油料、砂纸、棉纱等。另外,还有周转材料(如脚手架材、模板材等)、工具、预制构配件、机械零配件等。建筑材料还可以按其自然属性分类,包括金属材料、硅酸盐材料、电气材料、化工材料等。施工项目材料管理的重点在现场、在使用、在节约和核算。

3)机械设备。施工项目的机械设备,主要是指作为大型工具使用的大、中、小型机械,既是固定资产,又是劳动手段。施工项目机械设备管理的环节包括选择、使用、保养、维修、改造、更新。其关键在使用,使用的关键是提高机械效率,提高机械效率必须提高利用率和完好率。利用率的提高靠人,完好率的提高在于保养与维修。

4)技术。施工项目技术管理,是对各项技术工作要素和技术活动过程的管理。技术工作要素包括技术人才、技术装备、技术规程、技术资料等。技术活动过程指技术计划、技术运用、技术评价等。技术作用的发挥,除决定于技术本身的水平外,极大程度上还依赖于技术管理水平。没有完善的技术管理,先进的技术是难以发挥作用的。施工项目技术管理的任务有四项:①正确贯彻国家和行政主管部门的技术政策,贯彻上级对技术工作的指示与决定;②研究、认识和利用技术规律,科学地组织各项技术工作,充分发挥技术的作用;③确立正常的生产技术秩序,进行文明施工,以技术保证工程质量;④努力提高技术工作的经济效果,使技术与经济有机地结合。

5）资金。施工项目的资金，是一种特殊的资源，是获取其他资源的基础，是所有项目活动的基础。资金管理主要有以下环节：编制资金计划，筹集资金，投入资金（施工项目经理部收入），资金使用（支出），资金核算与分析。施工项目资金管理的重点是收入与支出问题，收支之差涉及核算、筹资、贷款、利息、利润、税收等问题。

（2）施工资源管理的任务

1）确定资源类型及数量。具体包括：①确定项目施工所需的各层次管理人员和各工种工人的数量；②确定项目施工所需的各种物资资源的品种、类型、规格和相应的数量；③确定项目施工所需的各种施工设施的定量需求；④确定项目施工所需的各种来源的资金的数量。

2）确定资源的分配计划。包括编制人员需求分配计划、编制物资需求分配计划、编制施工设备和设施需求分配计划、编制资金需求分配计划。在各项计划中，明确各种施工资源的需求在时间上的分配，以及在相应的子项目或工程部位上的分配。

3）编制资源进度计划。资源进度计划是资源按时间的供应计划，应视项目对施工资源的需用情况和施工资源的供应条件而确定编制哪种资源进度计划。如编制资源进度计划能合理地考虑施工资源的运用，将有利于提高施工质量，降低施工成本和加快施工进度。

4）施工资源进度计划的执行和动态调整。施工项目施工资源管理不能仅停留于确定和编制上述计划，在施工开始前和在施工过程中应落实和执行所编的有关资源管理的计划，并视需要对其进行动态的调整。

2. 施工现场管理的任务和内容

施工现场是指从事工程施工活动经批准占用的施工场地。它既包括红线以内占用的建筑用地和施工用地，又包括红线以外现场附近经批准占用的临时施工用地。施工现场管理就是运用科学的思想、组织、方法和手段，对施工现场的人、设备、材料、工艺、资金等生产要素，进行有计划地组织、控制、协调、激励，来保证预定目标的实现。

（1）施工现场管理的任务

建筑施工现场管理的任务，具体可以归纳为以下几点：

1）全面完成生产计划规定的任务，含产量、产值、质量、工期、资金、成本、利润和安全等。

2）按施工规律组织生产，优化生产要素的配置，实现高效率和高效益。

3）搞好劳动组织和班组建设，不断提高施工现场人员的思想和技术素质。

4）加强定额管理，降低物料和能源的消耗，减少生产储备和资金占用，不断降低生产成本。

5）优化专业管理，建立完善管理体系，有效地控制施工现场的投入和产出。

6）加强施工现场的标准化管理，使人流、物流高效有序。

7）治理施工现场环境，改变"脏、乱、差"的状况，注意保护施工环境，做到施工不扰民。

（2）施工项目现场管理的内容

1）规划及报批施工用地。根据施工项目及建筑用地的特点科学规划，充分、合理使用施工现场场内占地；当场内空间不足时，应同发包人按规定向城市规划部门、公安交通部门申请,经批准后,方可使用场外施工临时用地。

2)设计施工现场平面图。根据建筑总平面图、单位工程施工图、拟定的施工方案、现场地理位置和环境及政府部门的管理标准,充分考虑现场布置的科学性、合理性、可行性,设计施工总平面图、单位工程施工平面图;单位工程施工平面图应根据施工内容和分包单位的变化,设计出阶段性施工平面图,并在阶段性进度目标开始实施前,通过施工协调会议确认后实施。

3)建立施工现场管理组织。一是项目经理全面负责施工过程中的现场管理,并建立施工项目经理部体系。二是项目经理部应由主管生产的副经理、项目技术负责人、生产、技术、质量、安全、保卫、消防、材料、环保、卫生等管理人员组成。三是建立施工项目现场管理规章制度、管理标准、实施措施、监督办法和奖惩制度。四是根据工程规模、技术复杂程度和施工现场的具体情况,遵循"谁生产、谁负责"的原则,建立按专业、岗位、区片划分的施工现场管理责任制,并组织实施。五是建立现场管理例会和协调制度,通过调度工作实施的动态管理,做到经常化、制度化。

4)建立文明施工现场。一是按照国务院及地方建设行政主管部门颁布的施工现场管理法规和规章,认真管理施工现场。二是按审核批准的施工总平面图布置管理施工现场,规范场容。三是项目经理部应对施工现场场容、文明形象管理做出总体策划和部署,分包人应在项目经理部指导和协调下,按照分区划块原则做好分包人施工用地场容、文明形象管理的规划。四是经常检查施工项目现场管理的落实情况,听取社会公众、近邻单位的意见,发现问题及时处理,不留隐患,避免再度发生,并实施奖惩。五是接受住房和城乡建设行政主管部门的考评和企业对建设工程施工现场管理的定期抽查、日常检查、考评和指导。六是加强施工现场文明建设,展示和宣传企业文化,塑造企业及项目经理部的良好形象。

5)及时清场转移。施工结束后,应及时组织清场,向新工地转移。同时,组织剩余物资退场,拆除临时设施,清除建筑垃圾,按市容管理要求恢复临时占用土地。

106

下篇 基础知识

六、建筑构造的基本知识

建筑构造是研究建筑物各组成部分的构造原理和构造方法的学科。

（一）建筑物的构造组成与建筑物的等级划分

1. 建筑的分类

建筑物可以从多方面进行分类，常见的分类方法有以下五种。

（1）按建筑物的使用功能分

1）民用建筑

民用建筑是供人们居住和进行公共活动的建筑的总称。

① 居住建筑：供人们居住和进行公共活动的建筑的总称，可分为住宅建筑和宿舍建筑。

② 公共建筑：供人们进行各种公共活动的建筑物，如办公楼、医院、图书馆、商店、影剧院等。

2）工业建筑

工业建筑指各类生产用房和为生产服务的附属用房，如钢铁、机械、化工、纺织、食品等工业企业中的生产车间及发电站、锅炉房等。

（2）按主要承重结构所用的材料分

1）砖木结构

建筑物的主要承重构件为砖和木材，其中墙、柱用砖砌，楼板、屋架用木材。这种结构常见于古建筑结构。

2）混合结构

建筑物的竖向承重构件和所有墙体均用烧结普通砖、多孔砖或混凝土砌块等，水平承重构件为钢筋混凝土梁、楼板及屋面板。这种结构一般用于多层建筑。

3）钢筋混凝土结构

建筑物的主要承重构件如梁、柱、板、墙及楼梯等用钢筋混凝土，而非承重墙用空心砖或其他轻质砌块。这种结构一般用于多层或高层建筑中。

4）钢结构

建筑物的主要承重构件用钢材做成，而围护外墙和分隔内墙用轻质块材、板材等。这种建筑多用于高层建筑和大跨度的公共建筑。

5）其他结构

其他结构有索膜结构、网架结构等。

（3）按建筑物的层数或总高度分

1）建筑高度不大于27m的住宅建筑、建筑高度不大于24m的公共建筑及建筑高度大于24m的单层公共建筑为低层或多层民用建筑。

2）建筑高度大于27m的住宅建筑和建筑高度大于24m的非单层公共建筑，且高度大于100m的，为高层民用建筑。

3）建筑物总高度大于1000m时为超高层建筑。

4）工业建筑分为单层厂房、多层厂房、混合层数厂房。

（4）按施工方法分

1）全装配式

全装配式指主要构件如墙板、楼板、屋面板，楼梯等都在加工厂或现场预制在施工现场进行装配。其分为装配式钢筋混凝土结构、钢结构、木结构等。

2）全现浇式

全现浇式指主要承重构件都在施工现场浇筑，如钢筋混凝土梁、板、柱、楼梯构件。

3）部分现浇

部分现浇指一部分构件如楼板、楼梯、屋面板等在加工厂预制，另一部分构件如柱、梁为现场浇筑。

（5）按建筑物的规模和数量分

1）大量性建筑

大量性建筑指单体建筑规模不大，但兴建数量多、分布面广的建筑，如住宅、学校、办公楼、医院等。

2）大型性建筑

大型性建筑指建筑规模大、数量少，但单栋建筑体量大的公共建筑，如大型体育馆、航空港、大会堂等。

2. 建筑物的构造组成

图6-1为民用建筑的构造组成图。房屋的主要组成部分有：

（1）基础：建筑物埋在自然地面以下的部分，承受建筑物的全部荷载，并把这些荷载传给地基。

（2）墙和柱：建筑物竖直方向的构件，其中墙体分承重墙和非承重墙。承重墙和柱承受屋顶和楼层传来的荷载，并将这些荷载传给基础；非承重墙只起围护和分隔作用。

（3）楼板层：建筑物水平方向的承重构件，将楼层上的荷载传给墙或柱，同时还对墙体起着水平支撑作用。

（4）地面：室内地坪，承受着家具、设备、人和本身自重，并通过垫层传到基层。

（5）楼梯：楼房建筑的垂直交通设施，供人们平时上下和紧急疏散时使用。

（6）屋顶：建筑物顶部的围护和承重构件，除承受自重、积雪、风荷载并传给墙体外，还具有防雨雪侵袭、太阳辐射、保温隔热等作用。

（7）门窗：门主要用作内外交通联系及分隔房间，有时也兼通风的作用；侧窗主要用于采光、通风。

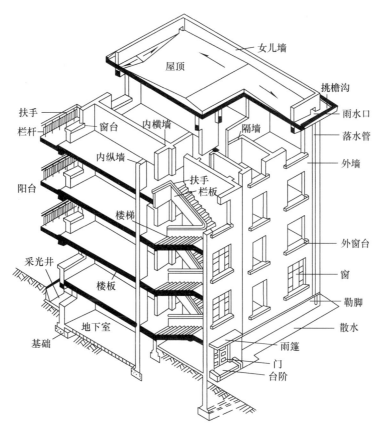

图 6-1　民用建筑的构造组成

除上述组成部分外，还有一些附属部分，如阳台、雨篷、台阶、散水等。

3. 建筑物的等级划分

（1）按建筑物的耐久等级分类

建筑物耐久等级的指标是设计使用年限。在《民用建筑设计统一标准》GB 50352—2019 中对建筑物的耐久年限（设计使用年限）做如下规定（表 6-1）。

设计使用年限（年）　　　　　　　　　　　　　　　　　　表 6-1

类别	设计使用年限（年）	示例
1	5	临时性建筑
2	25	易于替换结构构件的建筑
3	50	普通建筑和构筑物
4	100	纪念性建筑和特别重要的建筑

（2）按建筑物的耐火等级分类

建筑的耐火等级取决于房屋主要构件的燃烧性能和耐火极限。

燃烧性能是指建筑构件在明火或高温辐射情况下，能否燃烧及燃烧的难易程度。建筑构件按照燃烧性能分为非燃烧体（如石材、混凝土、砖等）、难燃烧体（如沥青混凝土、水泥刨花板等）和燃烧体（如木材等）。

耐火极限是指建筑构件按时间-温度标准曲线进行耐火试验，从受到火的作用起，到失去支持能力或完整性被破坏或失去隔火作用时所延续的时间，用小时表示。

我国《建筑设计防火规范》GB 50016—2014（2018 年版）规定，民用建筑根据建筑高度和层数分为单、多层民用建筑和高层民用建筑。高层民用建筑根据其建筑高度、使用功能和楼层的建筑面积可分为一类和二类。民用建筑的耐火等级可分为一、二、三、四级。厂房和仓库的火灾危险性应根据生产中使用或产生的物质性质及其数量等因素划分，可分为甲、乙、丙、丁、戊类。厂房和仓库的耐火等级可分为一、二、三、四级。

（二）常见基础的构造

1. 基础的分类

（1）基础按其埋置深度大小分为浅基础和深基础。基础埋深是指自室外设计地面至基础底面的深度。基础埋深不超过 5m 时，井挖、排水用普通方法，此类基础称为浅基础。如浅层土质不良，需将基础加大埋深，此时需采取一些特殊的施工手段和相应的基础形式来修建，如桩基、沉箱、沉井和地下连续墙等，因此基础埋深超过 5m 的基础称深基础。

按《建筑地基基础设计规范》GB 50007—2011 的规定，基础的埋置深度，应按下列条件确定：

1）建筑物的用途，有无地下室、设备基础和地下设施，基础的形式和构造；

2）作用在地基上的荷载大小和性质；

3）工程地质和水文地质条件；

4）相邻建筑物的基础埋深；

5）地基土的冻胀和融陷的影响。

在满足地基稳定和变形要求的前提下，当上层地基的承载力大于下层土时，宜利用上层土作持力层，除岩石地基外，基础埋深不宜小于 0.5m；在抗震设防区，除岩石地基外，天然地基上的箱形和筏形基础埋置深度不宜小于建筑物高度的 1/15，桩箱或桩筏基础的埋置深度（不计桩长）不宜小于建筑物高度的 1/18；基础宜埋置在地下水位以上，当必须埋在地下水位以下时，应采取地基土在施工时不受扰动的措施，如基础埋置在易风化的岩层上，施工时应在基坑开挖后立即铺筑垫层。

（2）按基础的材料及受力特点分类

1）刚性基础

刚性基础是指由砖石、素混凝土、灰土等刚性材料制作的基础，这种基础抗压强度高而抗拉、抗剪强度低。

2）柔性基础

基础宽度加大时不受刚性角限制，抗压、抗拉强度都很高的钢筋混凝土基础称为柔性基础。

（3）基础按构造形式分类

基础按构造形式可分为以下 5 类，如图 6-2 所示。

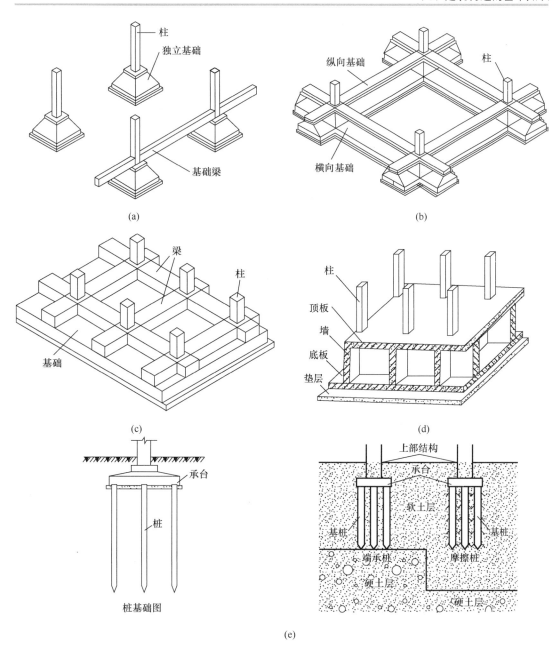

图 6-2　基础的类型
（a）独立基础；（b）条形基础；（c）片筏基础；（d）箱形基础；（e）桩基础

1）独立基础

独立基础是独立的块状形式，常用断面形式有踏步形、锥形、杯形。适用于多层框架结构或厂房排架柱下基础，地基承载力不低于 80kPa 时，其材料通常采用钢筋混凝土、素混凝土等。当柱为预制时，则将基础做成杯口形，然后将柱子插入，并嵌固在杯口内，故称杯口基础（现在多采用预埋节点铰接，之后再现浇转刚接的做法）。

2）条形基础

条形基础是连续带形，也称带形基础。有墙下条形基础和柱下条形基础。墙下条形基础：一般用于多层混合结构的承重墙下，低层或小型建筑常用砖、混凝土等刚性条形基础。柱下条形基础：因为上部结构为框架结构或排架结构，荷载较大或荷载分布不均匀，地基承载力偏低，为增加基底面积或增强整体刚度，以减少不均匀沉降，常用钢筋混凝土条形基础，将各柱下基础用基础梁相互连接成一体，形成井格基础。

3）片筏基础

建筑物的基础由整片的钢筋混凝土板组成，板直接由地基土承担，称为片筏基础。

4）箱形基础

当上部建筑物为荷载大、对地基不均匀沉降要求严格的高层建筑、重型建筑以及软弱土地基上多层建筑，为增加基础刚度，将地下室的底板、顶板和墙整体浇成箱子状的基础，称为箱形基础。

5）桩基础

当浅层地基不能满足建筑物对地基承载力和变形的要求，而又不适宜采取地基处理措施时，就要考虑以下部坚实土层或岩层作为持力层的深基础，桩基础应用最为广泛。桩基的种类很多，最常采用的是钢筋混凝土桩，其根据施工方法不同可分为打入桩、压入桩、振入桩及灌入桩；根据受力性能不同分为端承桩、摩擦桩等。桩基础具有施工速度快、挖方量小、承载能力高、沉降量小、适应性强等特点，在建筑中得到广泛的应用。按《建筑地基基础工程施工质量验收标准》GB 50202—2018 的规定，基础应划分为：无筋扩展基础，又称刚性基础，包括素混凝土、砖、石等基础；钢筋混凝土扩展基础，又称柔性基础，包括筏形与箱形基础，钢结构基础，钢管混凝土结构基础，型钢混凝土结构基础；桩基础，包括钢筋混凝土预制桩基础，泥浆护壁成孔灌注桩基础，干作业成孔灌注桩基础，长螺旋钻孔压灌桩基础，沉管灌注桩基础，钢桩基础，锚杆静压桩基础；其他基础，包括岩石锚杆基础，沉井与沉箱基础等。

2. 常用基础的构造

1）混凝土基础

这种基础采用素混凝土浇筑而成。基础一般有梯形和台阶形两种形式。混凝土刚性角为 45°，即 $b/h \leqslant 1$，但是在施工中不宜出现锐角，以防混凝土振捣不密实，减少了基础底面的有效面积。因此基础断面应保证两侧有高度不小于 200mm 的垂直面，然后按刚性角容许值倾斜，这种形式的基础叫梯形基础，如图 6-3 所示。台阶形混凝土基础底面应设置垫层，垫层的作用是找平坑槽，保护钢筋。垫层常用材料是 C15、C20 的混凝土，厚度 80～100mm，每侧加宽 80～100mm。

2）钢筋混凝土基础

基础底板下均匀浇筑一层素混凝土，作为垫层，目的是保证基础钢筋和地基之间有足够的距离，以免钢筋锈蚀，垫层一般采用 C15 或 C20 素混凝土，厚度为 100mm，垫层每边应伸出底板各 100mm。钢筋混凝土基础由底板及基础墙（柱）组成。现浇底板是基础的主要受力结构，其厚度和配筋均由计算确定，基础底板的外形一般有锥形和阶梯形两种。

钢筋混凝土锥形基础宜采用一阶或两阶形式，底板边缘的厚度一般不小于 200mm，

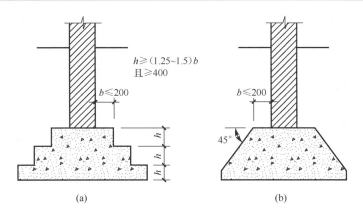

图 6-3　混凝土基础形式
(a) 台阶形；(b) 梯形

也不宜大于 500mm。阶梯形基础每阶高度一般为 300～500mm。当基础高度在 500～900mm 时采用两阶，超过 900mm 时用三阶，如图 6-4、图 6-5 所示。

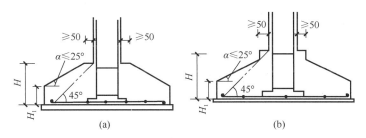

图 6-4　钢筋混凝土锥形基础
(a) 一阶；(b) 两阶

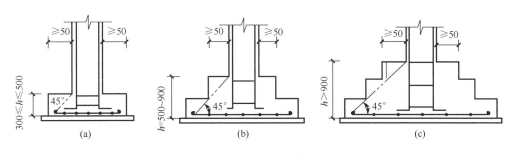

图 6-5　钢筋混凝土阶梯形基础
(a) 单阶；(b) 两阶；(c) 三阶

（三）墙体与地下室的构造

　　墙体是建筑的主要围护构件和结构构件。在墙体承重的结构中，墙体承担其顶部的楼板或屋顶传递的荷载、水平风荷载、地震荷载以及墙体的自重等并将它们传给墙下的基础。墙体可以抵御自然界的风、雨、雪的侵袭，防止太阳辐射、噪声干扰，以及室内热量的散失，起保温、隔热、隔声、防水等作用；同时墙体还将建筑物室内空间与室外空间分隔开来，并将建筑物内部划分为若干个房间和各个使用空间。因此，墙体的作用可以概括为承重、围护和分隔。

建筑物的墙体按其在房屋中所处位置不同有外墙、内墙之分。位于建筑物四周的墙称为外墙，主要起围护作用；位于建筑物内部的墙称为内墙，主要起分隔作用。按建筑物的墙体在房屋中所处方向不同有横墙和纵墙之分。沿建筑物横向布置的墙称为横墙，外横墙也称为山墙。沿建筑物纵向布置的墙称为纵墙，外纵墙也称为檐墙。在一面墙上，窗与窗之间的墙称为窗间墙；窗洞下部的墙为窗下墙。

从结构受力情况来看，墙体可分为承重墙和非承重墙两种。直接承受上部屋顶、楼板传来的荷载的墙称为承重墙；不承受上部传来的荷载的墙称为非承重墙，非承重墙包括承自重墙、隔墙、填充墙和幕墙等。只承受自身重量的墙体称为承自重墙，分隔内部空间且其重量由楼板或梁承受的墙体称为隔墙，骨架结构中的填充在柱子间的墙称为框架填充墙，悬挂于骨架外部的轻质墙称为幕墙。

按墙体所用材料和制品不同有砖墙、石墙、砌块墙、混凝土墙、玻璃幕墙、复合板墙等。

1. 砖墙的构造

（1）砖墙的尺寸

砖墙的厚度视其在建筑物中的作用不同所考虑的因素也不同，如承重墙根据强度和稳定性的要求确定，围护墙则需要考虑保温、隔热、隔声等要求来确定。此外砖墙厚度应与砖的规格相适应。

实心黏土砖墙的厚度是按半砖的倍数确定的。如半砖墙、3/4 砖墙、一砖墙、一砖半墙、两砖墙等，相应的构造尺寸为 115mm、178mm、240mm、365mm、490mm 等，习惯上以它们的标志尺寸来称呼，如 12 墙、18 墙、24 墙、37 墙、49 墙等，多孔黏土砖墙的厚度是按 50mm 进级，即 90mm、140mm、190mm、240mm 等。

（2）墙体的细部

砖墙细部构造包括墙身防潮、勒脚、散水、窗台、门窗过梁、圈梁、构造柱等。

1）墙身防潮层

① 作用：墙身防潮是在墙脚铺设防潮层，以防止土壤中的水分由于毛细作用上升使建筑物墙身受潮，提高建筑物的耐久性，保持室内干燥、卫生。因此，墙身防潮层应在所有的内外墙中连续设置，且按构造形式不同分为水平防潮层和垂直防潮层两种。

② 位置：水平防潮层一般应在室内地面不透水垫层（如混凝土）范围以内，通常在 -0.060m 标高处设置，而且至少要高于室外地坪 150mm，以防雨水溅湿墙身。当地面垫层为透水材料时（如碎石、炉渣等），水平防潮层的位置应平齐或高于室内地面 60mm，即在 +0.060m 处。当室内地面低于室外地面或内墙两侧的地面出现高差时，除了要分别设置两道水平防潮层外，还应对两道水平防潮层之间靠土一侧的垂直墙面做防潮处理，即垂直防潮层。墙身水平防潮层位置，如图 6-6 所示。

③ 做法：墙身水平防潮层的做法有油毡防潮层、防水砂浆防潮层和配筋细石混凝土防潮层三种。

油毡防潮层：在防潮层部位先抹 20mm 厚的水泥砂浆找平层，然后干铺油毡一层或

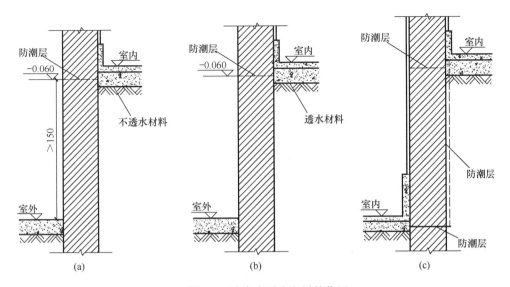

图 6-6　墙身水平防潮层的位置

（a）室内垫层为不透水材料时；（b）室内垫层为透水材料时；（c）内墙两侧地面有高差

用沥青粘贴一毡二油。

防水砂浆防潮层：在防潮层位置抹一层 20mm 或 30mm 厚 1：2 水泥砂浆掺 5% 的防水剂配制成的防水砂浆；也可以用防水砂浆砌筑 4～6 皮砖。

细石混凝土防潮层：在防潮层位置铺设 60mm 厚 C15 或 C20 细石混凝土，内配 3Φ6 或 3Φ8 钢筋以抗裂。

2）勒脚

勒脚是墙身接近室外地面的部分，如图 6-7 所示。

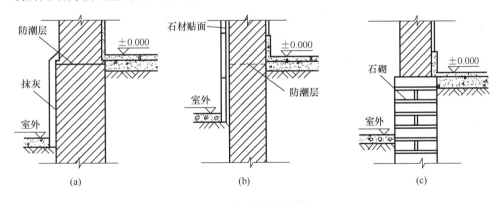

图 6-7　勒脚的构造做法

（a）表面抹灰；（b）石材贴面；（c）石材砌筑

① 作用：保护墙体免受机械碰撞，避免墙角受潮，美观。

② 位置：墙身接近室外地面的部分，高度一般位于室内地坪与室外地面的高差部分。一般情况下，其高度不应低于 500mm，常用 600～800mm，考虑建筑立面造型处理，也有的将勒脚高度提高到底层窗台。

③ 做法：对一般建筑，可采用 20mm 厚 1：3 水泥砂浆抹面，1：2 水泥白石子水刷石或斩假石抹面；标准较高的建筑，可用天然石材或人工石材贴面，如花岗石、水磨石等；整个墙脚采用强度高、耐久性和防水性好的材料砌筑，如条石、混凝土等。

3）踢脚

踢脚是室内墙面与地面接触部分的构造。踢脚的作用是加固并保护内墙脚，防止墙角污染，遮盖墙面与楼面之间的接缝。踢脚的高度一般为 120～150mm，也可将其延伸至窗台形成墙裙。踢脚常用的面层材料有水泥砂浆、水磨石、面砖、木材、石材、油漆等，面层材料选用应尽量与地面材料保持一致。

4）散水和明沟

① 散水

散水是靠近勒脚下部的排水坡。散水的作用是排除勒脚处的雨水，保护建筑物的基础不受雨水侵蚀。散水的一般做法有混凝土散水和季节性冰冻地区的散水等，如图 6-8 所示。散水的宽度一般为 600～1000mm，并且比屋檐出挑宽度大 200mm。为了迅速排除地面雨水，散水应有一定的向外坡度，一般为 3%～5% 左右。散水的标高应高出室外地坪 20～50mm。

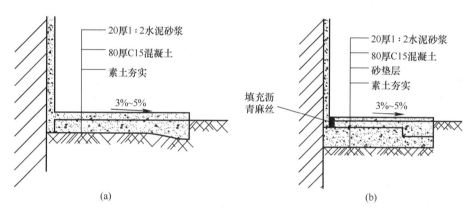

图 6-8 混凝土散水的做法

（a）混凝土散水；（b）季节性冰冻地区的散水

② 明沟

明沟是靠近散水外侧的排水沟。明沟上应有箅子覆盖，适用于室外有组织排水。明沟的宽度一般不小于 200mm，沟底应设置纵坡，以利排水，坡度一般为 0.5%～1%。

5）窗台

① 作用：排水。

② 位置：窗洞口下方。

③ 做法：外窗台有悬挑窗台和不悬挑窗台两种，悬挑窗台底部边缘处抹灰时应做宽度和深度均不小于 10mm 的滴水线或滴水槽。内窗台一般为水平放置，通常结合室内装修做成水泥砂浆抹灰、木板或贴面砖等多种饰面形式，如图 6-9 所示。

6）过梁

过梁是门窗洞口上部承重构件，如图 6-10 所示。

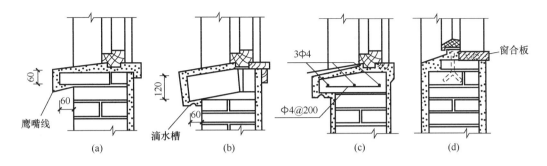

图 6-9　窗台构造

（a）平砌砖窗台；（b）侧砌砖窗台；（c）混凝土窗台；（d）不悬挑窗台

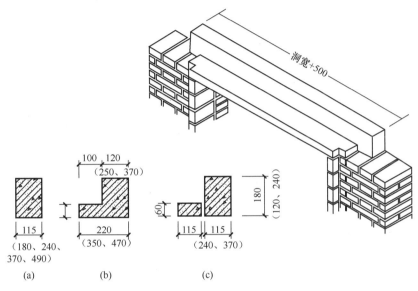

图 6-10　钢筋混凝土过梁

（a）矩形截面；（b）L形截面；（c）组合式截面

① 作用：过梁的作用是为了承担门窗洞口上部荷载，并将它传到两侧构件（如墙体）上。

② 位置：门窗洞口上方。

③ 做法

钢筋混凝土过梁：过梁的断面形式有矩形和L形，矩形多用于内墙和混水墙，L形多用于外墙和清水墙。梁高应与砖的皮数相适应，如 60mm、120mm、180mm、240mm 等。过梁在洞口两侧伸入墙内的长度，应不小于 240mm。

砖砌平拱过梁：砖砌平拱的高度多为一砖长，灰缝上部宽度不宜大于 15mm，下部宽度不应小于 5mm，中部起拱高度为洞口跨度的 1/50。砖等级不低于 MU10，砂浆等级不低于 M10，净跨宜不大于 1.2m，不应超过 1.8m。砖拱过梁是一种传统的构造方法，不宜用于门窗洞口上部有集中荷载和振动荷载的建筑、有抗震设防要求的建筑以及可能产生不均匀沉降的建筑。

钢筋砖过梁：通常将间距小于 120mm 的Φ6 钢筋埋在梁底部厚度为 30mm 的水泥砂

浆层内，钢筋伸入洞口两侧墙内的长度不应小于 240mm，并设 90°直弯钩，埋在墙体的竖缝内。在洞口上部不小于 1/4 洞口跨度的高度范围内（且不应小于 5 皮砖），用不低于 M10 的砂浆砌筑。钢筋砖过梁净跨宜不大于 1.5m，不应超过 2m。

7）圈梁

圈梁是沿外墙四周及部分内墙设置的连续闭合的梁，如图 6-11 所示。

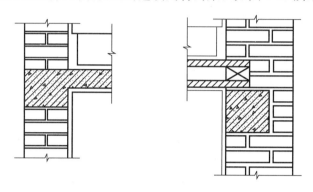

图 6-11　圈梁

① 作用：圈梁可以提高建筑的空间刚度、整体性，增强墙体的稳定性，减少由于地基不均匀沉降而引起的墙身开裂，提高建筑物的抗震性能。

② 位置：圈梁通常设置在基础墙、楼板和檐口标高处，尽量与楼板结构连成整体。圈梁的具体数量应满足《建筑抗震设计规范》GB 50011—2010（2016 年版）的相关规定。当屋面板、楼板与门窗洞口间距较小，而且抗震设防等级较低时，也可设在门窗洞口上部，兼起过梁的作用。

③ 做法：圈梁有钢筋砖圈梁和钢筋混凝土圈梁两种，多采用钢筋混凝土圈梁。钢筋混凝土圈梁宽度一般与墙同厚，当墙厚大于 240mm 时，圈梁的宽度可以比墙体厚度小，但不应小于 2/3 墙厚。严寒、寒冷地区圈梁宽度不应贯通整个墙厚，并应局部做保温处理。圈梁高度一般不小于 120mm，常见的有 180mm 和 240mm。

8）构造柱

在多层砌体结构房屋规定部位，按构造配筋并按先砌墙后浇筑混凝土柱的施工顺序制成的混凝土柱，通常称为钢筋混凝土构造柱，简称构造柱。

① 作用：与圈梁形成了具有较大刚度的空间骨架，增强了建筑物的整体刚度，提高了墙体抗变形能力。

② 位置：一般设在建筑物转角、楼梯间的四角、内外墙交接处。

③ 做法：构造柱的最小截面尺寸和配筋量应符合《建筑设计抗震规范》GB 50011—2010（2016 年版）要求。构造柱下端应伸入地梁内，无地梁时应伸入底层地坪下 500mm 处。为加强构造柱与墙体的连接，该处墙体宜砌成马牙槎，并应沿墙高每隔 500mm 设 2Φ6 水平钢筋和 Φ4 分布短筋平面内点焊组成的拉结网片或 Φ4 点焊钢筋网片，每边伸入墙内不少于 1m。施工时应先放置构造柱钢筋骨架，后砌墙，随着墙体的升高而逐段现浇混凝土构造柱身。

（3）节能复合墙体的构造

建筑节能，指在建筑材料生产、房屋建筑和构筑物施工及使用过程中，满足同等需要或达到相同目的的条件下，尽可能降低能耗。建筑节能的主要措施之一是加强围护结构的节能，而外墙是建筑围护结构中耗热量较大的构件，改善外墙保温隔热性能将明显提高建筑的节能效果。

对于有冬季保温要求的建筑，必须使外墙有足够的保温能力。炎热地区夏季太阳辐射强烈，室外热量通过外墙传入室内，使室内温度升高，影响人们正常工作和生活。采用单一材料的墙体很难满足墙体的保温和隔热要求。所以，发展节能高效的复合墙体是墙体节能的根本出路。复合墙体由不同性质材料组合而成，其中，轻质材料（如聚苯乙烯板）起保温作用，较高强度材料（如混凝土）起承重作用。

根据保温层在建筑外墙上与基层墙体的相对位置，保温层设在外墙的内侧，称作内保温；设在外墙的外侧，称作外保温；设在外墙的夹层空间中，称作中保温。外墙外保温比起内保温，其优点是可以不占用室内使用面积，而且可以使整个外墙墙体处于保温层的保护之下，冬季不至于产生冻融破坏，是目前应用广泛的一种外墙保温做法。但由于外墙的整个外表面是连续的，同时外墙面又会直接受到阳光照射和雨雪的侵袭，所以外保温构造在对抗变形因素的影响、防止材料脱落以及防火等安全方面的要求更高。

根据《外墙外保温工程技术标准》JGJ 144—2019，目前我国常用外墙外保温构造有以下几种：

1）粘贴保温板薄抹灰外保温系统

该系统是指将燃烧性能符合要求的保温板粘贴于外墙外表面，在保温板表面涂抹抹面胶浆并铺设增强网，然后做饰面层的保温系统。其应由粘结层、保温层、抹面层和饰面层构成。保温板与基层墙体的连接有粘结和粘锚结合两种方式。保温板有模塑式聚苯乙烯板（EPS 板）、挤塑式聚苯乙烯板（XPS 板）、硬质聚氨酯泡沫塑料板（PUR 板）或 PIR 板等（图 6-12）。

2）胶粉聚苯颗粒保温浆料外保温系统

该系统由界面层、胶粉聚苯颗粒保温浆料保温层材料（以聚苯乙烯颗粒为保温材料，加入聚合物水泥胶浆搅拌而成，直接抹在墙体表面为保温层）、抹面层（满铺玻纤网）、饰面层组成的保温系统（图 6-13）。其应由界面层、保温层、抹面层和饰面层构成。

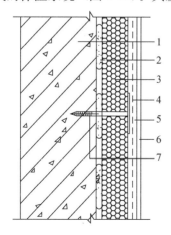

图 6-12　粘贴保温板薄抹灰外保温系统
1—基层；2—胶粘剂；3—保温板；4—玻璃纤维网；
5—抹面层；6—涂料饰面；7—锚栓

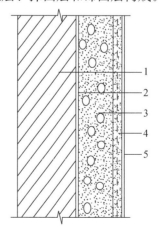

图 6-13　胶粉聚苯颗粒保温浆料外保温系统
1—基层；2—界面砂浆；3—胶粉聚苯颗粒保温浆料；
4—抹面胶浆复合玻纤网；5—涂料饰面

3）EPS 板现浇混凝土外保温系统

该系统以现浇混凝土外墙作为基层，EPS 板作建筑物的保温层，EPS 保温板内表面（与现浇混凝土接触的表面）沿水平方向开有矩形齿槽，内、外表面均满涂界面砂浆，施工时将 ESP 板置于外模板内侧并安装锚栓作为辅助固定件。浇灌混凝土后，墙体与 EPS 板结合为一体。拆模后 EPS 板表面做抹面胶浆薄抹面层，抹面层中满铺玻纤网，外表以涂料或饰面砂浆为饰面层（图 6-14）。

4）EPS 钢丝网架板现浇混凝土外保温系统

该系统以现浇混凝土墙面作为基层，EPS 单面钢丝网架板为保温层，钢丝网架中的 EPS 板外侧开有凹凸槽。施工时将 EPS 板置于外模板内侧，并在 ESP 板上设置锚栓作为辅助紧固件，浇筑混凝土后钢丝网架板腹丝和辅助紧固件与混凝土结合为一体。钢丝网架板表面抹掺加外加剂的水泥砂浆厚抹面层，外表面做饰面。以涂料做饰面层时应加抹玻纤网抗裂砂浆薄抹面层（图 6-15）。

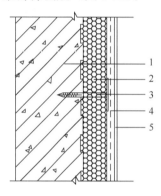

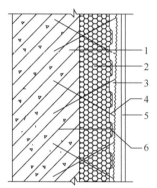

图 6-14 EPS 板现浇混凝土外保温系统
1—现浇混凝土外墙；2—EPS 板；3—锚栓；
4—复合玻纤网的薄抹面层；5—饰面层

图 6-15 EPS 钢丝网架板现浇混凝土外保温系统
1—现浇混凝土外墙；2—EPS 单面钢丝网架板；
3—掺外加剂的水泥砂浆厚抹面层；4—钢丝网架；
5—饰面层；6—锚栓

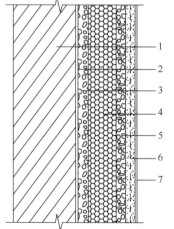

图 6-16 胶粉 EPS 颗粒浆料
贴砌 EPS 板外保温系统
1—基层；2—界面砂浆；3—胶粉 EPS
颗粒浆料；4—EPS 板；5—胶粉 EPS
颗粒浆料；6—抹面胶浆复合玻纤网；
7—涂料饰面层

5）胶粉 EPS 颗粒浆料贴砌 EPS 板外保温系统

该系统由界面砂浆层、胶粉 EPS 颗粒贴砌浆料层、EPS 板、抹面层、涂料饰面层组成。抹面层中应满铺玻纤网（图 6-16）。

6）现场喷涂硬泡聚氨酯外保温系统

该系统（简称 PU 喷涂系统）由界面层、现场喷涂硬泡聚氨酯保温层、界面砂浆层、找平层、抹面层、涂饰层组成。抹面层中满铺玻纤网（图 6-17）。

7）保温装饰板外保温系统（新技术、新工艺）

该系统（简称保温装饰板系统）由粘结砂浆、保温装饰板、嵌缝材料、密封材料和锚固件构成。施工时，先在基层墙体上做防水找平层，采用以粘为主、粘锚结合的方式将保温装饰板固定在基层上，并采用嵌缝材料封填板缝（图 6-18）。

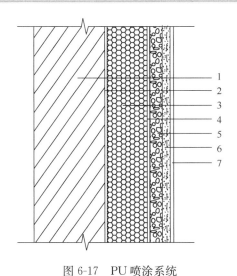

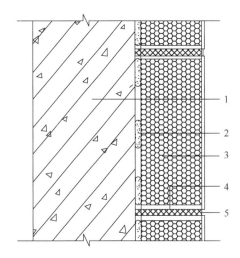

图 6-17　PU 喷涂系统

1—基层；2—界面层；3—喷涂 PU；4—界面砂浆；

5—找平层；6—抹面胶浆复合玻纤网；7—涂料饰面

图 6-18　保温装饰板外保温系统

1—基层；2—粘结砂浆；3—保温装饰板；

4—嵌缝条；5—硅酮密封胶或柔性勾缝腻子

2. 地下室的构造

建筑物底层地面以下的房间叫地下室。地下室按功能分，有普通地下室和人防地下室。按顶板标高和室外地面的位置分，有全地下室和半地下室。按结构材料分，有砖墙地下室和混凝土墙地下室。

地下室由墙体、顶板、底板、门窗、楼梯五大部分组成。

（1）墙体：地下室的外墙如用钢筋混凝土或素混凝土墙，应按计算确定，其最小厚度应满足结构要求外，还应满足抗渗厚度的要求。其最小厚度不低于 300mm，外墙应做防潮或防水处理，如用砖墙（现在较少采用）其厚度不小于 490mm。

（2）顶板：可用预制板、现浇板，或者预制板上做现浇层（装配整体式楼板）。

（3）底板：处于最高地下水位以上，并且无压力产生作用的可能时，可按一般地面工程处理，即垫层上现浇混凝土 60～80mm 厚，再做面层；如底板处于最高地下水位以下时，采用钢筋混凝土底板，并双层配筋，底板下垫层上还应设置防水层，以防渗漏。

（4）门窗：普通地下室的门窗与地上房间门窗相同，地下室外窗如在室外地坪以下时，应设置采光井和防护箅，以利室内采光、通风和室外行走安全。

（5）楼梯：可与地面上房间结合设置，层高小或用作辅助房间的地下室，可设置单跑楼梯，防空要求的地下室至少要设置两部楼梯通向地面的安全出口，并且必须有一个是独立的安全出口。这个安全出口周围不得有较高建筑物，以防空袭倒塌堵塞出口影响疏散。地下室和半地下室的建筑，尚应符合《民用建筑设计统一标准》GB 50352—2019 之 6.4 条的规定。

（四）楼板与地坪构造

1. 楼板的构造

楼板是房屋主要的水平承重构件和水平支撑构件，它将荷载传递到墙、柱，同时又对墙体起着水平支撑作用。楼板还具有一定的隔声、保温、隔热功能。

为了满足楼板的使用功能，楼板通常由以下几部分组成：面层、结构层、顶棚层、附加层。

面层：又称为楼面。面层与人、家具设备等直接接触，起着保护楼板、承受并传递荷载的作用，同时对室内有很重要的清洁及装饰作用。

结构层：即楼板，是楼板层的承重部分。

顶棚层：位于楼板层最下层，主要作用是保护楼板、安装灯具、装饰室内、遮掩各种水平管线等。

附加层：又称功能层，对有特殊要求的室内空间，楼板层应增设一些附加层，主要作用是隔声、隔热、保温、防水、防潮、防腐蚀、防静电等。

（1）楼板的分类

根据所选用材料的不同，楼板可分为木楼板、钢筋混凝土楼板和压型钢板组合楼板。木楼板虽具有自重轻、构造简单、吸热系数小等优点，但其隔声、耐久和防火性较差，耗木材量大，除林区外，现已极少采用。钢筋混凝土楼板因其承载能力大、刚度好，且具有良好的耐久、防火性和可塑性，目前被广泛采用。压型钢板组合楼板是利用压型钢板为底模，上部浇筑混凝土而形成的一种组合楼板。它具有强度高、刚度大、施工速度快等优点，但钢材用量大、造价高。

钢筋混凝土楼板根据施工方法的不同，可分为现浇整体式、预制装配式、装配整体式三种类型。

（2）现浇钢筋混凝土楼板

现浇整体式钢筋混凝土楼板是在施工现场进行支模板、绑扎钢筋、浇筑并振捣混凝土、养护、拆模等工序而将整个楼板浇筑而成整体。这种楼板的整体性好、抗震性强、防水抗渗性好，能适应各种建筑平面形状的变化，但现场湿作业量大、模板用量多、施工速度较慢、施工工期较长。根据受力和传力情况不同，现浇整体式钢筋混凝土楼板分为板式楼板、梁板式楼板、无梁式楼板和压型钢板组合楼板等。

1）板式楼板

将楼板现浇成一块平板，并直接支承在墙上，这种楼板称为板式楼板。板式楼板底面平整，便于支模施工，是最简单的一种形式，它适用于平面尺寸较小的房间，如厨房、卫生间、走廊等。板的厚度通常为跨度的 1/40～1/30，且不小于 60mm。

2）梁板式楼板

对平面尺寸较大的房间，若仍采用板式楼板，会因板跨较大而增加板厚。为此，通常在板下设梁来减小板跨，这时，楼板上的荷载先由板传给梁，再由梁传给墙或柱。这种由板和梁组成的楼板称为梁板式楼板。梁板式楼板又可分为主次梁式楼板、井式楼板、密肋式楼板等。

3）无梁楼板

将板直接支承在柱上，不设梁，这种楼板称为无梁楼板。无梁楼板分无柱帽和有柱帽两种类型，当荷载较大时，应在柱顶设托板与柱帽，以增加板在柱上的支承面积。无梁楼板的柱网一般布置成方形或近似方形，以方形柱网较为经济，跨度一般在 6m 左右，板厚通常不小于 120mm。无梁楼板的底面平整，增加了室内的净空高度，有利于采光和通风，且施工时架设模板方便，但楼板厚度较大。无梁楼板多用于楼板上活荷载较大的商场、仓库、展览馆建筑。

4）压型钢板组合楼板

压型钢板组合楼板是在型钢梁上铺设压型钢板，以压型钢板做底模，在其上现浇混凝土，形成整体的组合楼板。

压型钢板组合楼板由现浇混凝土、钢衬板和钢梁三部分组成。钢衬板采用冷压成型钢板，简称压型钢板。压型钢板有单层和双层之分。双层压型钢板通常是由两层截面相同的压型钢板组合而成，也可由一层压型钢板和一层平钢板组成。采用双层压型钢板的楼板承载能力更好，两层钢板之间形成的空腔便于设备管线敷设。钢衬板之间的连接以及钢衬板与钢梁之间的连接，一般采用焊接、自攻螺栓、膨胀铆钉或压边咬接的方式。

（3）预制装配式钢筋混凝土楼板

预制装配式钢筋混凝土楼板是将楼板在预制厂或施工现场预制，然后在施工现场装配而成。这种楼板可节省模板，提高劳动生产率，加快施工速度，缩短工期，但楼板的整体性较差，近几年在地震设防区的应用范围受到很大限制。常用的预制钢筋混凝土楼板，根据其截面形式可分为实心平板、槽形板和空心板三种类型。

1）实心平板

实心平板上下板面平整，制作简单，宜用于跨度小的走廊板、楼梯平台板、阳台板、管沟盖板等处。板的两端支承在墙或梁上，板厚一般为50～80mm，跨度在2.4m以内为宜，板宽为500～900mm。

2）槽形板

槽形板是一种梁板结合的构件，即在实心板两侧设纵肋，构成槽形截面。

3）空心板

空心板孔洞形状有圆形、长圆形和矩形等，以圆孔板的制作最为方便，应用最广。

（4）装配整体式钢筋混凝土楼板

装配整体式钢筋混凝土楼板是采用部分预制构件，经现场安装，再整体浇筑混凝土面层形成的楼板。它兼有现浇和预制钢筋混凝土楼板的优点。

1）密肋填充块楼板

密肋填充块楼板是以陶土空心砖、矿渣混凝土实心块等作为肋间填充块来现浇或预制密肋和面板的。密肋填充块楼板板底平整，有较好的隔声、保温、隔热效果，在施工中，空心砖还可起到模板的作用，有利于管道的敷设。此种楼板常用于学校、住宅、医院等建筑。

2）预制薄板叠合楼板

预制薄板叠合楼板是由预制薄板和现浇钢筋混凝土层叠合而成的装配整体式楼板。预制板部分通常采用预应力或非预应力薄板，为保证预制薄板和叠合层间有较好的连接，薄板需做处理，如刻槽、板面露出结合钢筋等。现浇板的跨厚比、厚度、钢筋间距、钢筋锚固长度、空心板的体积空心率等应符合《混凝土结构设计规范》GB 50010—2010（2015年版）之9.1.2条的规定。

2. 地坪的构造

地坪是建筑物底层与土壤相接的构件，它承受着底层地面上的荷载，并将荷载均匀地

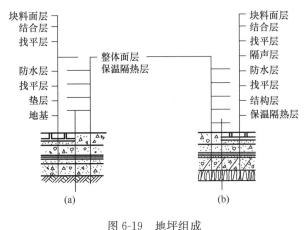

图 6-19 地坪组成

(a) 底层地坪的组成；(b) 楼层地坪的组成

传给地基。地坪一般由面层、垫层和基层三个基本构造层次组成，对有特殊要求的地坪可在面层与垫层之间增设附加层，如图 6-19 所示。

（1）面层

面层是地坪层最上面的部分，也是人们经常接触的部分，直接承受物理、化学作用，所以应具有耐磨、平整、易清洁、不起尘、防水、防潮的作用，同时也具有装饰的作用。

（2）垫层

垫层为面层与基层之间的找平层或填充层，主要起加强基层、传递荷载的作用。垫层有刚性垫层和非刚性垫层。刚性垫层一般采用 C15 或 C20 厚 60～100mm 的混凝土，非刚性垫层常用的有 50mm 厚砂垫层、80～100mm 厚碎石灌浆、50～70mm 厚石灰炉渣等。垫层可以就地取材，如北方可以用灰土；南方多采用碎砖或道渣夯实做垫层，也有的采用三合土做垫层。

（3）基层

首层地面基层是垫层与土壤层间的找平层或填充层，它可以加强地基承受荷载能力，并起找平作用，可就地取材，通常为素土夯实或灰土、道渣、三合土、卵石等。楼地面的建筑，尚应符合《民用建筑设计统一标准》GB 50352—2019 之 6.13 条及《建筑地面工程施工质量验收规范》GB 50209—2010 表 3.0.1 的规定。

（五）竖向交通设施的一般构造

房屋不同楼层以及不同高差之间，需要有个垂直交通设施，此项设施有楼梯、电梯、自动扶梯、爬梯以及台阶、坡道等。楼梯是解决不同楼层之间垂直交通的重要设施，电梯主要用于层数较多或有特殊需要的建筑（如医院病房楼、多层工业厂房）中，在设有电梯或自动扶梯的建筑中也必须设置楼梯，以备火灾等紧急情况下使用。自动扶梯一般用于人流量较大的公共建筑。在建筑出入口处用于解决室内外局部高差的踏步称为台阶。坡道用于有通行车辆要求的高差之间的交通联系，以及有无障碍要求的高差之间的联系。爬梯则主要做消防检修之用。本节主要介绍楼梯的一般构造。

1. 楼梯的组成

楼梯主要由楼梯段（简称梯段）、楼梯平台和中间平台、栏杆（或栏板）和扶手三部分组成，如图 6-20 所示。

（1）楼梯段

设有踏步供建筑物楼层之间上下行走的通道段落称为楼梯段，俗称"梯跑"。踏步又分为踏面（供行走时踏脚的水平部分）和踢面（形成踏步高差的垂直部分），踏步尺寸决定了楼梯的坡度。为了减轻疲劳，梯段的踏步级数一般不宜超过 18 级，但也不宜少于 3 级（级数过少易被忽视，有可能造成伤害）。

（2）楼层平台和中间平台

楼梯平台是指连接两梯段之间的水平部分。平台可用来供楼梯转折、连通某个楼层或供使用者在攀登了一定距离后稍事休息。与楼层标高相一致的平台称为楼层平台，介于两个楼层之间的平台称为中间平台或休息平台。

（3）栏杆（或栏板）和扶手

栏杆是布置在楼梯梯段和平台边缘处有一定安全保障度的围护构件。栏杆或栏板顶部供人们行走倚扶用的连续构件，称为扶手。楼梯段应至少在一侧设扶手，楼梯段宽达三股人流（1650mm）时应两侧设扶手，达四股人流（2200mm）时应加

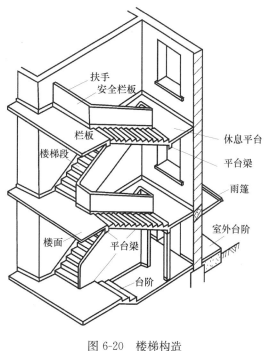

图 6-20　楼梯构造

设中间扶手。扶手也可设在墙上，称为靠墙扶手。楼梯的设计，应符合《民用建筑设计统一标准》GB 50352—2019 之 6.8 条的规定；电梯、自动扶梯和自动人行道应符合《民用建筑设计统一标准》GB 50352—2019 之 6.9 条的规定。

2. 现浇钢筋混凝土楼梯构造

按楼梯材料分，楼梯可分为钢筋混凝土楼梯、钢楼梯、木楼梯与组合楼梯。钢筋混凝土的耐火性和耐久性均较木材和钢材要好，故在一般建筑的楼梯中应用最为广泛。钢筋混凝土楼梯按施工方式可分为现浇整体式和预制装配式。

现浇钢筋混凝土楼梯是指楼梯段、楼梯平台等整体浇筑在一起的楼梯。它整体性好，刚度大，坚固耐久，可塑性强，对抗震较为有利，并能适应各种楼梯形式。但是在施工过程中，要经过支模、绑扎钢筋、浇灌混凝土、振捣、养护、拆模等作业，受外界环境因素影响较大。在拆模之前，不能利用它进行垂直运输，因而其较适用于比较小型的楼梯或对抗震设防要求较高的建筑中。对于螺旋形楼梯、弧形楼梯等形式复杂的楼梯，也宜采用现浇钢筋混凝土楼梯。

现浇钢筋混凝土楼梯按照楼梯段的传力特点，分为板式楼梯和梁式楼梯两种。应按具体的工程，根据功能要求、造型处理及技术经济等比较而采用，如图 6-21 所示。

（1）钢筋混凝土板式楼梯

板式的楼梯段作为一块整浇板，斜向搁置在平台梁上，楼梯段相当于一块斜放的板，平台梁之间的距离即为板的跨度。楼梯段应沿跨度方向布置受力钢筋。也有带平台板的板式楼梯，即把两个或一个平台板和一个梯段组合成一块折形板。这样处理平台下净空扩大了，但斜板跨度增加了。当楼梯荷载较大，楼梯段斜板跨度较大时，斜板的截面高度也将

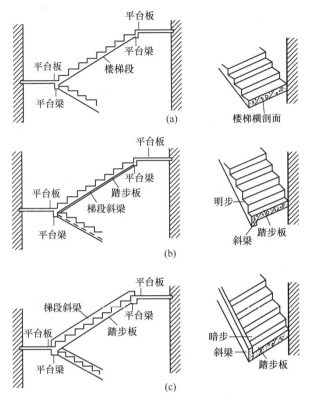

图 6-21 钢筋混凝土板式楼梯和梁板式楼梯
(a) 钢筋混凝土板式楼板；(b) 梁板式楼梯梁在下面；(c) 梁板式楼梯梁在上面

很大，钢筋和混凝土用量增加，经济性下降。所以板式楼梯常用于楼梯荷载较小，楼梯段的跨度也较小的住宅等房屋。板式楼梯段的底面平齐，便于装修。

（2）梁板式楼梯

梁板式楼梯是由踏步板、楼梯斜梁、平台梁和平台板组成。荷载由踏步板传给斜梁，再由斜梁传给平台梁，而后传到墙或柱上。当斜梁在板下部称为正梁式梯段，上面踏步露明，常称明步。有时为了让楼梯段底表面平整或避免洗刷楼梯时污水沿踏步端头下淌，弄脏楼梯，常将楼梯斜梁反向上面称为反梁式梯段，下面平整，踏步包在梁内，常称暗步。

（六）门与窗的构造

门和窗是房屋的重要组成部分。门的主要功能是交通联系，兼采光和通风；窗主要供采光和通风用。同时，两者在不同情况下又具有分隔、隔声、保温、防火、防水等围护功能，也拥有重要的建筑造型和装饰作用。在设计门窗时，必须根据有关规范和建筑的使用要求来确定其形式及尺寸大小，规格类型应尽量统一，并符合《民用建筑设计统一标准》GB 50352—2019 之 6.11 条的规定及《建筑模数协调标准》GB/T 50002—2013 的要求，以降低成本和适应建筑工业化生产的需要。

门窗按其制作的材料分为木门窗、钢门窗、铝合金门窗、塑料门窗等。其中钢门窗由于保温隔热性能差等缺点在我国很多地方已限制或禁止使用，本节不再介绍。

按《建筑装饰装修工程质量验收标准》GB 50210—2018 之第 6 章的规定，门窗工程可分为：木门窗安装工程，金属门窗安装工程（包括钢门窗、铝合金门窗和涂色镀锌钢板门窗），塑料门窗安装工程，特种门安装工程（包括自动门、全玻门和旋转门），门窗玻璃安装工程（包括平板、吸热、反射、中空、夹层、夹丝、磨砂、钢化、防火和压花玻璃）。

1. 窗的构造

（1）窗的分类

1）按开启方式分类：固定窗、平开窗、悬窗、立转窗、推拉窗等。

2）按框料分类：木窗、彩钢板窗、铝合金窗和塑料窗，以及塑钢窗、铝塑窗等复合材料的窗。

3）按层数分类：单层窗和多层窗。

4）按镶嵌材料分类：玻璃窗、百叶窗和纱窗等。

（2）窗的组成和尺度

组成：窗主要由窗框和窗扇组成。在窗扇和窗框间装有各种铰链、风钩、插销、拉手及导轨、转轴、滑轮等五金零件，有时还加设窗台、贴脸、窗帘盒等。为保温或隔声需要，还可设置双层窗。平开木窗的组成示意如图 6-22 所示。

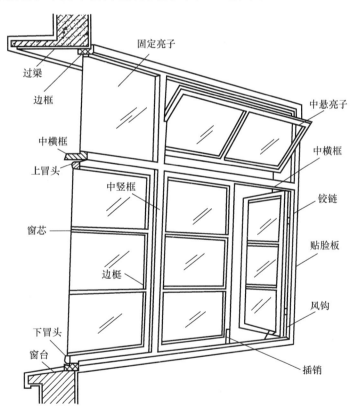

图 6-22　平开木窗的组成

尺度：既要满足采光、通风与日照的需要，又要符合建筑立面设计及建筑模数协调的要求。我国大部分地区标准窗的尺寸均采用 3M 的扩大模数。

127

（3）平开木窗的构造

1）窗框

窗框由边框、上框、下框（中竖框、中横框）组成。在构造上应有裁口及背槽处理，裁口有单裁口和双裁口之分。窗框断面尺寸应考虑接榫牢固。窗框安装有两种方法，塞口法和立口法。塞口法是在墙砌好后再安装窗框，采用塞口时洞口的高、宽尺寸应比窗框尺寸大 10～30mm。立口法指在砌墙前即用支撑先立窗框然后砌墙，框与墙的结合紧密，但是立樘与砌墙工序交叉，施工不便。

窗框在墙中的位置：内平（窗框与墙内表面相平）、外平、居中三种情况。

窗框与窗扇的防水措施：在内开窗的下口和外开窗的中横框处，都是防水的薄弱环节，仅设裁口条还不能防水，一般需做披水条和滴水槽，以防雨水内渗；在近窗台处做积水槽和泄水孔，以利于渗入的雨水排出窗外，如图 6-23 所示。

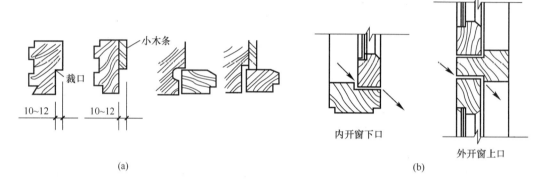

图 6-23 窗框与窗扇间的连接
（a）窗框与窗扇间的裁口处理；（b）窗缝易渗水部位

2）玻璃窗扇

玻璃窗扇由上冒头、下冒头、边樘、窗芯和玻璃等构成。为镶嵌玻璃，在冒头、边樘和窗芯上要做 8～12mm 宽的铲口，铲口深度一般为 12～15mm，不超过窗扇厚度的 1/3，通常设在窗扇的外侧以利防水、抗风和美观。两扇窗的接缝处一般做高低盖口，必要时加钉盖缝条。

玻璃的安装一般用油灰嵌固。对于不会受雨水侵蚀的窗扇玻璃，也可用小木条镶钉。

（4）铝合金窗的构造

铝合金窗产品系列名称是以窗框的厚度尺寸来区分的。铝合金窗所采用的玻璃根据需要可选择普通平板玻璃、浮法玻璃、夹层玻璃、钢化玻璃及中空玻璃等。

铝合金窗常见形式有固定窗、平开窗、滑轴窗、推拉窗、立轴窗和悬窗等，一般多采用水平推拉式。

先在窗框外侧用螺钉固定钢质锚固件，安装时与洞口四周墙中的预埋铁件焊接或锚固在一起，玻璃嵌固在铝合金窗料中的凹槽内，并加密封条。窗框固定铁件，除四周离边角150mm 设一点外，一般间距不大于 400～500mm。其连接方法有：1）采用墙上预埋铁件连接；2）墙上预留孔洞埋入燕尾铁脚连接；3）采用金属膨胀螺栓连接；4）采用射钉固定。窗框固定好后窗洞四周的缝隙一般采用软质保温材料填塞。填实处用水泥砂浆抹留

5～8mm 深的弧形槽，槽内嵌密封胶。

（5）塑钢门窗的构造

塑钢门窗是以改性硬质聚氯乙烯（简称 UPVC）为主要原料，加上一定比例的稳定剂、着色剂、填充剂、紫外线吸收剂等辅助剂，经挤出机挤出各种断面的中空异型材经切割后，在其内腔衬以型钢加强筋，用热熔焊接机焊接成型组装制作成门窗框、扇等，配装上橡胶密封条、压条、五金件等附件而制成的门窗。它较之全塑门窗刚度更好，自重更轻，造价适宜。塑钢门窗具有抗风压强度好、耐冲击、耐久性好、耐腐蚀、使用寿命长等特点。

异型材一般是中空的，为了提高门窗框、扇的热阻值，将排水孔道与补筋空腔分隔，可以做成双腔室，甚至多腔室。

为了提高硬质聚氯乙烯中空异型材的刚性和窗扇窗框的抗风压强度，常在塑料窗用主型材内腔中放入钢质或铝质异型材。

常用的塑钢窗有固定窗、平开窗、水平悬窗与立式悬窗及推拉窗等。

塑钢门窗框与墙体的连接有假框法、固定件法和直接固定法。

2. 门的构造

（1）门的作用和分类

门的主要用途是交通联系和围护，在建筑的立面处理和室内装修中也有着重要作用。

1）按开启方式分类：平开门、弹簧门、推拉门、折叠门、转门、上翻门、升降门、卷帘门等，如图 6-24 所示。

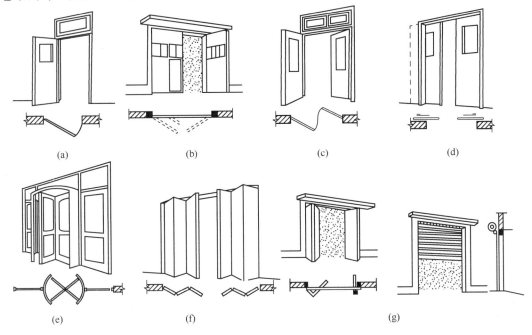

图 6-24　平开门的分类

（a）单扇平开门；（b）双扇平开门；（c）弹簧门；（d）推拉门；（e）转门；（f）折叠门；（g）卷帘门

2）按门所用材料分：木门、钢门、铝合金门、塑料门及塑钢门、全玻璃门等。

3）按门的功能分：普通门、保温门、隔声门、防火门、防盗门、人防门以及其他特殊要求的门等。

（2）平开门的组成和尺度

平开门：主要由门框、门扇、亮子和五金零件组成。

洞口尺寸：可根据交通、运输以及疏散要求来确定。一般情况下，门的宽度为：800～1000mm（单扇）；1200～1800mm（双扇）。门的高度一般不宜小于2100mm，有亮子时可适当增高300～600mm。对于大型公共建筑，门的尺度可根据需要另行确定。

（3）平开木门的构造

1）门框

门框的断面形状与窗框类似，但门框的断面尺寸要适当增加，如图6-25所示。

门框的安装与窗框相同，分立口和塞口两种施工方法。工厂化生产的成品门，其安装多采用塞口法施工。

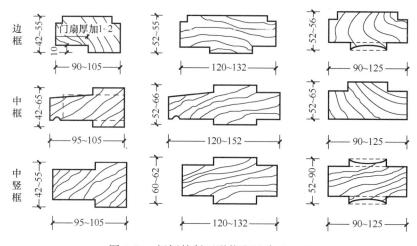

图 6-25 门框的断面形状和尺寸（mm）

门框在墙洞中的位置同窗框一样，有门框内平、门框居中和门框外平三种情况。

门框的墙缝处理与窗框相似，但应更牢固。门窗靠墙一边开防止因受潮而变形的背槽，并做防潮处理。门框外侧的内外角做灰口，缝内填弹性密封材料。

2）门扇

夹板门门扇由骨架和面板组成，骨架通常采用（32～35）mm×（34～36）mm的木料制作。镶板门门扇由骨架和门芯板组成。骨架一般由上冒头、下冒头及边梃组成，有时中间还有中冒头或竖向中梃。门芯板可采用木板、胶合板、硬质纤维板及塑料板、玻璃等制作。

（4）铝合金门

铝合金门的特性与铝合金窗相同。门的开启方式可以推拉，也可采用平开。铝合金门的构造及施工方法可参照铝合金窗的构造做法。

（5）塑料门与塑钢门

塑料门与塑钢门的特性、材料、施工方法及细部构造可参照塑料窗与塑钢窗的构造做法。

3. 其他门窗

（1）彩钢板门窗

彩钢板门窗是以彩色镀锌钢板，经机械加工而成的门窗。其具有质量轻、硬度高、采光面积大、防尘、隔声、保温密封性好、造型美观、色彩绚丽、耐腐蚀等特点。彩钢板门窗断面形式复杂，种类较多，通常在出厂前就已将玻璃装好，在施工现场进行成品安装。彩钢板门窗有带副框和不带副框的两种。安装时，先用自攻螺钉将连接件固定在副框上，并用密封胶将洞口与副框及副框与窗樘之间的缝隙进行密封。当外墙装修为普通粉刷时，常用不带副框的做法，即直接用膨胀螺钉将门窗樘子固定在墙上。

（2）特种门窗

1）保温门窗

寒冷地区及冷库建筑，为了减少热损失，应做保温门窗。保温门窗设计的要点在于提高门窗的热阻，减少冷空气渗透量。保温门采用拼板门，双层门心板，门心板间填以保温材料。

2）隔声门窗

录音室、电话会议室、播音室等应采用隔声门窗。为了提高门窗隔声能力，除铲口及缝隙需特别处理外，可适当增加隔声的构造层次，避免刚性连接，以防止连接处固体传声；当采用双层玻璃时，应选用不同厚度的玻璃。

3）防火门窗

防火门可分为甲、乙、丙三级，其耐火极限分别为 1.2h、0.9h、0.6h。根据对防火门耐火等级的要求，门扇可以采用钢板、木板外贴石棉板再包以镀锌薄钢板或木板外直接包镀锌薄钢板等构造措施。防火门不仅应具有一定的耐火性能，还应关闭紧密、开启方便。常用防火门多为平开门、推拉门。它平时是敞开的，一旦发生火灾，须关闭且关闭后能从任何一侧手动开启。用于疏散楼梯间的门，应采用向疏散方向开启的单向弹簧门。当建筑物设置防火墙或防火门窗有困难时，可采用防火卷帘代替防火门，但必须用水幕保护。

（七）屋顶的基本构造

屋顶是建筑物最上面覆盖的外围护结构，它的主要功能，一是抵御自然界的风、雨、太阳辐射、气温变化和其他外界的不利因素，使屋顶所覆盖的空间有一个良好的使用环境；二是不仅能够满足防水排水、保温隔热、抵御侵蚀等要求，还应满足强度、刚度和整体稳定性的要求。

1. 屋顶的分类和组成

屋顶根据屋面材料、结构类型的不同可分为平屋顶、坡屋顶和其他屋顶。

（1）平屋顶

平屋顶一般指屋面坡度小于 5% 的屋顶，常用的坡度为 1%～3%。平屋顶构造简单，节约材料，屋顶上面便于利用，可做成露台、屋顶花园等。

平屋顶一般由面层（防水层）、保温隔热层、结构层和顶棚层四部分组成。因各地气候条件不同，所以其组成也略有差异。比如，在我国南方地区，一般不设保温层，而北方地区则很少设隔热层。

1）面层（防水层）

屋顶通过面层材料的防水性能达到防水的目的。平屋顶坡度较小、排水缓慢，要加强面层的防水构造处理。平屋顶一般选用防水性能好和单块面积较大的屋面防水材料，并采取有效的接缝处理措施来增强屋面的抗渗能力。目前，在工程中常用的有卷材防水、刚性防水和涂膜防水等几种形式。

2）保温层或隔热层

为防止冬、夏季顶层房间过冷或过热，需在屋顶构造中设置保温层或隔热层。常用的保温材料大多是轻质多孔的粒状材料和块状制品，如膨胀珍珠岩、加气混凝土块、聚苯乙烯泡沫塑料板等。

3）结构层

平屋顶主要采用钢筋混凝土结构。按施工方法不同，有现浇钢筋混凝土结构、预制装配式钢筋混凝土结构和装配整体式钢筋混凝土结构三种形式。

4）顶棚层

顶棚层的作用及构造做法与楼板层顶棚基本相同，分直接抹灰式顶棚和悬吊式顶棚。

（2）坡屋顶

坡屋顶由斜屋面组成，屋面坡度一般大于10%，坡屋顶在我国有悠久的历史。

坡屋顶按其坡面的数目可分为单坡顶、双坡顶、四坡顶等。当房屋宽度不大时，可选用单坡顶；当房屋宽度较大时，可选用双坡顶及四坡顶。双坡顶有硬山与悬山之分，硬山是指房屋两端山墙高出屋面，山墙封住屋面，悬山是指屋顶的两端挑出山墙外面。

（3）其他屋顶

随着使用要求和科学技术的发展，出现了许多新的屋顶结构形式，如拱结构、薄壳结构、悬索结构等。这些结构受力合理，能充分发挥材料的力学性能，节约材料，但施工复杂，造价较高，常用于大跨度的大型公共建筑。

2. 屋顶的排水方式

为保证屋顶流水畅通，需进行排水组织设计，首先选择排水坡度，然后确定排水方式并做好排水组织。

平屋顶的排水方式有无组织排水和有组织排水两大类。

（1）无组织排水

无组织排水是指屋面的雨水由檐口自由滴落到室外地面，因不用天沟、雨水管导流，又称自由落水。

（2）有组织排水

当房屋较高或年降雨量较大时，应采用有组织排水，以避免雨水自由下落对墙面造成冲刷和污染。

有组织排水是设置与屋面排水方向垂直的纵向天沟，把雨水汇集起来，经过雨水口和雨水管有组织地排到地面或排入下水系统。有组织排水可分为外排水和内排水，如图 6-26所示。

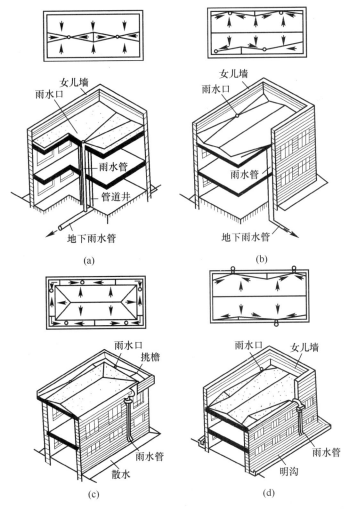

图 6-26　有组织排水

（a）、（b）内排水；（c）、（d）外排水

3. 平屋顶柔性防水屋面的构造

卷材防水屋面是指将柔性的防水卷材或片材用胶结材料粘贴在屋面上，形成一个大面积的封闭防水覆盖层，又称柔性防水屋面。这种防水层具有一定的延伸性，能适应温度变化而引起的屋面变形。适用于防水等级为Ⅰ～Ⅳ级的屋面防水。

（1）柔性防水屋面的基本构造层次及做法

柔性防水屋面的基本构造层次，如图 6-27 所示。

结构层：柔性防水屋面的结构层通常为预制或现浇的钢筋混凝土屋面板。对于结构层的要求是必须有足够的强度和刚度。

找坡层：这一层只有当屋面采用材料找坡时才设。通常的做法是在结构层上铺垫1：8～1：6 水泥焦渣或水泥膨胀蛭石等轻质材料来形成屋面坡度。

找平层：防水卷材应铺贴在平整的基层上，否则卷材会发生凹陷或断裂，所以在结构

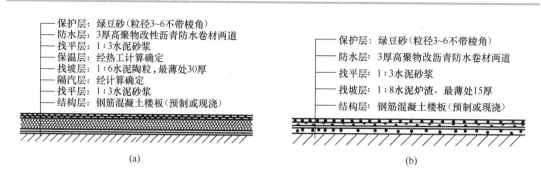

图 6-27　柔性防水屋面构造

(a) 柔性防水保温屋面；(b) 柔性防水非保温屋面

层或找坡层上必须先做找平层。找平层可选用水泥砂浆、细石混凝土和沥青砂浆等，厚度视防水卷材的种类和基层情况而定。找平层宜设分格缝，分格缝也叫分仓缝，是为了防止出现屋面不规则裂缝以适应屋面变形而设置的人工缝。分格缝缝宽一般为 20mm，且缝内应嵌填密封材料。分格缝应留在板端缝处，其纵横缝的最大间距为：找平层如采用水泥砂浆或细石混凝土时，不宜大于 6m；找平层如为沥青砂浆时，不宜大于 4m。

结合层：以油毡卷材为例，为了使第一层热沥青能和找平层牢固地结合，须涂刷一层既能和热沥青粘合，又容易渗入水泥砂浆找平层内的稀释沥青溶液，俗称冷底子油。另外，为了避免油毡层内部残留的空气或湿气，在太阳的辐射下膨胀而形成鼓泡，导致油毡皱折或破裂，应在油毡防水层与基层之间设有蒸汽扩散的通道，故在工程实际操作中，通常将第一层热沥青涂成点状（俗称花油法）或条状，然后铺贴首层油毡。

防水层：防水卷材有沥青防水卷材、高聚物改性沥青防水卷材和合成高分子防水卷材等。当屋面坡度小于 3% 时，卷材宜平行屋脊从檐口到屋脊向上铺贴；屋面坡度在 3%～15% 时，卷材可以平行或垂直屋脊铺贴；屋面坡度大于 15% 或屋面受振动荷载时，沥青卷材应垂直屋脊铺贴。铺贴卷材应采用搭接法，上下搭接不小于 70mm，左右搭接不小于 100mm。多层卷材铺贴时，上下层卷材的接缝应错开。当屋面防水层为二毡三油时，可采用逐层搭接半张的铺设方法，操作较为简便。

保护层：保护层的材料做法，应根据防水层所用材料和屋面的利用情况而定。

(2) 柔性防水屋面的细部构造

泛水构造：泛水系屋面防水层与垂直屋面凸出物交接处的防水处理。柔性防水屋面在泛水构造处理时应注意：1）铺贴泛水处的卷材应采取满粘法，即卷材下满涂一层胶结材料。2）泛水应有足够的高度，迎水面不低于 250mm，非迎水面不低于 180mm，并加铺一层卷材。3）屋面与立墙交接处应做成弧形（$R=50～100mm$）或 45°斜面，使卷材紧贴于找平层上，而不致出现空鼓现象。4）做好泛水的收头固定，当女儿墙较低时，卷材收头可直接铺压在女儿墙压顶下，压顶做好防水处理，当女儿墙为砖墙时，可在砖墙上预留凹槽，卷材收头应压入凹槽内固定密封，凹槽距屋面找平层最低高度不小于 250mm，凹槽上部的墙体应做好防水处理，当女儿墙为混凝土时，卷材收头直接用压条固定于墙上，用金属或合成高分子盖板做挡雨板，并用密封材料封固缝隙，以防雨水渗漏，如图 6-28 所示。

檐口构造：柔性防水屋面的檐口构造有无组织排水挑檐和有组织排水挑檐及女儿墙檐

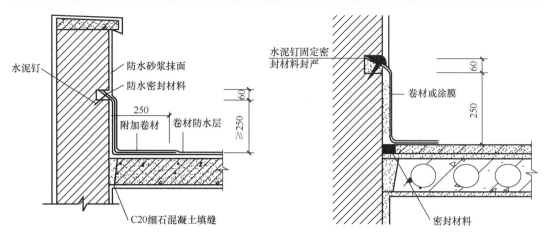

图 6-28　泛水构造

口等，在檐口构造处理时应注意：1）无组织排水檐口卷材收头应固定密封，在距檐口卷材收头 800mm 范围内，卷材应采取满粘法。2）有组织排水在檐沟与屋面交接处应增铺附加层，且附加层宜空铺，空铺宽度应为 200mm，卷材收头应密封固定，同时檐口饰面要做好滴水，如图 6-29 所示。

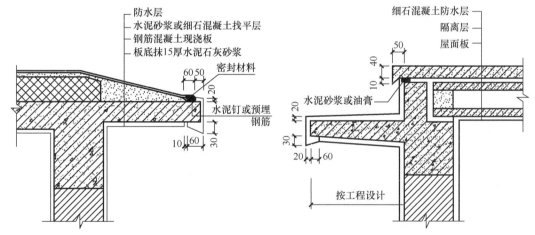

图 6-29　檐口构造

女儿墙檐口构造：处理的关键是做好泛水的构造处理。女儿墙顶部通常应做混凝土压顶，并设有坡度坡向屋面。

雨水口构造：雨水口有直管式雨水口和弯管式雨水口两种：1）直管式雨水口，用于外檐沟排水或内排水。2）弯管式雨水口，用于女儿墙外排水。

4. 平屋顶刚性防水屋面的构造

刚性防水屋面是指以刚性材料作为防水层的屋面，如防水砂浆、细石混凝土、配筋细石混凝土防水屋面等。这种屋面具有构造简单、施工方便等优点，但对温度变化和结构变形较敏感，容易产生裂缝而渗水。刚性防水屋面主要适用于防水等级为Ⅲ级的屋面防水，也可用作Ⅰ、Ⅱ级屋面多道防水设防中的一道防水层，不适用于设置在有松散材料保温层的屋面以及受较大振动或冲击的建筑屋面。

（1）刚性防水屋面的基本构造层次及做法

结构层：刚性防水屋面的结构层必须具有足够的强度和刚度，故通常采用现浇或预制的钢筋混凝土屋面板。

找平层：为了保证防水层厚薄均匀，通常应在预制钢筋混凝土屋面板上先做一层找平层，找平层的做法一般为20mm厚1：3水泥砂浆，若屋面板为现浇时可不设此层。

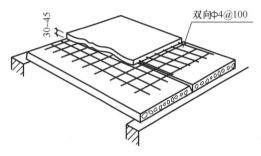

图6-30 细石混凝土防水层

隔离层：隔离层的做法一般是先在屋面结构层上用水泥砂浆找平，再铺设沥青、废机油、油毡、油纸、黏土、石灰砂浆、纸筋灰等。有保温层或找坡层的屋面，也可利用它们做隔离层。

防水层：刚性防水屋面防水层的做法有防水砂浆抹面和现浇配筋细石混凝土面层两种。目前，通常采用后一种，如图6-30所示。

（2）刚性防水屋面的细部构造

1）分格缝构造

刚性防水屋面的分格缝应设置在屋面温度年温差变形的许可范围内和结构变形敏感的部位。因此，分格缝的纵横间距一般不宜大于6m，且应设在屋面板的支承端、屋面转折处、防水层与凸出屋面结构的交接处，并应与屋面板板缝对齐。分格缝宽一般为20～40mm，为了有利于伸缩，首先应将缝内防水层的钢筋网片断开，然后用弹性材料如泡沫塑料或沥青麻丝填底，密封材料嵌填缝上口，最后在密封材料的上部还应铺贴一层防水卷材，如图6-31所示。

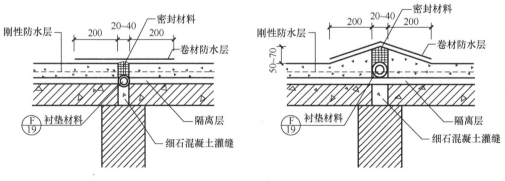

图6-31 分格缝构造

2）泛水构造

刚性防水屋面的泛水构造是指在刚性防水层与垂直屋面凸出物交接处的防水处理，可先预留宽度为30mm的缝隙，并且用密封材料嵌填，再铺设一层卷材或涂抹一层涂膜附加层，收头做法与柔性防水屋面泛水做法相同。

3）檐口构造

刚性防水屋面檐口的形式一般有自由落水挑檐口、挑檐沟外排水檐口和女儿墙外排水檐口三种做法。

① 自由落水挑檐口一般是根据挑檐挑出的长度，直接利用混凝土防水层悬挑，也可以在增设的钢筋混凝土挑檐板上做防水层。这两种做法都要注意处理好檐口滴水。

② 挑檐沟外排水檐口一般是采用现浇或预制的钢筋混凝土槽形天沟板，在沟底用低强度的混凝土或水泥炉渣等材料垫置成纵向排水坡度。屋面铺好隔离层后再浇筑防水层，防水层应挑出屋面至少 60mm，并做好滴水。

③ 女儿墙外排水檐口通常是在檐口处做成三角形断面天沟，其构造处理与女儿墙泛水做法基本相同，但应注意在女儿墙天沟内须设纵向排水坡度。

4) 雨水口构造

刚性防水屋面的雨水口也有直管式雨水口和弯管式雨水口两种做法。

5. 平屋顶涂膜防水屋面的构造

涂膜防水屋面又称涂料防水屋面，是指用可塑性和粘结力较强的防水涂料直接涂刷在屋面基层上，形成一层不透水的薄膜层，以达到防水目的。其主要适用于防水等级为Ⅲ、Ⅳ级的屋面，也可用作Ⅰ、Ⅱ级屋面多道防水设防中的一道防水层。

（1）涂膜防水材料

合成高分子类防水涂料，如聚氨酯、环氧树脂和丙烯酸类防水涂料。高聚物改性沥青防水涂料，如再生橡胶改性沥青防水涂料、水乳型氯丁橡胶沥青防水涂料、SBS 橡胶改性沥青防水涂料等。

（2）涂膜防水屋面的构造层次及做法

涂膜防水屋面的构造层次与卷材防水屋面相同，由结构层、找坡层、找平层、结合层、防水层和保护层组成。

结合层：应选用与防水涂料相同的材料经稀释后满刷在找平层上，以保证防水层与基层粘结牢固。

防水层：涂刷防水涂料需分层进行，乳剂型防水涂料，一般手涂 3 遍可使涂膜厚度达到 1.2mm；溶剂型防水涂料，手涂 4～5 遍，可做 1.2mm 以上的厚度。

保护层：当屋面不上人时，可用蛭石或细砂撒面、银粉涂料涂刷等做法；当屋面为上人屋面时，保护层做法与卷材防水上人屋面做法相同。

（3）涂膜防水屋面细部构造

分格缝：涂膜防水只能提高表面的防水能力，为防止由于温度和结构变形导致基层开裂而使屋面渗漏，须对屋面面积较大和结构变形敏感部位设置分格缝。

泛水构造：涂膜防水屋面泛水构造与卷材屋面基本相同。

6. 平屋顶的保温与隔热

屋顶属建筑物的外围护构件，应满足保温与隔热的功能要求。在寒冷地区为防止建筑物的热量散失过多、过快，须在屋顶结构中设置保温层。夏季在太阳辐射热作用下，使屋顶温度升高，为减少传进室内的热量和降低室内温度，屋顶应采取隔热降温措施。

保温材料多为轻质多孔、导热系数小的材料，一般可分为三种类型。

散料类：常用炉渣、矿渣、膨胀蛭石、膨胀珍珠岩等。

整体类：是以散粒类保温材料为骨料，掺入一定量的胶结材料、现场浇筑而形成的整体保温层,如水泥炉渣、水泥膨胀珍珠岩、水泥膨胀蛭石、沥青蛭石、沥青膨胀珍珠岩等。

板块类:由工厂先预制作成的板块类保温材料,如预制膨胀珍珠岩、膨胀蛭石及加气混凝土、泡沫混凝土、聚苯板、挤塑板等块材或板材。

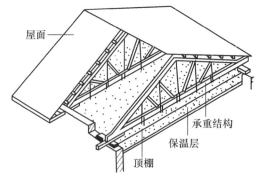

图 6-32 坡屋顶的屋面构造

保温层的设置有正铺法、倒铺法、复合法及设空气间层的保温屋面法等。

7. 坡屋面的构造

坡屋顶主要由承重结构层和屋面两部分组成。必要时还应增设保温层及顶棚等,如图 6-32 所示。

坡屋顶的承重结构方式有砖墙承重、屋架承重、钢筋混凝土梁板承重三种。

现浇钢筋混凝土梁板坡屋面的构造组成有瓦材及瓦材铺设层、找平层、保温隔热层、卷材或涂膜防水层和隔汽层等,其屋面构造,如图 6-33 所示。

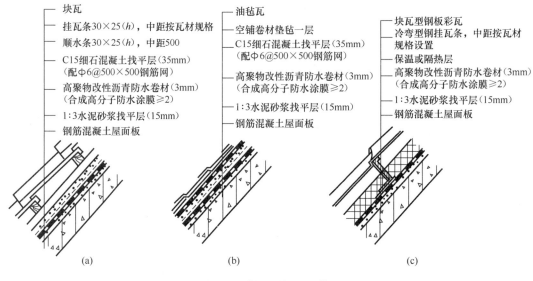

图 6-33 斜屋顶的屋面构造
(a) 块瓦屋面构造(木挂瓦条);(b) 油毡瓦屋面构造;(c) 块瓦型钢板彩瓦屋面构造

屋面工程应符合《民用建筑设计统一标准》GB 50352—2019 之 6.14 条的规定;屋面工程的质量验收应符合《屋面工程质量验收规范》GB 50207—2012 的规定,分为基层与保护子分部工程(含找坡层和找平层、隔汽层、隔离层、保护层等分项工程)、保温与隔热子分部工程(含板状材料保温层、纤维材料保温层、喷涂硬泡聚氨酯保温层、现浇泡沫混凝土保温层、种植隔热层、架空隔热层、蓄水隔热层等分项工程)、防水与密封子分部工程(含卷材防水层、涂膜防水层、复合防水层、接缝密封防水等分项工程)、瓦面与板面子分部工程(含烧结瓦和混凝土瓦铺装、沥青瓦铺装、金属板铺装、玻璃采光顶铺装等分项工程)、细部构造子分部工程(含檐口、檐沟和天沟、女儿墙和山墙、水落口、变形缝、伸出屋面管道、屋面出入口、反梁过水孔、设施基座、屋脊、屋顶窗等分项工程)。

(八) 变形缝的构造

建筑物由于受温度变化、地基不均匀沉降以及地震的影响，结构内将产生附加的变形和应力，如果不采取措施或措施不当，会使建筑物产生裂缝，甚至倒塌，影响使用与安全。为避免这种状态的发生，可以采取"阻"或"让"两种不同措施。前者是通过加强建筑物的整体性，使其具有足够的强度与刚度，以阻止这种破坏；后者是在变形敏感部位将结构断开，预留缝隙，使建筑物各部分能自由变形，不受约束，即以退让的方式避免破坏。后种措施比较经济，常被采用，但在构造上必须对缝隙加以处理，满足使用和美观要求。建筑物中这种预留缝隙称为变形缝。

1. 变形缝分类

变形缝是为防止建筑物在外界因素(温度变化、地基不均匀沉降及地震)作用下产生变形，导致开裂甚至破坏而人为设置的适当宽度的缝隙，包括伸缩缝、沉降缝和抗震缝三种类型。

(1) 伸缩缝 (温度缝)

对应昼夜温差引起的变形。为防止建筑构件因温度变化而产生热胀冷缩，使房屋出现裂缝，甚至破坏，沿建筑物长度方向每隔一定距离设置的垂直缝隙称为伸缩缝，也叫温度缝。温度缝要把建筑物的墙体、楼板层、屋顶等地面以上部分全部断开，基础部分因受温度变化影响较小，故不需断开。

(2) 沉降缝

对应不均匀沉降引起的变形。为防止建筑物各部分由于地基不均匀沉降引起房屋破坏所设置的垂直缝隙称为沉降缝。

(3) 抗震缝

对应地震可能引起的变形。建造在抗震设防烈度为 6～9 度地区的房屋，为了防止建筑物各部分在地震时相互撞击引起破坏，按抗震要求设置的垂直缝隙即抗震缝。

2. 变形缝的构造

(1) 伸缩缝的构造

伸缩缝的设置应从基础的顶面开始，墙体、楼地层、屋顶均应设置。伸缩缝的间距与结构类型和对结构的约束有关。伸缩缝宽度一般可取 20～30mm，当结构同时设置防震缝时，应符合抗震缝宽度要求，墙体在伸缩缝处断开。为避免风、雨对室内的影响和避免伸缩缝过多传热，伸缩缝可砌成企口式或错口式，如图 6-34 所示。缝内填充沥青麻丝或玻璃棉毡等有弹性的纤维保温材料，以使缝在温度变化伸缩时仍能填充缝隙。

(2) 沉降缝

沉降缝是在房屋适当位置设置的垂直缝隙，把房屋划分为若干个刚度一致的单元，使相邻单元可以自由沉降，而不影响房屋整体。沉降缝应包括基础在内，从屋顶到基础全部构件均需分开。沉降缝可以兼起伸缩缝的作用，但伸缩缝不能代替沉降缝。沉降缝的宽度

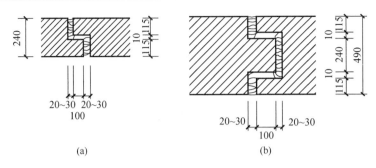

图 6-34　墙体伸缩缝的缝型

(a) 错口式；(b) 企口式

随地基情况和建筑物的高度而不同，地基越软弱，建筑物越高，缝宽越大。沉降缝的构造与伸缩缝的构造基本相同。墙体沉降缝构造，如图 6-35 所示。

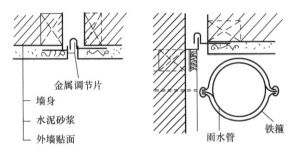

图 6-35　墙体沉降缝的构造

（3）抗震缝

抗震缝应沿房屋基础顶面以上全部结构布置，缝的两侧均应设置墙体，基础因埋在土中可不设缝。抗震缝宽可采用 50～100mm。地震设防地区房屋的伸缩缝和沉降缝应符合抗震缝的要求。抗震缝构造要求与伸缩缝相似。

变形缝处所选择的盖缝板的形式必须能够符合所属变形缝类别的变形需要。所选择的盖缝板的材料及构造方式必须能够符合变形缝所在部位的其他功能需要，如防水、防火、美观等。在变形缝内部应当用具有自防水功能的柔性材料来塞缝，例如挤塑型聚苯板、沥青麻丝、橡胶条等，以防止热桥的产生。墙身和变形缝的构造及设置应符合《民用建筑设计统一标准》GB 50352—2019 之 6.10 条的规定。

（九）单层厂房的基本构造

1. 单层厂房结构组成

在厂房建筑中，支承各种荷载作用的构件所组成的骨架，称为结构。目前，我国单层工业厂房一般采用的是装配式钢筋混凝土横向排架结构，其主要组成如图 6-36 所示。

（1）基础：承受柱和基础梁传来的全部荷载，并将荷载传给地基。

（2）排架柱：是厂房结构的主要承重构件，承受屋架、吊车梁、支撑、连系梁和外墙传来的荷载，并把它传给基础。

（3）屋架（屋面梁）：是屋盖结构的主要承重构件，承受屋盖上的全部荷载，并将荷载传给柱子。

（4）吊车梁：承受吊车和起重的重量及运行中所有的荷载（包括吊车起动或刹车产生的横向、纵向刹车力），并将其传给框架柱。

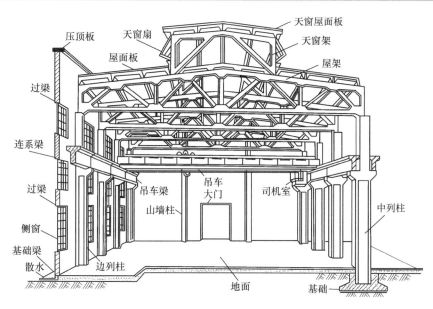

图 6-36　排架结构组成

（5）基础梁：承受上部墙体重量，并把它传给基础。

（6）连系梁：是厂房纵向柱列的水平连系构件，用以增加厂房的纵向刚度，承受风荷载和上部墙体的荷载，并将荷载传给纵向柱列。

（7）支撑系统构件：加强厂房的空间整体刚度和稳定性，它主要传递水平荷载和吊车产生的水平刹车力。

（8）屋面板：直接承受板上的各类荷载（包括屋面板自重，屋面覆盖材料，雪、积灰及施工检修等荷载），并将荷载传给屋架。

（9）天窗架：承受天窗上的所有荷载并把它传给屋架。

（10）抗风柱：同山墙一起承受风荷载，并把荷载中的一部分传到厂房纵向柱列上去，另一部分直接传给基础。

（11）外墙：厂房的大部分荷载由排架结构承担，因此，外墙是自承重构件，主要起防风、防雨、保温、隔热、遮阳、防火等作用。

（12）窗与门：供采光、通风、日照和交通运输用。

（13）地面：满足生产使用及运输要求等。

2. 单层厂房主要结构构件的构造

（1）基础构造

由于柱有现浇和预制两种施工方法，因此基础应采用相应的构造形式。当基础与柱均为现场浇筑但不同时施工时，应在基础顶面预留钢筋，位置数量与柱中的纵向受力钢筋相同，其伸出长度应根据柱的受力情况、钢筋规格及接头方式（焊接还是绑扎接头）来确定。

当柱为预制时，基础的顶部做成杯口形式，柱安装在杯口内，这种基础称为杯形基础，是目前应用最广泛的一种形式，如图 6-37 所示。

为了便于柱的安装，杯口尺寸应大于柱的截面尺寸，周边留有空隙。具体要求如下：

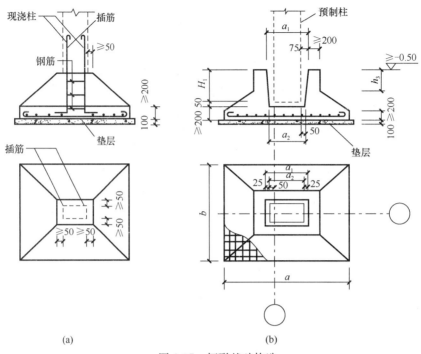

图 6-37 杯形基础构造
(a) 现浇柱下基础；(b) 预制柱下杯形基础

1）杯口顶每边应比柱每边大 75mm。

2）杯口底每边应比柱每边大 50mm。

3）在柱底面与杯底面之间还应预留 50mm 的缝隙，用高强度细石混凝土找平。

4）柱子就位后，杯口与柱子四周缝隙用 C20 细石混凝土灌实。

（2）基础梁构造

单层厂房当采用钢筋混凝土排架结构时，外墙和内墙仅起围护或隔离作用，如果外墙或内墙自设基础，则由于它所承重的荷载比柱基础小得多，容易与柱产生不均匀沉降，而导致墙面开裂。因此，一般厂房常将外墙或内墙砌筑在基础梁上，基础梁两端架设在相邻独立基础上，这样可使内、外墙和柱一起沉降，墙面不易开裂。

基础梁搁置的构造要求：

1）基础梁顶面标高应至少低于室内地坪 50mm，比室外地坪至少高 100mm。

2）基础梁一般直接搁置在基础顶面上，当基础较深时，可采取加垫块、设置高杯口基础或在柱下部分加设牛腿等措施，如图 6-38 所示。

3）基础产生沉降时，梁底的坚实土壤也对基础梁产生反拱作用；寒冷地区土壤冻胀将对基础梁产生反拱作用，因此在基础梁底部应留有 50～100mm 的空隙，寒冷地区基础梁底铺设厚度大于或等于 300mm 的松散材料，如矿渣、干砂等，如图 6-39 所示。

（3）柱

在单层工业厂房中，柱按其作用分为排架柱和抗风柱两种。柱按材料类型分为钢筋混凝土柱和钢柱两种。钢筋混凝土柱又可分为单肢柱和双肢柱两大类。单肢柱截面形式有矩形、工字形及单管圆形。双肢柱截面形式有双肢矩形或双肢圆形管柱，用腹杆（平腹杆或斜腹杆）连接而成，如图 6-40 所示。

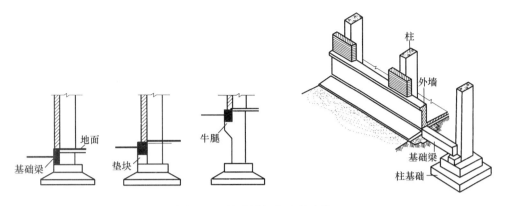

图 6-38　基础梁与基础的连接

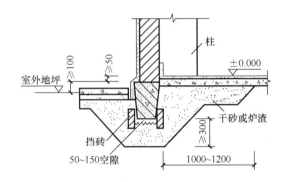

图 6-39　基础梁搁置构造要求及防冻措施

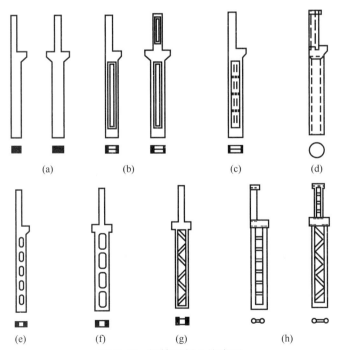

图 6-40　钢筋混凝土柱类型

（a）矩形柱；（b）工字形柱；（c）预制空腹板工字形柱；（d）单肢管柱；（e）双肢柱；

（f）平腹杆双肢柱；（g）斜腹杆双肢柱；（h）双肢管柱

1) 排架柱构造

排架柱是厂房结构中的主要承重构件之一。它主要承受屋盖和吊车梁等竖向荷载、风荷载及吊车产生的纵向和横向水平荷载，有时还承受墙体、管道设备等荷载。

柱的尺寸应经济合理，同时要满足构造要求。柱的构造尺寸和外形要求，如图 6-41 所示。

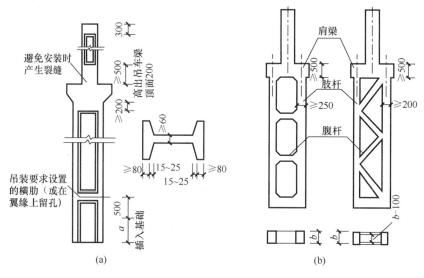

图 6-41 柱的外形及尺寸

（a）工字形；（b）双肢柱

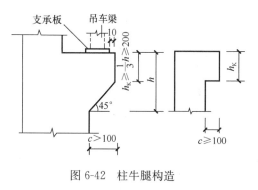

图 6-42 柱牛腿构造

厂房结构中的屋架、托架、吊车梁和连系梁等构件，常由设在柱上的牛腿支承。其截面尺寸必须满足抗裂和构造要求。牛腿的构造要求，如图 6-42 所示。

2) 抗风柱构造

单层工业厂房的山墙面积很大，为保证山墙的稳定性，应在山墙内侧设置抗风柱，使山墙的风荷载一部分由抗风柱传至基础，另一部分由抗风柱的上端传至屋盖系统再传至纵向柱列。

抗风柱截面形式常为矩形，尺寸常为 400mm×600mm 或 400mm×800mm。抗风柱与屋架的连接多为铰接，在构造处理上必须满足以下要求：一是水平方向应有可靠的连接，以保证有效地传递风荷载；二是在竖向应使屋架与抗风柱之间有一定的相对竖向位移的可能性，以防止抗风柱与厂房沉降不均匀时屋盖的竖向荷载传给抗风柱，对屋盖结构产生不利影响。因此，抗风柱下端插入杯形基础内，上端应通过特制的弹簧板与屋架（屋面梁）做构造连接，如图 6-43 所示。

（4）吊车梁构造

当单层工业厂房设有桥式吊车（或梁式吊车）时，需要在柱子的牛腿处设置吊车梁。

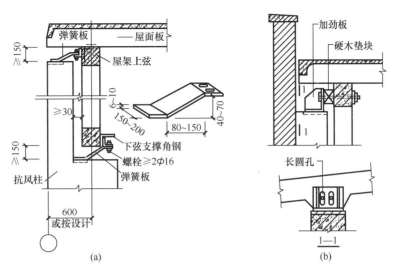

图 6-43 抗风柱与屋架连接

(a) 抗风柱与屋架弹簧板连接；(b) 上弦节点处连接

吊车梁是单层工业厂房的重要承重构件之一。吊车梁一般为钢筋混凝土梁，截面形式有等截面和变截面两种，如图 6-44 所示。

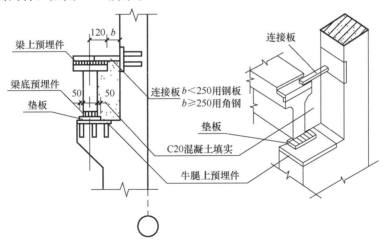

图 6-44 吊车梁构造

吊车梁翼缘的预埋件与柱牛腿的预埋件用钢板或角钢焊接。

吊车梁底部安装前应焊上 块垫板，并与柱牛腿顶面预埋钢板焊牢。

梁与柱之间的空隙用 C20 混凝土填实。

（5）连系梁构造

连系梁是柱与柱之间在纵向的水平连系构件。当墙体高度超过 15m 时，须在适当的位置设置连系梁。其作用是加强结构的纵向刚度和承受其上面墙体的荷载，并将荷载传给柱子。连系梁与柱子的连接，可以采用焊接或螺栓连接，其截面形式有矩形和 I 形等，如图 6-45 所示。

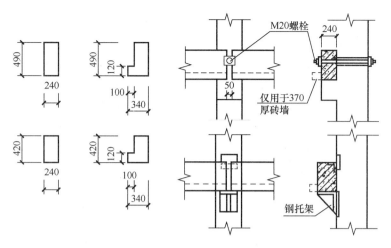

图 6-45 连系梁构造

（6）屋盖承重构件

1）屋架

屋架是屋盖结构的主要承重构件，它直接承受屋面荷载，有些厂房的屋架（屋面梁）还承受悬挂吊车、管道或其他工艺设备的荷载。

屋架按其形式可分为三角形、拱形、梯形、折线形等。按制作材料分，有普通钢筋混凝土屋架和预应力钢筋混凝土屋架，如图 6-46 所示。

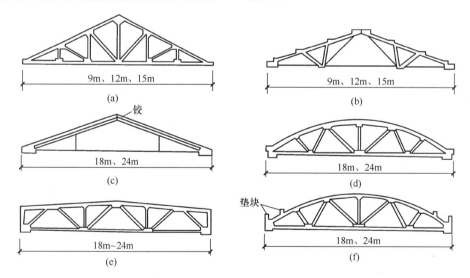

图 6-46 常见的钢筋混凝土屋架形式

（a）三角形；（b）组合式三角形；（c）预应力三角拱；（d）拱形；（e）预应力梯形；（f）折线形

屋架与柱的连接方法有焊接和螺栓连接，如图 6-47 所示。

2）屋面梁

屋面梁也叫薄腹梁，有单坡和双坡两种，其截面形式有 T 形和工字形两种，如图 6-48 所示。

3）屋盖覆盖构件

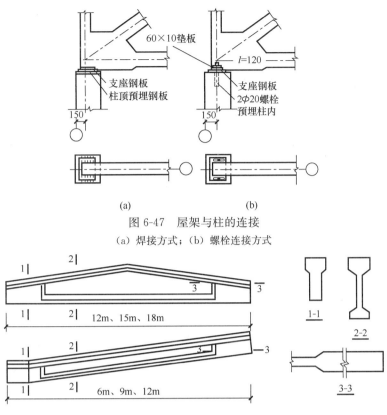

图 6-47　屋架与柱的连接
（a）焊接方式；（b）螺栓连接方式

图 6-48　钢筋混凝土工字形屋面大梁

① 屋面板：在无檩体系中大型屋面板的常用标志尺寸为 1.5m×6m，为配合屋架尺寸和檐口做法还有嵌板、檐口板等，如图 6-49 所示。屋面板与屋架（屋面梁）上弦相应处预埋铁件相互焊接，其焊点不少于三点，板与板缝隙均用不低于 C15 细石混凝土填实。

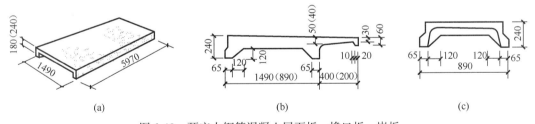

图 6-49　预应力钢筋混凝土屋面板、檐口板、嵌板
（a）屋面板；（b）檐口板；（c）嵌板

② 檩条与小型屋面板或槽瓦：在有檩体系屋面中，檩条支承槽瓦或小型屋面板，并将屋面荷载传给屋架。檩条与屋架上弦焊接，如图 6-50 所示。

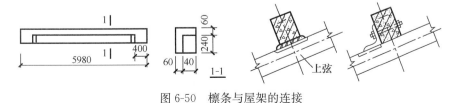

图 6-50　檩条与屋架的连接

单层工业厂房现在多采用装配式混凝土结构和装配式钢结构,并应符合《建筑抗震设计规范》GB 50011—2010(2016 年版)第 9 章的规定。

装配式混凝土结构施工质量的验收,除应符合《混凝土结构工程施工质量验收规范》GB 50204—2015 的规定外,尚应符合《装配式混凝土建筑技术标准》GB/T 51231—2016 及各地方现行装配式混凝土结构施工质量验收规程的规定,检验批的划分可与相关方协商划分。

装配式钢结构施工质量的验收,除应符合《钢结构工程施工质量验收标准》GB 50205—2020 的规定外,尚应符合《装配式钢结构建筑技术标准》GB/T 51232—2016 及各地方现行装配式钢结构施工质量验收规程的规定,检验批的划分可与相关方协商。

七、建筑设备的基本知识

（一）建筑给水排水系统基础知识

1. 建筑给水排水系统的分类、组成

（1）建筑给水系统的分类

生活给水系统满足各类建筑物内的饮用、烹调、盥洗、淋浴、洗涤用水，水质必须符合国家规定的饮用水水质标准。

生产给水系统满足各种工业建筑内的生产用水，如冷却用水、锅炉给水等，水质标准满足相应的工业用水水质标准。

消防给水系统满足各类建筑物内的火灾扑救用水。

以上三类给水系统可独立设置，也可根据需要将其中两类或三类联合，构成生活消防给水系统、生产生活给水系统、生产消防给水系统、生活生产消防给水系统。

（2）建筑给水系统的组成

室内给水系统由引入管、干管、立管、横支管、支管、附件等组成，如图7-1所示。

（3）建筑排水系统的分类

建筑内部排水系统的任务，是将建筑物内用水设备、卫生器具和车间生产设置产生的污（废）水，以及屋面上的雨水、雪水加以收集后，通过室内排水管道及时顺畅地排至室外排水管网中去。

根据所排污（废）水的性质，室内排水系统可以分为生活污水排水系统、生产污（废）水排水系统和雨（雪）水排水系统三类。

（4）建筑排水系统的组成

一般建筑物内部排水系统由污（废）水受水器、排水管道、通气管、清通装置和提升设备组成，如图7-2所示。

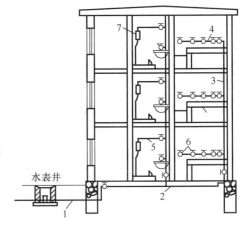

图 7-1　室内给水系统的组成
1—引入管；2—干管；3—立管；4—横支管；
5—支管；6—水龙头；7—便器冲洗水箱

2. 建筑给水排水系统常用管材、管件、附件及设备

（1）给水系统常用管材

1）金属管

① 焊接钢管

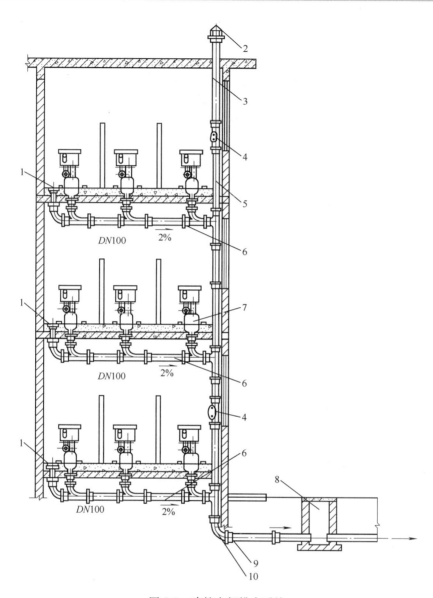

图 7-2　建筑内部排水系统

1—清扫口；2—风帽；3—通气管；4—检查口；5—排水立管；6—排水横支管；

7—大便器；8—检查井；9—排出管；10—弯头

焊接钢管俗称水煤气管，又称为低压流体输送管或有缝钢管。按其表面是否镀锌可分为镀锌钢管（又称白铁管）和非镀锌钢管（又称黑铁管）。按钢管壁厚不同又分为普通钢管、加厚管和薄壁管三种。按管端是否带有螺纹还可分为带螺纹和不带螺纹两种。焊接钢管的直径规格用公称直径"DN"表示，单位为毫米（如 DN25）。普通焊接钢管用于输送流体工作压力小于或等于 1.0MPa 的管路，如室内给水系统管道，加厚焊接钢管用于输送工作压力小于或等于 1.6MPa 的管路。

② 无缝钢管

用于输送流体的无缝钢管用 Q295、Q345 牌号的钢材制造而成。

按制造方法可分为热轧和冷轧两种。热轧管外径有 32~630mm 的各种规格，每根管的长度为 3~12m；冷轧管外径有 5~220mm 的各种规格，每根管的长度为 1.5~9m。无缝钢管的直径规格用管外径×壁厚表示，符号为 $D×\delta$，单位为毫米（如 159×4.5）。无缝钢管用作输送流体时，适用于城镇、工矿企业给水排水、氧气和乙炔的输送。一般直径小于或等于 50mm 时，选用冷拔钢管；直径大于 50mm 时，选用热轧钢管。

③ 铜管

常用铜管有紫铜管（纯铜管）和黄铜管（铜合金管）。紫铜管主要用 T2、T3、T4、Tup（脱氧铜）制造而成。铜管常用于高纯水制备、输送饮用水、热水和民用天然气、煤气、氧气及对铜无腐蚀作用的介质。

④ 铸铁管

铸铁管分为给水铸铁管和排水铸铁管两种。给水铸铁管常用球墨铸铁浇铸而成，出厂前内外表面已用防锈沥青漆防腐。按接口形式分为承插式和法兰式两种。按压力分为高压、中压和低压给水铸铁管。直径规格均用公称直径表示。

⑤ 铝塑管

铝塑管是以焊接铝管为中间层，内外层均为聚乙烯塑料，采用专用热熔胶，通过挤压成型的方法复合成一体的管材。可分为冷、热水用铝塑管和燃气用复合管。铝塑管常用外径等级为 $D14$、$D16$、$D20$、$D25$、$D32$、$D40$、$D50$、$D63$、$D75$、$D90$、$D110$ 共 11 个等级。

2）非金属管

① 塑料给水管

塑料管是以合成树脂为主要成分，加入适量的添加剂，在一定的温度和压力下塑制成型的有机高分子材料管道。其分为给水硬聚氯乙烯管（PVC-U）和给水高密度聚乙烯管（HDPE）两种，用于室内外（埋地或架空）输送水温不超过 45℃ 的冷热水。

② 其他非金属管材

给水工程中除使用给水塑料管外，还经常在室外给水工程中使用自应力和预应力钢筋混凝土给水管。

（2）排水系统常用管材

建筑内部排水系统常用管材主要有建筑排水塑料管、排水铸铁管。

① 排水铸铁管

排水铸铁管的抗拉强度不小于 140MPa，其水压试验压力为 1.47MPa，因此管壁较薄，重量较轻，出厂时内外表面均不做防腐处理，其外表面的防腐需在施工现场进行。

② 建筑排水用塑料管

建筑排水用塑料管适用于输送生活污水和生产污水。其规格用 d_e（公称外径）×e（壁厚）表示。

③ 雨水管材

使用重力流排水系统的多层建筑宜采用建筑排水塑料管，高层建筑宜采用承压塑料管、金属管等。压力流排水系统采用内壁较光滑的带内衬的承压排水铸铁管、承压塑料管和钢塑复合管等，其管材工作压力应大于建筑物净高度产生的静水压。用于压力流排水的塑料管，其管材抗变形压力应大于 0.15MPa。

（3）给水系统常用管件、附件

1）管件

各种管道应采用与该类管材相应的专用管件，常用的管件有钢管件、焊接钢管管件、无缝钢管管件、可锻铸铁管件、铸铁管件、硬聚氯乙烯管件和给水用铝塑管管件。

2）附件

室内给水系统中的附件是指在管道及设备上用以启闭和调节分配介质流量压力的装置。有配水附件和控制附件两大类。配水附件用以调节和分配水量，一般指各种冷、热水龙头。控制附件用以启闭管路、调节水量和水压，一般指各种阀门，例如闸阀、截止阀、止回阀、旋塞阀、减压阀、安全阀、球阀、浮球阀、泄压阀、倒流防止器、真空破坏器、排气装置、管道过滤器。

3）水表

水表是一种计量用户用水量的仪表。建筑给水系统中广泛应用的是流速式水表。其计量用水量的原理是当管径一定时，通过水表的流量与水流速度成正比。水表计量的数值为累计值。常用的有流速式水表（分为旋翼式和螺翼式两类）和智能卡付费水表（IC 卡水表）。

（4）排水系统常用管件、附件

1）管件

常用的管件有排水铸铁管件和硬聚氯乙烯管件。

2）附件

常用的附件有存水弯、检查口、清扫口、雨水斗等。

（5）给水系统常用设备

1）贮水设备

贮水设备一般是指水箱（水池）。水箱在建筑给水系统的作用是增压、稳压、减压、贮存一定水量。

2）升压设备

升压设备一般指将水输送至用户并将水提升、加压的设备。在建筑内部的给水系统中，升压设备一般采用离心式水泵。它具有结构简单、体积小、效率高且流量和扬程在一定范围内可以调节等优点。选择水泵应以节能为原则，使水泵在大部分时间保持高效运行。

3）气压给水设备

气压给水设备由密封罐（内部充满水和空气）、水泵（将水送至密闭罐内和配水管网中）、空气压缩机（给罐内水加压和补充空气）、控制器材（用以控制启闭水泵或空气压缩机等）部分组成。

（6）建筑排水系统常用卫生器具

卫生器具是用来满足日常生活中各种卫生要求，收集和排放生活及生产中产生的污水、废水的设备，是建筑给水排水系统的重要组成部分。

卫生器具按使用功能分为便溺用卫生器具、盥洗淋浴用卫生器具、洗涤用卫生器具、专用卫生器具四大类。

给水系统的管材、附件和水表的选择应符合《建筑给水排水设计标准》GB 50015—2019 第 3.5 节的有关规定。排水系统的管材、配件的选择应符合《建筑给水排水设计标准》GB 50015—2019 第 4.6 节的有关规定。

3. 建筑给水排水系统安装及质量验收标准

（1）室内给水系统安装的基本技术要求

1）建筑给水工程所使用的主要材料、成品、半成品、配件、器具和设备必须具有质量合格证明文件，规格、型号及性能检测报告应符合国家技术标准或设计要求。

2）主要器具和设备必须有完整的安装使用说明书。

3）地下室或地下构筑物外墙有管道穿过的，应采取防水措施。对有严格防水要求的建筑物，必须采用柔性防水套管。

4）明装管道成排安装时，直线部分应互相平行。曲线部分：当管道水平或垂直并行时，应与直线部分保持等距；管道水平上下并行时，弯管部分的曲率半径应一致。

5）管道支、吊、托架安装位置应正确，埋设应平整牢固，与管道接触要紧密。

6）给水及热水供应系统的金属管道立管管卡安装应符合规定。楼层高度小于或等于5m 时，每层必须安装 1 个。楼层高度大于 5m 时，每层不得少于 2 个。管卡安装高度，距地面应为 1.5～1.8m，2 个以上管卡应均匀安装，同一房间管卡应安装在同一高度上。

7）管道穿过墙壁和楼板，应设置金属或塑料套管。安装在楼板内的套管，其顶部应高出装饰地面 20mm；安装在卫生间及厨房内的套管，其顶部应高出装饰地面 50mm，底部应与楼板底面相平；安装在墙壁内的套管其两端与饰面相平。穿过楼板的套管与管道之间缝隙应用阻燃密实材料和防水油膏填实，端面光滑。穿墙套管与管道之间缝隙宜用阻燃密实材料填实，且端面应光滑。管道的接口不得设在套管内。

8）给水支管和装有 3 个或 3 个以上配水点的支管始端，均应安装可拆卸连接件。

9）冷热水管道上、下平行安装时热水管应在冷水管上方；垂直平行安装时热水管应在冷水管左侧。

（2）室内排水系统安装的基本技术要求

1）埋地的排水管道在隐蔽前必须做灌水试验。

2）生活污水管道的坡度必须符合设计要求。设计无要求的，排水铸铁管和塑料管的坡度应符合规范规定。

3）排水塑料管必须按设计要求及位置装设伸缩节。如设计无要求时，伸缩节间距不得大于 4m。

4）高层建筑中明设排水塑料管道应按设计要求设置阻火圈或防火套管。

5）排水主立管及水平干管管道应做通球试验，通球球径不小于排水管管径的 2/3，通球率必须达到 100%。

6）在生活污水管道上设置的检查口或清扫口。当设计无要求时，应符合规范规定。

7）埋在地下或地板下的排水管道的检查口，应设在检查井内。井底表面标高与检查口的法兰相平，井底表面应有 5% 的坡度，坡向检查口。

8）金属排水管道上的吊钩或卡箍应固定在承重结构上。固定件间距：横管不大于2m，立管不大于 3m。楼层高度小于或等于 4m 时，立管可安装 1 个固定件。立管底部的弯管处应设支墩或采取固定措施。

9）排水塑料管道支吊架间距应符合规范规定。

10）排水通气管不得与风道或烟道连接，且应符合规范规定。

11）安装在室内的雨水管道安装后应做灌水试验，灌水高度必须到每根立管上部的雨水斗。

12）雨水管道如采用塑料管，其伸缩节安装应符合设计要求。

13）悬吊式塑料雨水管道的敷设坡度不得小于5‰，悬吊式金属管道的敷设坡度不得小于1‰，埋地雨水管道的最小坡度应符合规范规定。

14）雨水管道不得与生活污水管道相连接。

15）雨水斗的连接应固定在屋面承重结构上。雨水斗边缘与屋面相连处应严密不漏。连接管道当设计无要求时，不得小于100mm。

16）悬吊式雨水管道的检查口或带法兰堵口的三通的间距是：当 $DN \leqslant 150$mm 时不超过15m，当 $DN > 150$mm 时不超过20m。

（3）建筑给水排水管道系统安装质量验收标准

1）给水管道及配件安装

① 主控项目

室内给水管道的水压试验必须符合设计要求。当设计未注明时，各种材质的给水管道系统试验压力均为工作压力的1.5倍，但不得小于0.6MPa。

检验方法：金属及复合管给水管道系统在试验压力下观测10min，压力降不应超过0.02MPa，然后降到工作压力进行检查，应不渗不漏；塑料管给水系统应在试验压力下稳压1h，压力降不得超过0.05MPa，然后在工作压力的1.15倍状态下稳压2h，压力降不得超过0.03MPa，同时检查各连接处不得渗漏。

给水系统交付使用前必须进行通水试验并做好记录。

检验方法：观察和开启阀门、水嘴等放水。

室内直埋给水管道（塑料管道和复合管道除外）应做防腐处理。埋地管道防腐层材质和结构应符合设计要求。

检验方法：观察或局部解剖检查。

② 一般项目

给水引入管与排水排出管的水平净距不得小于1m，室内给水与排水管道平行敷设时，两管间的最小净距不得小于0.5m；交叉铺设时，垂直净距不得小于0.15m。给水管应铺在排水管上面，若给水管必须铺在排水管的下面时，给水管应加套管，其长度不得小于排水管管径的3倍。

检验方法：尺量检查。

管道及管件焊接的焊缝表面质量应符合下列要求：

焊缝外形尺寸应符合图纸和工艺文件的规定，焊缝高度不得低于母材表面，焊缝与母材应圆滑过渡。焊缝及热影响区表面应无裂纹、未熔合、未焊透、夹渣、弧坑和气孔等缺陷。

检验方法：观察检查。

给水水平管道应有2‰~5‰的坡度坡向泄水装置。

检验方法：水平尺和尺量检查。

给水管道和阀门安装的允许偏差应符合表7-1的规定。

管道和阀门安装的允许偏差和检验方法　　　　　　　　　　表 7-1

项次	项目			允许偏差（mm）	检验方法
1	水平管道纵横方向弯曲	钢管	每米、全长 25m 以上	1、≤25	用水平尺、直尺、拉线和尺量检查
		塑料管复合管	每米、全长 25m 以上	1.5、≤25	
		铸铁管	每米、全长 25m 以上	2、≤25	
2	立管垂直度	钢管	每米、全长 5m 以上	3、≤8	吊线和尺量检查
		塑料管复合管	每米、全长 5m 以上	2、≤8	
		铸铁管	每米、全长 5m 以上	3、≤10	
3	成排管段和成排阀门		在同一平面上间距	3	尺量检查

管道的支、吊架安装应平整牢固，钢管水平安装的支架间距不应大于表 7-2 的规定。

钢管管道支架的最大间距　　　　　　　　　　表 7-2

公称直径（mm）		15	20	25	32	40	50	70	80	100	125	150	200	250	300
支架的最大间距（m）	保温管	2	2.5	2.5	2.5	3	3	4	4	4.5	6	7	7	8	8.5
	非保温管	2.5	3	3.5	4	4.5	5	6	6	6.5	7	8	9.5	11	12

供暖、给水及热水供应系统的塑料管及复合管垂直或水平安装的支架间距应符合表 7-3 的规定。采用金属制作的管道支架，应在管道与支架间加衬非金属垫或套管。

塑料管及复合管管道支架的最大间距　　　　　　　　　　表 7-3

管径（mm）			12	14	16	18	20	25	32	40	50	63	75	90	110
最大间距（m）	立管		0.5	0.6	0.7	0.8	0.9	1.0	1.1	1.3	1.6	1.8	2.0	2.2	2.4
	水平管	冷水管	0.4	0.4	0.5	0.5	0.6	0.7	0.8	0.9	1.0	1.1	1.2	1.35	1.55
		热水管	0.2	0.2	0.25	0.3	0.3	0.35	0.4	0.5	0.6	0.7	0.8		

检验方法：观察、尺量及手扳检查。

水表应安装在便于检修、不受暴晒、污染和冻结的地方。安装螺翼式水表，表前与阀门应有不小于 8 倍水表接口直径的直线管段。表外壳距墙表面净距为 10～30mm；水表进水口中心标高按设计要求，允许偏差为 ±10mm。

检验方法：观察和尺量检查。

2）室内消火栓系统安装

① 主控项目

室内消火栓系统安装完成后应取屋顶层（或水箱间内）试验消火栓和首层取两处消火栓做试射试验，达到设计要求为合格。

检验方法：实地试射检查。

② 一般项目

安装消火栓水龙带，水龙带与水枪和快速接头绑扎好后，应根据箱内构造将水龙带挂放在箱内的挂钉、托盘或支架上。

检验方法：观察检查。

箱式消火栓的安装应符合下列规定：栓口应朝外，并不应安装在门轴侧。栓口中心距地面为 1.1m，允许偏差为 ±20mm。阀门中心距箱侧面为 140mm，距箱后内表面为 100mm，允许偏差为 ±5mm。消火栓箱体安装的垂直度允许偏差为 3mm。

检验方法：观察和尺量检查。

3）给水设备安装

① 主控项目

水泵就位前的基础混凝土强度、坐标、标高、尺寸和螺栓孔位置必须符合设计规定。

检验方法：对照图纸用仪器和尺量检查。

水泵试运转的轴承温升必须符合设备说明书的规定。

检验方法：温度计实测检查。

敞口水箱的满水试验和密闭水箱（罐）的水压试验必须符合设计与规范的规定。

检验方法：满水试验静置 24h 观察，不渗不漏；水压试验在试验压力下 10min 压力不降，不渗不漏。

② 一般项目

水箱支架或底座安装，其尺寸及位置应符合设计规定，埋设平整牢固。水箱溢流管和泄放管应设置在排水地点附近但不得与排水管直接连接。

检验方法：观察检查。

立式水泵的减振装置不应采用弹簧减振器。

检验方法：观察检查。

室内给水设备安装的允许偏差应符合表 7-4 的规定。

室内给水设备安装的允许偏差和检验方法 表 7-4

项次	项目			允许偏差（mm）	检验方法
1	静置设备	坐标		15	经纬仪或拉线、尺量
		标高		±5	用水准仪、拉线和尺量检查
		垂直度（每米）		5	吊线和尺量检查
2	离心式水泵	立式泵体垂直度（每米）		0.1	水平尺和塞尺检查
		卧式泵体水平度（每米）		0.1	水平尺和塞尺检查
		联轴器同心度	轴向倾斜（每米）	0.8	在联轴器互相垂直的四个位置上用水准仪、百分表或测微螺钉和塞尺检查
			径向位移	0.1	

管道及设备保温层的厚度和平整度的允许偏差应符合表 7-5 的规定。

管道及设备保温层的厚度和平整度的允许偏差和检验方法 表 7-5

项次	项目		允许偏差（mm）	检验方法
1	厚度		$+0.1\delta$，-0.05δ	用钢针刺入
2	表面平整度	卷材	5	用 2m 靠尺和楔形塞尺检查
		涂抹	10	

注：δ 为保温层厚度。

4）排水管道及配件安装

① 主控项目

生活污水铸铁管道的坡度必须符合设计或表 7-6 的规定。

生活污水铸铁管道的坡度 表 7-6

项次	管径（mm）	标准坡度（‰）	最小坡度（‰）
1	50	35	25
2	75	25	15
3	100	20	12
4	125	15	10
5	150	10	7
6	200	8	5

检验方法：水平尺、拉线尺量检查。

生活污水塑料管道的坡度必须符合设计或表 7-7 的规定。

生活污水塑料管道的坡度 表 7-7

项次	管径（mm）	标准坡度（‰）	最小坡度（‰）
1	50	25	12
2	75	15	8
3	100	12	6
4	125	10	5
5	160	7	4

检验方法：水平尺、拉线尺量检查。

排水塑料管必须按设计要求及位置装设伸缩节。如设计无要求时，伸缩节间距不得大于 4m。高层建筑中明设排水塑料管道应按设计要求设置阻火圈或防火套管。

检验方法：观察检查。

排水主立管及水平干管管道均应做通球试验，通球球径不小于排水管管径的 2/3，通球率必须达到 100%。

检查方法：通球检查。

② 一般项目

在生活污水管道上设置的检查口或清扫口，当设计无要求时应符合下列规定：

在立管上应每隔一层设置一个检查口，但在最底层和有卫生器具的最高层必须设置。

如两层建筑时，可仅在底层设置立管检查口；如有乙字弯管时，则在该层乙字弯管的上部设置检查口。检查口中心高度距操作地面一般为 1m，允许偏差为 ±20mm；检查口的朝向应便于检修。暗装立管，在检查口处应安装检修门。

在连接 2 个及 2 个以上大便器或 3 个及 3 个以上卫生器具的污水横管上应设置清扫口。

当污水管在楼板下悬吊敷设时，可将清扫口设在上一层楼地面上，污水管起点的清扫口与管道相垂直的墙面距离不得小于 200mm；若污水管起点设置堵头代替清扫口时，与墙面距离不得小于 400mm。

在转角小于135°的污水横管上，应设置检查口或清扫口。污水横管的直线管段，应按设计要求的距离设置检查口或清扫口。

检验方法：观察和尺量检查。

埋在地下或地板下的排水管道的检查口，应设在检查井内。井底表面标高与检查口的法兰相平，井底表面应有5%坡度，坡向检查口。

检验方法：尺量检查。

金属排水管道上的吊钩或卡箍应固定在承重结构上。固定件间距：横管不大于2m；立管不大于3m。楼层高度小于或等于4m，立管可安装1个固定件。立管底部的弯管处应设支墩或采取固定措施。

检验方法：观察和尺量检查。

排水塑料管道支、吊架间距应符合表7-8的规定。

排水塑料管道支、吊架最大间距 表7-8

管径（mm）	50	75	110	125	160
立管（m）	1.2	1.5	2.0	2.0	2.0
横管（m）	0.5	0.75	1.10	1.30	1.6

检验方法：尺量检查。

排水通气管不得与风道或烟道连接，应符合下列规定：

通气管应高出屋面300mm，但必须大于最大积雪厚度。

在通气管出口4m以内有门、窗时，通气管应高出门、窗顶600mm或引向无门、窗一侧。

在经常有人停留的平屋顶上，通气管应高出屋面2m，并应根据防雷要求设置防雷装置。

屋顶有隔热层应从隔热层板面算起。

检验方法：观察和尺量检查。

安装未经消毒处理的医院含菌污水管道，不得与其他排水管道直接连接。

检验方法：观察检查。

饮食业工艺设备引出的排水管及饮用水水箱的溢流管，不得与污水管道直接连接，并应留出不小于100mm的隔断空间。

检验方法：观察和尺量检查。

通向室外的排水管，穿过墙壁或基础必须下返时，应采用45°三通和45°弯头连接，并应在垂直管段顶部设置清扫口。

检验方法：观察和尺量检查。

由室内通向室外排水检查井的排水管，井内引入管应高于排出管或两管顶相平，并有不小于90°的水流转角，如跌落差大于300mm，可不受角度限制。

检验方法：观察和尺量检查。

用于室内排水的水平管道与水平管道、水平管道与立管的连接，应采用45°三通、45°四通和90°斜三通或90°斜四通。立管与排出管端部的连接，应采用两个45°弯头或曲率半径不小于4倍管径的90°弯头。

检验方法：观察和尺量检查。

室内排水和雨水管道安装的允许偏差应符合表7-9的相关规定。

室内排水和雨水管道安装的允许偏差和检验方法　　　　表7-9

项次	项目				允许偏差（mm）	检验方法
1	坐标				15	用水准仪（水平尺）、直尺、拉线和尺量检查
2	标高				±15	
3	横管纵横方向弯曲	铸铁管	每1m		≤1	
			全长（25m以上）		≤25	
		钢管	每1m	管径≤100mm	1	
				管径＞100mm	1.5	
			全长（25mm以上）	管径≤100mm	≤25	
				管径＞100mm	≤308	
		塑料管	每1m		1.5	
			全长（25m以上）		≤38	
		钢筋混凝土管、混凝土管	每1m		3	
			全长（25m以上）		≤75	
4	立管垂直度	铸铁管	每1m		3	吊线和尺量检查
			全长（25m以上）		≤15	
		钢管	每1m		3	
			全长（25m以上）		≤10	
		塑料管	每1m		3	
			全长（25m以上）		≤15	

5）雨水管道及配件安装

① 主控项目

安装在室内的雨水管道安装后应做灌水试验，灌水高度必须到每根立管上部的雨水斗。

检验方法：灌水试验持续1h，不渗不漏。

雨水管道如采用塑料管，其伸缩节安装应符合设计要求。

检验方法：对照图纸检查。

悬吊式雨水管道的敷设坡度不得小于5‰；埋地雨水管道的最小坡度，应符合表7-10的规定。

地下埋设雨水排水管道的最小坡度　　　　表7-10

项次	管径（mm）	最小坡度（‰）
1	50	20
2	75	15
3	100	8
4	125	6

项次	管径（mm）	最小坡度（‰）
5	150	5
6	200～400	4

检验方法：水平尺、拉线尺量检查。

② 一般项目

雨水管道不得与生活污水管道相连接。

检验方法：观察检查。

雨水斗管的连接应固定在屋面承重结构上。雨水斗边缘与屋面相连处应严密不漏。当设计无要求时，连接管管径不得小于100mm。

检验方法：观察和尺量检查。

悬吊式雨水管道的检查口或带法兰堵口的三通的间距不得大于表7-11规定。

悬吊管道检查口间距　　　　　　　　　　　　　　　表 7-11

项次	悬吊管道直径（mm）	检查口间距（m）
1	≤150	≤15
2	≥200	≤20

检验方法：拉线、尺量检查。

雨水管道安装的允许偏差应符合表7-9的规定。

雨水钢管管道焊接的焊口允许偏差应符合表7-12的规定。

钢管管道焊口允许偏差和检验方法　　　　　　　　　　表 7-12

项次	项目			允许偏差	检验方法
1	焊口平直度	管壁厚10mm以内		管壁厚1/4	焊接检验尺和游标卡尺检查
2	焊缝加强面	高度		+1mm	
		宽度			
3	咬边	深度		小于0.5mm	直尺检查
		长度	连续长度	25mm	
			总长度（两侧）	小于焊缝长度的10%	

6）卫生器具安装

① 主控项目

排水栓和地漏的安装应平正、牢固，低于排水表面，周边无渗漏。地漏水封高度不得小于50mm。

检验方法：试水观察检查。

卫生器具交工前应做满水和通水试验。

检验方法：满水后各连接件不渗不漏；通水试验给水、排水畅通。

② 一般项目

卫生器具安装的允许偏差应符合表7-13的规定。

卫生器具安装的允许偏差和检验方法　　　　　表 7-13

项次	项目		允许偏差（mm）	检验方法
1	坐标	单独器具	10	拉线、吊线和尺量检查
		成排器具	5	
2	标高	单独器具	±15	
		成排器具	±10	
3	器具水平度		2	用水平尺和尺量检查
4	器具垂直度		3	吊线和尺量检查

有饰面的浴盆，应留有通向浴盆排水口的检修门。

检验方法：观察检查。

小便槽冲洗管，应采用镀锌钢管或硬质塑料管。冲洗孔应斜向下方安装，冲洗水流同墙面成 45°角。镀锌钢管钻孔后应进行二次镀锌。

检验方法：观察检查。

卫生器具的支、托架必须防腐良好，安装平整、牢固，与器具接触紧密、平稳。

检验方法：观察和手扳检查。

7）卫生器具给水配件安装

① 主控项目

卫生器具给水配件应完好无损伤，接口严密，启闭部分灵活。

检验方法：观察及手扳检查。

② 一般项目

卫生器具给水配件安装标高的允许偏差应符合表 7-14 的规定。

卫生器具给水配件安装标高的允许偏差和检验方法　　　　　表 7-14

项次	项目	允许偏差（mm）	检验方法
1	大便器高、低水箱角阀及截止阀	±10	尺量检查
2	水嘴	±10	
3	淋浴器喷头下沿	±15	
4	浴盆软管淋浴器挂钩	±20	

浴盆软管淋浴器挂钩的高度，如设计无要求，应距地面 1.8m。

检验方法：尺量检查。

8）卫生器具排水管道安装

① 主控项目

与排水横管连接的各卫生器具的受水口和立管均应采取妥善可靠的固定措施；管道与楼板的接合部位应采取牢固可靠的防渗、防漏措施。

检验方法：观察和手扳检查。

连接卫生器具的排水管道接口应紧密不漏，其固定支架、管卡等支撑位置应正确、牢固，与管道的接触应平整。

检验方法：观察及通水检查。

② 一般项目

卫生器具排水管道安装的允许偏差应符合表 7-15 的规定。

卫生器具排水管道安装的允许偏差和检验方法　　　　表 7-15

项次	检查项目		允许偏差（mm）	检验方法
1	横管弯曲度	每 1m 长	2	用水平尺量检查
		横管长度≤10m，全长	<8	
		横管长度>10m，全长	10	
2	卫生器具的排水管口及横支管的纵横坐标	单独器具	10	用尺量检查
		成排器具	5	
3	卫生器具的接口标高	单独器具	±10	用水平尺和尺量检查
		成排器具	±5	

连接卫生器具的排水管管径和最小坡度，如设计无要求时，应符合表 7-16 的规定。

连接卫生器具的排水管管径和最小坡度　　　　表 7-16

项次	卫生器具名称		排水管管径（mm）	管道的最小坡度（%）
1	污水盆（池）		50	25
2	单、双格洗涤盆（池）		50	25
3	洗手盆、洗脸盆		32～50	20
4	浴盆		50	20
5	淋浴盆		50	20
6	大便器	高、低水箱	100	12
		自闭式冲洗阀	100	12
		拉管式冲洗阀	100	12
7	小便器	手动、自闭式冲洗阀	40～50	20
		自动冲洗阀	40～50	20
8	化验盆（无塞）		40～50	25
9	净身器		40～50	20
10	饮水器		20～50	10～20
11	家用洗衣机		50（软管为 30）	

检验方法：用水平尺和尺量检查。

建筑给水、排水及供暖工程的分项工程，应按系统、区域、施工段或楼层等划分。分项工程应划分成若干个检验批进行验收。建筑给水、排水及供暖工程质量验收应符合《建筑给水排水及采暖工程施工质量验收规范》GB 50242—2002 的规定。

（二）建筑供暖系统基础知识

1. 供暖系统的分类及组成

（1）供暖系统的分类

供暖系统按作用范围的大小分为：局部供暖系统、集中供暖系统和区域供暖系统。

供暖系统按使用热介质的种类不同分为：热水供暖系统、蒸汽供暖系统、热风供暖系统。

供暖系统按散热器连接的供回水立管分为：单管系统、双管系统。

（2）供暖系统的组成

供暖系统主要由热源（如锅炉）、供暖管道（室内外供暖管道）和散热设备（各种散热器、辐射板、暖风机等）三部分组成。此外，还有为保证系统正常工作而设置的辅助设备（如膨胀水箱、水泵、排气装置、除污器等）。

2. 供暖系统常用管材、设备及附件

（1）管材

1）金属管材

① 焊接钢管

普通焊接钢管用于输送流体工作压力小于或等于1.0MPa的管路，加厚焊接钢管用于输送工作压力小于或等于1.6MPa的管路。

② 无缝钢管

无缝钢管适用于城镇室外供热管道。一般直径小于或等于50mm时，选用冷拔钢管；直径大于50mm时，选用热轧钢管。

金属管材常用的连接方法有螺纹连接、法兰连接和焊接。

2）非金属管材

在低温热水地面辐射供暖系统中，常用的加热管有铝塑复合管（以XPAP或PAP标记）、聚丁烯管（以PB标记）、交联聚乙烯管（以PE-X标记）、无规共聚聚丙烯管（以PP-R标记）、嵌段共聚聚丙烯管（以PP-B标记）、耐热聚乙烯管（以PE-RT标记）。

3）其他材料

① 绝热材料

绝热材料应采用导热系数小、难燃或不燃并具有足够承载能力的材料，且不宜含有殖菌源，不得有散发异味及可能危害健康的挥发物。常用绝热材料有聚苯乙烯泡沫塑料。

② 发热电缆

发热电缆外径不宜小于6mm。发热电缆的型号和商标应有清晰标志，冷热线接头位置应有明显标志。发热电缆必须有接地屏蔽层，其发热导体宜使用纯金属或金属合金材料。发热电缆的冷热导线接头应安全可靠，并应满足至少50年的非连续正常使用寿命。发热电缆应经国家电线电缆质量监督检验部门检验合格。

（2）设备

1）散热器

散热设备是指通过一定的传热方式，将供热介质携带的热能传给房间，以补偿房间热损失的设备。散热器按材质分为铸铁、钢制和其他散热器；按其结构形式可分为翼型、柱型、管型和板型散热器，按传热方式又可分为对流型和辐射型散热器。

① 钢制散热器

钢制散热器有柱型、板型、扁管型、闭式钢串片型和钢制翅片管型对流散热器等。

② 铝制柱翼状散热器

铝制柱翼状散热器具有耐腐蚀、重量轻、热工性能好、使用寿命长、外形美观

163

的特点。

2）散热器的组对材料

散热器的组对材料有对丝（图 7-3）、汽包垫片（图 7-4）、丝堵（图 7-5）和补芯(图 7-6)。

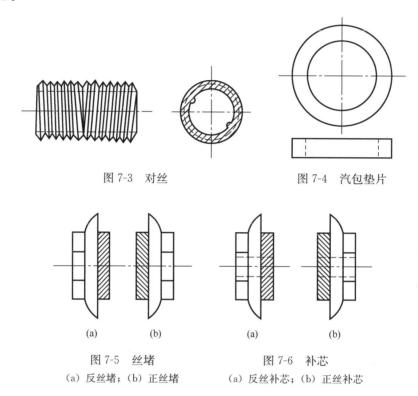

图 7-3　对丝　　　　　　　图 7-4　汽包垫片

图 7-5　丝堵　　　　　　　图 7-6　补芯
（a）反丝堵；（b）正丝堵　　　（a）反丝补芯；（b）正丝补芯

对丝、丝堵和补芯均有正、反丝之分，与散热器连接时，其接口处均使用垫片做密封材料，汽包垫片应使用石棉橡胶垫片、耐热橡胶垫片。柱形散热器如挂装，应用中片组装，如采用落地安装，每组至少 2 个足片，超过 14 片时应用 3 个足片。

3）辅助设备

① 膨胀水箱

膨胀水箱在热水供暖系统中起着容纳系统膨胀水量、排除系统中的空气、为系统补充水量及定压的作用，是热水供暖系统重要的辅助设备之一。

水箱安装应位置正确，端正平稳。膨胀水箱的管路配置情况，如图 7-7 所示。

膨胀水箱配管时，膨胀管、溢流管、循环管上均不得安装阀门。膨胀管应接于系统的回水干管上，并位于循环水泵的吸水口侧。膨胀管、循环管在回水干管上的连接间距应不小于 1.5～2.0m。排污管可与溢流管接通，并一起引向排水管道或附近的排水池槽。当装检查管时，只允许在水泵房的池槽检查点处装阀门，以检查膨胀水箱水位是否已降至最低水位而需补水。膨胀水箱配管时，所有连接管道均应以法兰或活接头与水箱连接，以便拆卸。水箱内外表面均应做防腐。

② 排气装置

热水供暖系统中如内存大量空气，将会导致散热量减少，室温下降，系统内部受到腐

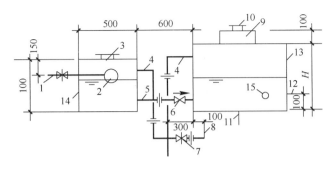

图 7-7　带补给水箱的膨胀水箱配管
1—给水管；2—浮球阀；3—水箱盖；4—溢水管；5—补水管；6—止回阀；7—阀门；
8—排污管；9—人孔；10—人孔盖；11—膨胀管；12—循环管；13—膨胀水箱；
14—补水箱；15—检查管

蚀，使用寿命缩短，形成气塞破坏水循环，造成系统不热等问题的出现，为保证系统的正常运行，必须及时排出空气。因此供暖系统应安装排气装置。

集气罐一般是用直径 $DN100\sim DN250$ 的钢管焊制而成的，分为立式和卧式两种，每种又有两种形式，如图 7-8 所示。从其顶部引出 $DN15$ 的排气管，排气管应引到附近的排水设施处，末端安装阀门。集气罐一般设于热水供暖系统供水干管或干管末端的最高处。

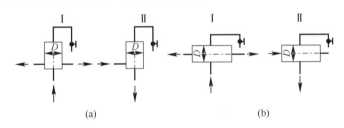

图 7-8　集气罐
（a）立式集气罐；（b）卧式集气罐

自动排气阀大多是依靠对浮体浮力，通过自动阻气和排水机构，使排气孔自动打开或关闭，达到排气的目的。自动排气阀的种类有很多，图 7-9 所示是一种立式自动排气阀。

手动排气阀适用于公称压力 $P\leqslant 600\text{kPa}$，工作温度 $t\leqslant 100℃$ 的热水或蒸汽供暖系统的散热器上，如图 7-10 所示。

③ 除污器

除污器用来截留、过滤管路中的杂质和污物，保证系统内水质洁净，防止管路阻塞。除污器的形式有立式直通、卧式直通和卧式角通三种。安装时除污器不得反装，进出水口处应设阀门。

④ 疏水器

蒸汽疏水器的作用是自动阻止蒸汽逸漏以及迅速地排出用热设备及管道中的凝水，同时能排除系统中积留的空气和其他不凝性气体。

165

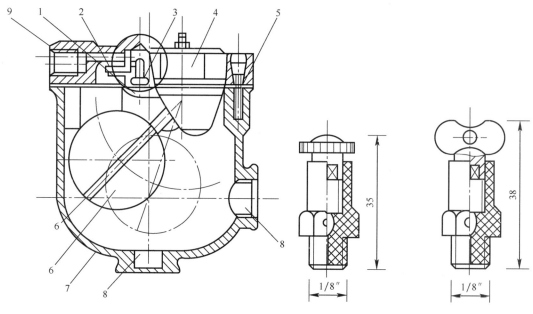

图 7-9　立式自动排气阀　　　　　　　图 7-10　手动排气阀

1—杠杆机构；2—垫片；3—阀堵；4—阀盖；5—垫片；

6—浮子；7—阀体；8—接管；9—排气孔

⑤ 温控与热计量装置

散热器温控阀是由恒温控制器、流量调节阀以及一对连接件组成，如图 7-11 所示。

散热器温控阀应安装在每组散热器的进水管上或分户供暖系统的总入口进水管上；明装散热器恒温阀不应安装在狭小和封闭空间，其恒温阀阀头应水平安装，且不应被散热器、窗帘或其他障碍物遮挡；暗装散热器恒温阀应采用外置式温度传感器，并应安装在空气流通且能正确反映房间温度的位置上。

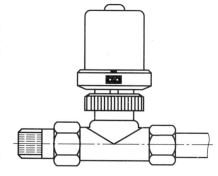

图 7-11　散热器温控阀

进行热量测量与计算，并作为结算热量消耗依据的计量仪器称为热量表（又称为能量计、热表）。

目前，使用较多的热量表是根据管路中的供、回水温度及热水流量，确定仪表的采样时间，进而得出管道供给建筑物的能量。热量表由一个热水流量计、一对温度传感器和一个积算仪三部分组成。

（3）附件

1）补偿器

① 自然补偿器

自然补偿不必特设补偿器，因此布置供热管道时，应尽量利用其自然弯曲的补偿能力，如图 7-12 所示。

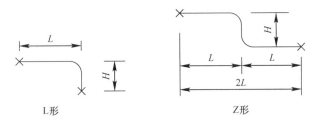

图 7-12　自然补偿器

② 方形补偿器（$H=A+2R$）

方形补偿器在供热管道上应用得最普遍，如图 7-13 所示。

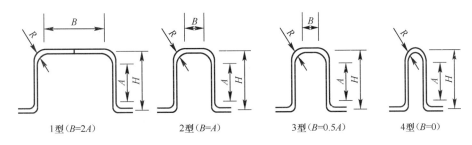

图 7-13　方形补偿器

③ 单向套管补偿器

单向套管补偿器的补偿能力大，一般可达 $250\sim400$mm，如图 7-14 所示。

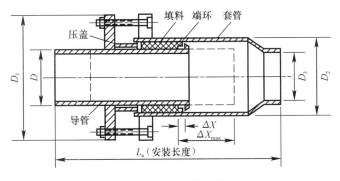

图 7-14　单向套管补偿器

2）减压阀

目前国产减压阀有活塞式、波纹管式及薄膜式等种类。

3. 地面辐射供暖系统分类及组成

（1）分类

地面辐射供暖系统按热媒分为：低温热水地面辐射供暖系统和发热电缆地面辐射供暖系统。

（2）组成

低温热水地面辐射供暖系统材料包括加热管、分水器、集水器及其连接管件和绝热材料等。

发热电缆指以供暖为目的、通电后能够发热的电缆，由冷线、热线和冷热线接头组成，其中热线由发热导线、绝缘层、接地屏蔽层和外保护套等部分组成。

供暖系统及常用管材、设备及附件的选择应符合《民用建筑供暖通风与空气调节设计规范》GB 50736—2012 第 5 章、《工业建筑供暖通风与空气调节设计规范》GB 50019—2015 第 5 章的规定。

4. 室内供暖管道安装及质量验收标准

（1）室内供暖安装的基本技术要求

1）供暖系统节能工程采用的散热设备、阀门、仪表、管材、保温材料等产品进场时，应按设计要求对其类型、材质、规格及外观等进行验收，并应经监理工程师（建设单位代表）检查认可，且应形成相应的验收记录。各产品和设备的质量证明文件和相关技术资料应齐全，并符合国家现行有关标准和规定。

2）供暖系统节能工程采用的散热器和保温材料等进场时，应对其技术性能参数进行复验，复验应为见证取样送检。

3）试压与防腐

散热器组对后，以及整组出厂的散热器在安装前应做水压试验，试验压力如设计无要求时，应为工作压力的 1.5 倍，但不小于 0.6MPa。散热器的除锈刷油可在组对前进行，也可在组对试压合格后进行。一般刷防锈漆两道，面漆一道。待系统整个安装完毕试压合格后，再刷一道面漆。

4）散热器的种类规格和安装片数，必须符合设计要求。散热器的安装位置应正确，一般安装在外窗台下，也可安装于内墙上，但其中心必须与设计安装位置的中心重合，允许偏差为±20mm。

5）散热器组对应平直紧密，组对后的平直度应符合规定。

散热器支架、托架安装，位置应准确，埋设牢固。支架、托架数量，应符合设计或产品说明书要求。如设计未注明时，则应符合相关规范的规定。

散热器背面与装饰后的墙内表面安装距离，应符合设计或产品说明书要求，如设计未注明，应为 30mm。

（2）室内供暖系统安装及质量验收标准

1）管道及配件安装

① 主控项目

管道安装坡度当设计未注明时，应符合下列规定：

气、水同向流动的热水供暖管道和气、水同向流动的蒸汽管道及凝结水管道，坡度应为 3‰，不得小于 2‰，气、水逆向流动的热水供暖管道和气、水逆向流动的蒸汽管道及凝结水管道，坡度不应小于 5‰。

散热器支管的坡度应为 1%，坡向应利于排气和泄水。

检验方法：观察，水平尺、拉线、尺量检查。

补偿器的型号、安装位置及预拉伸和固定支架的构造及安装位置应符合设计要求。

检验方法：对照图纸，现场观察，并查验预拉伸记录。

平衡阀及调节阀型号、规格、公称压力及安装位置应符合设计要求。安装完后应根据系统平衡要求进行调试并做出标志。

检验方法：对照图纸查验产品合格证，并现场查看。

蒸汽减压阀和管道及设备上安全阀的型号、规格，公称压力及安装位置应符合设计要求。安装完毕后应根据系统工作压力进行调试，并做出标志。

检验方法：对照图纸查验产品合格证及调试结果证明书。

方形补偿器制作时，应用整根无缝钢管煨制，如需要接回，其接口应设在垂直臂的中间位置，且接回必须焊接。

检验方法：观察检查。

方形补偿器应水平安装，并与管道的坡度一致；如其臂长方向垂直安装必须设排气及泄水装置。

检验方法：观察检查。

② 一般项目

热量表、疏水器、除污器、过滤器及阀门的型号、规格、公称压力及安装位置应符合设计要求。

检验方法：对照图纸查验产品合格证。

钢管管道焊缝尺寸的允许偏差应符合规范的规定。

供暖系统入口装置及分户热计量系统入户装置，应符合设计要求。安装位置应便于检修、维护和观察。

检验方法：现场观察。

散热器支管长度超过 1.5m 时，应在支管上安装管卡。

检验方法：尺量和观察检查。

上供下回式系统的热水干管变径应顶平偏心连接，蒸汽干管变径应底平偏心连接。

检验方法：观察检查。

在管道干管上焊接垂直或水平分支管道时，干管开孔所产生的钢渣及管壁等废弃物不得残留管内，且分支管道在焊接时不得插入干管内。

检验方法：观察检查。

膨胀水箱的膨胀管及循环管上不得安装阀门。

检验方法：观察检查。

当供暖热媒为 110~130℃ 的高温水时，管道可拆卸件应使用法兰，不得使用长丝和活接头。法兰垫料应使用耐热橡胶板。

检验方法：观察和查验进料单。

焊接钢管管径大于 32mm 的管道转弯，在作为自然补偿时应使用煨弯。塑料管及复合管除必须使用直角弯头的场合外应使用管道直接弯曲转弯。

检验方法：观察检查。

管道、金属支架和设备的防腐和涂漆应附着良好，无脱皮、起泡、流淌和漏涂缺陷。

检验方法：现场观察。

供暖管道安装的允许偏差应符合表 7-17 的规定。

供暖管道安装的允许偏差和检验方法　　　　　　　　表 7-17

项次	项目			允许偏差	检验方法
1	横管道纵、横方向弯曲（mm）	每 1m	管径≤100mm	1	用水平尺、直尺、拉线和尺量检查
			管径＞100mm	1.5	
		全长（25m）以上	管径≤100mm	≤13	
			管径＞100mm	≤25	
2	立管道垂直度（mm）	每 1m		2	吊线和尺量检查
		全长（25m）以上		≤10	
3	弯管	椭圆率 $D_{max}-D_{min}$	管径≤100mm	10%	用外卡钳和尺量检查
		D_{max}	管径＞100mm	8%	
		折皱不平度（mm）	管径≤100mm	4	
			管径＞100mm	5	

注：D_{max}、D_{min} 分别为管子最大外径及最小外径。

2）辅助设备及散热器安装

① 主控项目

散热器组对后，以及整组出厂的散热器在安装之前应做水压试验。试验压力如设计无要求时，应为工作压力的 1.5 倍，但不小于 0.6MPa。

检验方法：试验时间为 2～3min，压力不降且不渗不漏。

水泵、水箱、热交换器等辅助设备安装的质量检验与验收应按给水设备安装相关规定执行。

② 一般项目

散热器组对应平直紧密，组对后的平直度应符合表 7-18 的规定。

组对后的散热器平直度允许偏差　　　　　　　　表 7-18

项次	散热器类型	片数	允许偏差（mm）
1	长翼型	2～4	4
		5～7	6
2	铸铁片式	3～15	4
	钢制片式	16～25	6

检验方法：拉线和尺量。

组对散热器的垫片应符合下列规定：

组对散热器垫片应使用成品，组对后垫片外露不应大于 1mm。

散热器垫片材质当设计无要求时，应采用耐热橡胶。

检验方法：观察和尺量检查。

散热器支架、托架安装，位置应准确，埋设牢固。散热器支架、托架数量，应符合设计或产品说明书要求。如设计未注明时，则应符合表 7-19 的规定。

检验方法：现场清点检查。

散热器背面与装饰后的墙内表面安装距离，应符合设计或产品说明书要求。如设计未注明，应为 30mm。

散热器、托架数量 表 7-19

项次	散热器形式	安装方式	每组片数	上部托钩或卡架数	下部托钩或卡架数	合计
1	长翼形	挂墙	2~4	1	2	3
			5	2	2	4
			6	2	3	5
			7	2	4	6
2	柱形、翼形	挂墙	3~8	1	2	3
			9~12	1	3	4
			13~16	2	4	6
			17~20	2	5	7
			21~25	2	6	8
3	柱形、翼形	带足落地	3~8	1	—	1
			8~12	1	—	1
			13~16	2	—	2
			17~20	2	—	2
			21~25	2	—	2

检验方法：尺量检查。

散热器安装允许偏差应符合表 7-20 的规定。

散热器安装允许偏差 表 7-20

项次	项目	允许偏差（mm）	检验方法
1	散热器背面与墙内表面距离	3	尺量
2	与窗中心线或设计定位尺寸	20	
3	散热器垂直度	3	吊线和尺量

铸铁或钢制散热器表面的防腐及面漆应附着良好，色泽均匀，无脱落、起泡、流淌和漏涂缺陷。

检验方法：现场观察。

3）金属辐射板安装

主控项目：

辐射板在安装前应做水压试验，如设计无要求时，试验压力应为工作压力的 1.5 倍，但不得小于 0.6MPa。

检验方法：试验压力下 2~3min 压力不降且不渗不漏为合格。

水平安装的辐射板应有不小于 5‰ 的坡度，坡向回水管。

检验方法：水平尺、拉线和尺量检查。

辐射板管道及带状辐射板之间的连接，应使用法兰连接。

检验方法：观察检查。

4）低温热水地板辐射供暖系统安装

① 主控项目

地面下敷设的盘管埋地部分不应有接头。

检验方法：隐蔽前现场查看。

171

盘管隐蔽前必须进行水压试验,试验压力为工作压力的 1.5 倍,但不小于 0.6MPa。

检验方法:稳压 1h 内压力降不大于 0.05MPa 且不渗不漏。

加热盘管弯曲部分不得出现硬折弯现象,曲率半径应符合下列规定:

塑料管:不应小于管道外径的 8 倍。

复合管:不应小于管道外径的 5 倍。

检验方法:尺量检查。

② 一般项目

分、集水器型号、规格、公称压力及安装位置、高度等应符合设计要求。

检验方法:对照图纸及产品说明书,尺量检查。

加热盘管管径、间距和长度应符合设计要求。间距偏差不大于±10mm。

检验方法:拉线和尺量检查。

防潮层、防水层、隔热层及伸缩缝应符合设计要求。

检验方法:填充层浇灌前观察检查。

填充层强度等级应符合设计要求。

检验方法:做试块抗压试验。

5)系统水压试验及调试

主控项目:

供暖系统安装完毕,管道保温之前应进行水压试验。试验压力应符合设计要求。当设计未注明时,应符合下列规定:

蒸汽、热水供暖系统,应以系统顶点工作压力加 0.1MPa 做水压试验,同时在系统顶点的试验压力不小于 0.3MPa。

高温热水供暖系统,试验压力应为系统顶点工作压力加 0.4MPa。

使用塑料管及复合管的热水供暖系统,应以系统顶点工作压力加 0.2MPa 做水压试验,同时在系统顶点的试验压力不小于 0.4MPa。

检验方法:使用钢管及复合管的供暖系统应在试验压力下 10min 内压力降不大于 0.02MPa,降至工作压力后检查,不渗、不漏;使用塑料管的供暖系统应在试验压力下 1h 内压力降不大于 0.05MPa,然后降压至工作压力的 1.15 倍,稳压 2h,压力降不大于 0.03MPa,同时各连接处不渗、不漏。

系统试压合格后,应对系统进行冲洗并清扫过滤器及除污器。

检验方法:现场观察,直至排出水不含泥砂、铁屑等杂质,且水色不浑浊为合格。

系统冲洗完毕应充水、加热,进行试运行和调试。

检验方法:观察、测量室温应满足设计要求。

(3)供暖系统节能工程质量验收标准

1)主控项目

① 供暖系统节能工程采用的散热设备、阀门、仪表、管材、保温材料等产品进场时,应按设计要求对其类型、材质、规格及外观等进行验收,并应经监理工程师(建设单位代表)检查认可,且形成相应的验收记录。各种产品和设备的质量证明文件和相关技术资料应齐全,并应符合国家现行有关标准和规定。

检验方法:观察检查;核查质量证明文件和相关技术资料。

检查数量：全数检查。

② 供暖系统节能工程采用的散热器和保温材料等进场时，应对其下列技术性能参数进行复验，复验应为见证取样送检：散热器的单位散热量、金属热强度；保温材料的导热系数、密度、吸水率。

检验方法：现场随机抽样送检；核查复验报告。

检查数量：同一厂家同一规格的散热器按其数量的1%进行见证取样送检，但不得少于2组；同一厂家同材质的保温材料见证取样送检的次数不得少于2次。

③ 供暖系统的安装应符合下列规定：

供暖系统的制式，应符合设计要求。

散热设备、阀门、过滤器、温度计及仪表应按设计要求安装齐全，不得随意增减和更换。

室内温度调控装置、热计量装置、水力平衡装置以及热力入口装置的安装位置和方向应符合设计要求，并便于观察、操作和调试。

温度调控装置和热计量装置安装后，供暖系统应能实现设计要求的分室（区）温度调控、分栋热计量和分户或分室（区）热量分摊的功能。

检验方法：观察检查。

检查数量：全数检查。

④ 散热器及其安装应符合下列规定：

每组散热器的规格、数量及安装方式应符合设计要求。

散热器外表面应刷非金属性涂料。

检验方法：观察检查。

检查数量：按散热器组数抽查5%，不得少于5组。

⑤ 散热器恒温阀及其安装应符合下列规定：

恒温阀的规格、数量应符合设计要求。

明装散热器恒温阀不应安装在狭小和封闭空间，其恒温阀阀头应水平安装，且不应被散热器、窗帘或其他障碍物遮挡。

暗装散热器的恒温阀应采用外置式温度传感器，并应安装在空气流通且能正确反映房间温度的位置上。

检验方法：观察检查。

检查数量：按总数抽查5%，不得少于5个。

⑥ 地温热水地面辐射供暖系统的安装除了应符合第③条的规定外，尚应符合下列规定：

防潮层和绝热层的做法及绝热层的厚度应符合设计要求。

室内温控装置的传感器应安装在避开阳光直射和有发热设备且距地1.4m处的内墙面上。

检验方法：防潮层和绝热层隐蔽前观察检查；用钢针刺入绝热层、尺量；观察检查、尺量室内温控装置传感器的安装高度。

检查数量：防潮层和绝热层按检验批抽查5处，每处检查不少于5点；温控装置按每个检验批抽查10个。

⑦ 供暖系统热力入口装置的安装应符合下列规定：

热力入口装置中各种部件的规格、数量，应符合设计要求。

热计量装置、过滤器、压力表、温度计的安装位置、方向应正确，并便于观察、维护。

水力平衡装置及各类阀门的安装位置、方向应正确，并便于操作和调试。安装完毕后，应根据系统水力平衡要求进行调试并做出标志。

检验方法：观察检查；核查进场验收记录和调试报告。

检查数量：全数检查。

⑧ 供暖管道保温层和防潮层的施工应符合下列规定：

保温层应采用不燃或难燃材料，其材质、规格及厚度等应符合设计要求。

保温管壳的粘贴应牢固、铺设应平整。硬质或半硬质的保温管壳每节至少应用防腐金属丝或难腐织带或专用胶带进行捆扎或粘贴 2 道，其间距为 300～350mm，且捆扎、粘贴应紧密，无滑动、松弛及断裂现象。

硬质或半硬质保温管壳的拼接缝隙不应大于 5mm，并用粘结材料勾缝填满。纵缝应错开，外层的水平接缝应设在侧下方。

松散或软质保温材料应按规定的密度压缩其体积，疏密应均匀。毡类材料在管道上包扎时，搭接处不应有空隙。

防潮层应紧密粘贴在保温层上，封闭良好，不得有虚粘、气泡、皱褶、裂缝等缺陷。

防潮层的立管应由管道的低端向高端敷设，环向搭接缝应朝向低端。纵向搭接缝应位于管道的侧面，并顺水。

卷材防潮层采用螺旋形缠绕的方式施工时，卷材的搭接宽度宜为 30～50mm。

阀门及法兰部位的保温层结构应严密，且能单独拆卸并不得影响其操作功能。

检验方法：观察检查；用钢针刺入保温层、尺量。

检查数量：按数量抽查 10%，且保温层不得少于 10 段、防潮层不得少于 10m、阀门等配件不得少于 5 个。

⑨ 供暖系统应随施工进度对与节能有关的隐蔽部位或内容进行验收，并应有详细的文字记录和必要的图像资料。

检验方法：观察检查；核查隐蔽工程验收记录。

检查数量：全数检查。

⑩ 供暖系统安装完毕后，应在供暖期内与热源进行联合试运转和调试。联合试运转和调试结果应符合设计要求，供暖房间温度相对于设计计算温度不得低于 2℃，且不高于 1℃。

检验方法：检查室内供暖系统试运转和调试记录。

检查数量：全数检查。

2）一般项目

供暖系统过滤器等配件的保温层应密实、无空隙，且不得影响其操作功能。

检验方法：观察检查。

检查数量：按类别数量抽查 10%，且不得少于 2 件。

建筑给水、排水及供暖工程的分项工程，应按系统、区域、施工段或楼层等划分。分项工程应划分成若干个检验批进行验收。建筑给水、排水及供暖工程质量验收应符合《建筑给水排水及采暖工程施工质量验收规范》GB 50242—2002 的规定。

（三）建筑通风与空调系统基础知识

1. 通风空调系统的分类及组成

（1）分类

通风系统：按通风系统的作用范围不同可分为局部通风和全面通风；按通风系统的工作动力不同可分为自然通风和机械通风两种。

空调系统：按其空气处理设备设置的情况可分为集中式空调、分散式空调和半集中式空调三种类型。

（2）组成

局部通风系统的组成如图 7-15 所示，机械通风系统组成如图 7-16 所示。

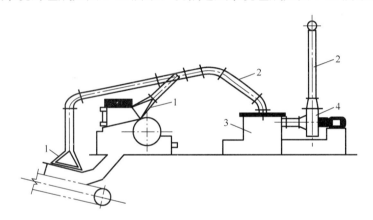

图 7-15　局部通风系统示意

1—局部排风罩；2—风管；3—净化设备；4—风机

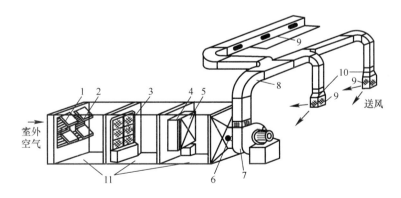

图 7-16　机械通风系统示意

1—百叶窗；2—保温阀；3—过滤器；4—旁通阀；5—空气加热器；6—启动阀；
7—通风机；8—通风管网；9—出风口；10—调节阀；11—送风室

空气调节系统是由冷热源、空气处理设备、空气输送管网、室内空气分配装置及调节控制设备等部分组成。

2. 通风与空调系统常用板材、管材、管件

（1）常用风管的材料

1）金属薄板

① 普通薄钢板

普通薄钢板由碳素软钢经热轧或冷轧制成。冷轧钢板号一般为 Q195、Q215 和 Q235，有板材和卷材，常用厚度为 0.5～2mm，板材的规格为 750mm×1800mm、900mm×1800mm 和 1000mm×2000mm 等。

② 镀锌薄钢板

镀锌薄钢板是用普通薄钢板表面镀锌制成，俗称"白铁皮"。常用的厚度为 0.5～1.5mm，其规格尺寸与普通薄钢板相同。

③ 塑料复合钢板

塑料复合钢板是在 Q215、Q235 钢板表面上喷涂一层厚度为 0.2～0.4mm 的软质或半软质聚氯乙烯塑料膜制成，有单面覆层和双面覆层两种。

④ 不锈钢板

耐大气腐蚀的镍铬钢叫不锈钢。按其金相组织可分为铁素体钢（Cr13 型）和奥氏体钢（18-8 型）。18-8 型不锈钢中含碳 0.14% 以下，含铬（Cr）18%，含镍（Ni）8%。

⑤ 铝及铝合金板

使用铝板制作风管，一般以纯铝为主。

2）非金属材料

① 硬聚氯乙烯塑料板

硬聚氯乙烯塑料（硬 PVC）板是由聚氯乙烯树脂加入稳定剂、增塑剂、填料、着色剂及润滑剂等压制（或压铸）而成。硬聚氯乙烯板表面应平整，无伤痕，不得含有气泡，厚薄均匀，无离层现象。

② 玻璃钢（玻璃纤维增强塑料）

玻璃钢是以玻璃纤维制品（如玻璃布）为增强材料，以树脂为胶粘剂，经过一定的成型工艺制作而成的一种轻质高强度的复合材料。

3）辅助材料

① 垫料

垫料主要用于风管之间、风管与设备之间的连接，用以保证接口的密封性。

法兰垫料应为不招尘、不易老化、具有一定强度和弹性的材料。厚度为 5～8mm 的垫料有橡胶板、石棉橡胶板、石棉绳、软聚氯乙烯板等。

② 紧固件

紧固件是指螺栓、螺母、铆钉、垫圈等。

4）其他材料

通风空调工程中还常用到一些辅助性消耗材料，如氧气、乙炔、煤气、焊条、锯条、水泥、木块等。

（2）常用保温材料

常用保温材料：珍珠岩类、蛭石类、硅藻土类、泡沫混凝土类、软木类、石棉类、玻璃纤维类、泡沫塑料类、矿渣棉类、岩棉类。

（3）常用防腐涂料

涂料的分类见《涂料产品分类和命名》GB/T 2705—2003，其中工业涂料中的防腐涂料分类见表7-21，其他常用防腐涂料有防锈漆、底漆、沥青漆、面漆等。辅助材料按不同用途分为6类，见表7-22。

防腐涂料的分类　　　　　　　　　　　　　　　　　　　　表7-21

序号	防腐涂料类型	主要成膜物类型
1	桥梁涂料	聚氨酯、丙烯酸酯类、环氧、醇酸、酚醛、氧化橡胶、乙烯类、沥青、有机硅、氟碳等树脂
2	集装箱涂料	
3	专用埋地管道涂料及设施涂料	
4	耐高温涂料	
5	其他防腐涂料	

辅助材料分类　　　　　　　　　　　　　　　　　　　　表7-22

序号	主要品种	序号	主要品种
1	稀释剂	4	脱漆剂
2	防潮剂	5	固化剂
3	催干剂	6	其他辅助材料

（4）常用风管管件

常用风管管件的类型有弯头、三通、来回弯、法兰盘、阀门、送风口、回风口、柔性短管等。

3. 高层建筑防烟排烟

（1）防火分区和防烟分区

高层建筑中，防火分区与防烟分区的划分是极其重要的。在高层建筑设计时，将建筑平面和空间划分为若干个防火分区与防烟分区，一旦起火，可将火势控制在起火分区并加以扑灭，同时，对防烟分区进行隔断以控制烟气的流动和蔓延。因此首先要了解建筑的防火分区与防烟分区。

1）防火分区

防火分区的划分通常在建筑构造设计阶段完成。防火分区之间用防火墙、防火卷帘和耐火楼板进行隔断。高层建筑通常在竖向以每层划分防火分区，以楼板作为隔断。

2）防烟分区

防烟分区的划分通常也由建筑专业在建筑构造阶段完成，但由于防烟分区与暖通专业的防排烟设计关系紧密，设计者应根据防排烟设计方案提出意见。防烟分区应在防火分区内划分，其间用隔墙、挡烟垂壁等进行分隔，每个防烟分区建筑面积不宜超过 $500m^2$。

（2）建筑物的防排烟

为保证建筑内部人员安全进入防烟楼梯间，应在走廊和房间设置排烟设施。排烟设施分为机械排烟设施和可开启外窗的自然排烟设施。另外，高度在 100m 以上的建筑物由于人员疏散比较困难，因此还应设有避难层或避难间，对其应设置防烟设施。

1) 防烟设施

防烟设施应采用可开启外窗的自然排烟设施或机械加压送风设施。如能满足要求，应优先考虑采用自然排烟，其次，再考虑采用机械加压送风。

2) 排烟设施

排烟设施应采用可开启外窗的自然排烟设施或机械排烟设施。如果能够满足要求，应优先考虑采用自然排烟，然后再考虑采用机械排烟。

通风与空气调节系统及常用管材、设备及附件的选择应符合《民用建筑供暖通风与空气调节设计规范》GB 50736—2012 第 6、7 章及《工业建筑供暖通风与空气调节设计规范》GB 50019—2015 第 6、7 章的规定。

(3) 防排烟装置

1) 风机

机械加压送风输送的是室外新鲜空气，而排烟风机输送的是高温烟气，因此对风机的要求是不同的。

机械加压送风可采用轴流风机或中、低压离心式风机；排烟风机可采用排烟轴流风机或离心风机，并应在入口处设有当烟气温度达到 280℃ 时能自行关闭的排烟防火阀。同时，排烟风机应保证在 280℃ 时能连续工作 30min。

2) 防排烟阀门

用于防火防排烟的阀门种类很多，根据功能主要分为防火阀、正压送风口和排烟阀三大类。

4. 通风空调系统管道安装质量验收

(1) 通风空调管道的安装技术要求

1) 法兰与风管的装配：法兰与风管装配连接形式有翻边、翻边铆接和焊接三种。

2) 风管支、吊架的安装：支、吊架是风管系统的重要附件，起着控制风管位置、保证管道的平直度和坡度、承受风管荷载的作用。

3) 风管的安装：风管的安装有组合连接和吊装两部分。

4) 通风空调工程中常用的阀门有：插板阀（包括平插阀、斜插阀和密闭阀等）、蝶阀、多叶调节阀（平行式、对开式）、离心式风机圆形瓣式启动阀、防火阀、止回阀等。阀门产品制作均应符合国家标准。

5) 风管系统安装后，必须进行严密性检验，合格后方能交付下道工序。风管系统严密性检验以主、干管为主。在加工工艺得到保证的前提下，低压风管系统可采用漏光法检测。风管系统吊、支架采用膨胀螺栓等胀锚方法固定时，必须符合其相应技术文件的规定。

(2) 通风与空调风管系统安装质量验收标准

1) 主控项目

① 在风管穿过需要封闭的防火、防爆的墙体或楼板时，应设预埋管或防护套管，其钢板厚度不应小于 1.6mm。风管与防护套管之间，应用不燃且对人体无危害的柔性材料

封堵。

检验方法：尺量、观察检查。

检查数量：按数量抽查20％，不得少于1个系统。

② 风管安装必须符合下列规定：

风管内严禁其他管线穿越。

输送含有易燃、易爆气体或安装在易燃、易爆环境的风管系统应有良好的接地，通过生活区或其他辅助生产房间时必须严密，并不得设置接口。

③ 室外立管的固定拉索严禁拉在避雷针或避雷网上。

检验方法：手扳、尺量、观察检查。

检查数量：按数量抽查20％，不得少于1个系统。

④ 输送空气温度高于80℃的风管，应按设计规定采取防护措施。

检验方法：观察检查。

检查数量：按数量抽查20％，不得少于1个系统。

⑤ 风管部件安装必须符合下列规定：

各类风管部件及操作机构的安装，应能保证其正常的使用功能，并便于操作。

斜插板风阀的安装，阀板必须为向上拉启。水平安装时，阀板还应为顺气流方向插入。

止回风阀、自动排气阀门的安装方向应正确。

检验方法：尺量、观察检查，动作试验。

检查数量：按数量抽查20％，不得少于5件。

⑥ 防火阀、排烟阀（口）的安装方向、位置应正确。防火分区隔墙两侧的防火阀，距墙表面不应大于200mm。

检验方法：尺量、观察检查，动作试验。

检查数量：按数量抽查20％，不得少于5件。

⑦ 净化空调系统风管的安装还应符合下列规定：

风管、静压箱及其他部件，必须擦拭干净，做到无油污和浮尘。当施工停顿或完毕时，端口应封好。

法兰垫料应为不产尘、不易老化、具有一定强度和弹性的材料，厚度为5～8mm，不得采用乳胶海绵。法兰垫片应尽量减少拼接，并不允许直缝对接连接，严禁在垫料表面涂料。

风管与洁净室吊顶、隔墙等围护结构的接缝处应严密。

检验方法：观察、用白绸布擦拭。

检查数量：按数量抽查20％，不得少于1个系统。

⑧ 集中式真空吸尘系统的安装应符合下列规定：

真空吸尘系统弯管的曲率半径不应小于4倍管径，弯管的内壁面应光滑，不得采用褶皱弯管。

真空吸尘系统三通的夹角不得大于45°，四通制作应采用两个斜三通的做法。

检验方法：尺量、观察检查。

检查数量：按数量抽查20％，不得少于2件。

⑨ 风管系统安装完毕后，应按系统类别进行严密性检验，漏风量应符合设计与规范的规定。风管系统的严密性检验，应符合下列规定：

低压系统风管的严密性检验应采用抽检，抽检率为 5%，且不得少于 1 个系统。在加工工艺得到保证的前提下，采用漏光法检测。检测不合格时，应按规定的抽检率做漏风量测试。

中压系统风管的严密性检验，应在漏光法检测合格后，对系统漏风量测试进行抽检，抽检率为 20%，且不得少于 1 个系统。高压系统风管的严密性检验，为全数进行漏风量测试。

系统风管严密性检验的被抽检系统，应全数合格，则视为通过。如有不合格时，则应再加倍抽检，直至全数合格。

净化空调系统风管的严密性检验，1~5 级的系统按高压系统风管的规定执行，6~9级的系统按规范的规定执行。

检验方法：按规范的规定进行严密性测试。

检查数量：按条文中的规定。

⑩ 手动密闭阀安装，阀门上标志的箭头方向必须与受冲击波方向一致。

检验方法：观察、核对检查。

检查数量：全数检查。

2）一般项目

① 风管的安装应符合下列规定：

风管安装前，应清除内、外杂物，并做好清洁和保护工作。

风管安装的位置、标高、走向，应符合设计要求。现场风管接口的配置，不得缩小其有效截面。

连接法兰的螺栓应均匀拧紧，其螺母宜在同一侧。

风管接口的连接应严密、牢固。风管法兰的垫片材质应符合系统功能的要求，厚度不应小于 3mm。垫片不应凸入管内，亦不宜凸出法兰外。

柔性短管的安装，应松紧适度，无明显扭曲。

可伸缩性金属或非金属软风管的长度不宜超过 2m，并不应有死弯或塌凹。

风管与砖、混凝土风道的连接接口，应顺着气流方向插入，并应采取密封措施。风管穿出屋面处应设有防雨装置。

不锈钢板、铝板风管与碳素钢支架的接触处，应有隔绝或防腐绝缘措施。

检验方法：尺量、观察检查。

检查数量：按数量抽查 10%，不得少于 1 个系统。

② 无法兰连接风管的安装还应符合下列规定：

风管的连接处，应完整无缺损、表面应平整，无明显扭曲。

承插式风管的四周缝隙应一致，无明显的弯曲或褶皱；内涂的密封胶应完整，外粘的密封胶带，应粘贴牢固、完整无缺损。

薄钢板法兰形式风管的连接，弹性插条、弹簧夹或紧固螺栓的间隔不应大于 150mm，且分布均匀，无松动现象。

插条连接的矩形风管，连接后的板面应平整、无明显弯曲。

检验方法：尺量、观察检查。

检查数量：按数量抽查 10％，不得少于 1 个系统。

③ 风管的连接应平直、不扭曲。明装风管水平安装，水平度的允许偏差为 3/1000，总偏差不应大于 20mm。明装风管垂直安装，垂直度的允许偏差为 2/1000，总偏差不应大于 20mm。暗装风管的位置，应正确、无明显偏差。除尘系统的风管，宜垂直或倾斜敷设，与水平夹角宜大于或等于 45°，小坡度和水平管应尽量短。对含有凝结水或其他液体的风管，坡度应符合设计要求，并在最低处设排液装置。

检验方法：尺量、观察检查。

检查数量：按数量抽查 10％，但不得少于 1 个系统。

④ 风管支、吊架的安装应符合下列规定：

风管水平安装，直径或长边尺寸小于或等于 400mm，间距不应大于 4m；大于 400mm 的，间距不应大于 3m。螺旋风管的支、吊架间距可分别延长至 5m 和 3.75m。对于薄钢板法兰的风管，其支、吊架间距不应大于 3m。

风管垂直安装，间距不应大于 4m，单根直管至少应有 2 个固定点。

风管支、吊架宜按国标图集与规范选用强度和刚度相适应的形式和规格。对于直径或边长大于 2500mm 的超宽、超重等特殊风管的支、吊架应按设计规定。

支、吊架不宜设置在风口、阀门、检查门及自控机构处，离风口或插接管的距离不宜小于 200mm。

当水平悬吊的主、干风管长度超过 20m 时，应设置防止摆动的固定点，每个系统不应少于 1 个。

吊架的螺孔应采用机械加工。吊杆应平直，螺纹完整、光洁。安装后各副支、吊架的受力应均匀，无明显变形。

风管或空调设备使用的可调隔振支、吊架的拉伸或压缩量应按设计的要求进行调整。

抱箍支架，折角应平直，抱箍应紧贴并箍紧风管。安装在支架上的圆形风管应设托座和抱箍，其圆弧应均匀，且与风管外径相一致。

检验方法：尺量、观察检查。

检查数量：按数量抽查 10％，不得少于 1 个系统。

⑤ 非金属风管的安装还应符合下列的规定：

风管连接两法兰端面应平行、严密，法兰螺栓两侧应加镀锌垫圈。

应适当增加支、吊架与水平风管的接触面积。

硬聚氯乙烯风管的直段连续长度大于 20m，应按设计要求设置伸缩节。支管的重量不得由干管来承受，必须自行设置支、吊架。

风管垂直安装，支架间距不应大于 3m。

检验方法：尺量、观察检查。

检查数量：按数量抽查 10％，不得少于 1 个系统。

⑥ 复合材料风管的安装还应符合下列规定：

复合材料风管的连接处，接缝应牢固，无孔洞和开裂。当采用插接连接时，接口应匹配、无松动，端口缝隙不应大于 5mm。

采用法兰连接时，应有防冷桥的措施。

支、吊架的安装宜按产品标准的规定执行。

检验方法:尺量、观察检查。

检查数量:按数量抽查 10%,但不得少于 1 个系统。

⑦ 集中式真空吸尘系统的安装应符合下列规定:

吸尘管道的坡度宜为 5‰,并坡向立管或吸尘点。

吸尘嘴与管道的连接,应牢固、严密。

检验方法:尺量、观察检查。

检查数量:按数量抽查 20%,不得少于 5 件。

⑧ 各类风阀应安装在便于操作及检修的部位,安装后的手动或电动操作装置应灵活、可靠,阀板关闭应保持严密。防火阀直径或长边尺寸大于或等于 630mm 时,宜设独立支、吊架。排烟阀(排烟口)及手控装置(包括预埋套管)的位置应符合设计要求。预埋套管不得有死弯及瘪陷。除尘系统吸入管段的调节阀,宜安装在垂直管段上。

检验方法:尺量、观察检查。

检查数量:按数量抽查 10%,不得少于 5 件。

⑨ 风帽安装必须牢固,连接风管与屋面或墙面的交接处不应渗水。

检验方法:尺量、观察检查。

检查数量:按数量抽查 10%,不得少于 5 件。

⑩ 排、吸风罩的安装位置应正确,排列整齐,牢固可靠。

检验方法:尺量、观察检查。

检查数量:按数量抽查 10%,不得少于 5 件。

⑪ 风口与风管的连接应严密、牢固,与装饰面相紧贴;表面平整、不变形,调节灵活、可靠。条形风口的安装,接缝处应衔接自然,无明显缝隙。同一厅室、房间内的相同风口的安装高度应一致,排列应整齐。明装无吊顶的风口,安装位置和标高偏差不应大于 10mm。风口水平安装,水平度的偏差不应大于 3‰。风口垂直安装,垂直度的偏差不应大于 2‰。

检验方法:尺量、观察检查。

检查数量:按数量抽查 10%,不得少于 1 个系统或不少于 5 件和 2 个房间的风口。

⑫ 净化空调系统风口安装还应符合下列规定:

风口安装前应清扫干净,其边框与建筑顶棚或墙面间的接缝处应加设密封垫料或密封胶,不应漏风。

带高效过滤器的送风口,应采用可分别调节高度的吊杆。

检验方法:尺量、观察检查。

检查数量:按数量抽查 20%,不得少于 1 个系统或不少于 5 件和 2 个房间的风口。

(3)通风与空调节能工程质量验收标准

1)主控项目

① 通风与空调系统节能工程所使用的设备、管道、阀门、仪表、绝热材料等产品进场时,应按设计要求对其类型、材质、规格及外观等进行验收,并应对下列产品的技术性能参数进行核查。验收与核查的结果应经监理工程师(建设单位代表)检查认可,并形成相应的验收、核查记录。各种产品和设备的质量证明文件和相关技术资料应齐全,并应符合有关国家现行标准和规定:

组合式空调机组、柜式空调机组、新风机组、单元式空调机组、热回收装置等设备的冷量、热量、风量、风压、功率及额定热回收效率。

风机的风量、风压、功率及其单位风量耗功率。

成品风管的技术性能参数。

自控阀门与仪表的技术性能参数。

检验方法：观察检查；技术资料和性能检测报告等质量证明文件与实物核对。

检查数量：全数检查。

② 风机盘管机组和绝热材料进场时，应对其下列技术性能参数进行复验，复验应为见证取样送检：

风机盘管机组的供冷量、供热量、风量、出口静压、噪声及功率。

绝热材料的导热系数、密度、吸水率。

检验方法：现场随机抽样送检；核查复验报告。

检查数量：同一厂家的风机盘管机组按数量复验 2%，但不得少于 2 台；同一厂家同材质的绝热材料复验次数不得少于 2 次。

③ 通风与空调节能工程中的送、排风系统及空调风系统、空调水系统的安装，应符合下列规定：

各系统的制式，应符合设计要求。

各种设备、自控阀门与仪表应按设计要求安装齐全，不得随意增减和更换。

水系统各分支管路水力平衡装置、温控装置与仪表的安装位置、方向应符合设计要求，并便于观察、操作和调试。

空调系统应能实现设计要求的分室（区）温度调控功能。对设计要求分栋、分区或分户（室）冷、热计量的建筑物，空调系统应能实现相应的计量功能。

检验方法：观察检查。

检查数量：全数检查。

④ 风管的制作与安装应符合下列规定：

风管的材质、断面尺寸及厚度应符合设计要求。

风管与部件、风管与土建及风管间的连接应严密、牢固。

风管的严密性及风管系统的严密性检验和漏风量，应符合设计要求或现行国家标准《通风与空调工程施工质量验收规范》GB 50243—2016 的有关规定。

需要绝热的风管与金属支架的接触处、复合风管及需要绝热的非金属风管的连接和内部支撑加固等处，应有防热桥的措施，并应符合设计要求。

检验方法：观察、尺量检查；核查风管及风管系统严密性检验记录。

检查数量：按数量抽查 10%，且不得少于 1 个系统。

⑤ 组合式空调机组、柜式空调机组、新风机组、单元式空调机组的安装应符合下列规定：

各种空调机组的规格、数量应符合设计要求。

安装位置和方向应正确，且与风管、送风静压箱、回风箱的连接应严密可靠。

现场组装的组合式空调机组各功能段之间连接应严密，并应做漏风量的检测，其漏风量应符合现行国家标准《组合式空调机组》GB/T 14294—2008 的规定。

183

机组内的空气热交换器翅片和空气过滤器应清洁、完好，且安装位置和方向必须正确，并便于维护和清理。当设计未注明过滤器的阻力时，应满足粗效过滤器的初阻力≤50Pa（粒径≥5.0μm，效率：80%＞E≥20%）；中效过滤器的初阻力≤80Pa（粒径≥1.0μm，效率：70%＞E≥20%）的要求。

检验方法：观察检查；核查漏风量测试记录。

检查数量：按同类产品的数量抽查20%，且不得少于1台。

⑥ 风机盘管机组的安装应符合下列规定：

规格、数量应符合设计要求。

位置、高度、方向应正确，并便于维护、保养。

机组与风管、回风箱及风口的连接应严密、可靠。

空气过滤器的安装应便于拆卸和清理。

检验方法：观察检查。

检查数量：按总数抽查10%，且不得少于5台。

⑦ 通风与空调系统中风机的安装应符合下列规定：

规格、数量应符合设计要求；

安装位置及进、出口方向应正确，与风管的连接应严密、可靠。

检验方法：观察检查。

检查数量：全数检查。

⑧ 带热回收功能的双向换气装置和集中排风系统中的排风热回收装置的安装应符合下列规定：

规格、数量及安装位置应符合设计要求。

进、排风管的连接应正确、严密、可靠。

室外进、排风口的安装位置、高度及水平距离应符合设计要求。

检验方法：观察检查。

检查数量：按总数抽检20%，且不得少于1台。

⑨ 空调机组回水管上的电动两通调节阀、风机盘管机组回水管上的电动两通（调节）阀、空调冷热水系统中的水力平衡阀、冷（热）量计量装置等自控阀门与仪表的安装应符合下列规定：

规格、数量应符合设计要求。

方向应正确，位置应便于操作和观察。

检验方法：观察检查。

检查数量：按类型数量抽查10%，且均不得少于1个。

⑩ 空调风管系统及部件的绝热层和防潮层施工应符合下列规定：

绝热层应采用不燃或难燃材料，其材质、规格及厚度等应符合设计要求。

绝热层与风管、部件及设备应紧密贴合，无裂缝、空隙等缺陷，且纵、横向的接缝应错开。

绝热层表面应平整，当采用卷材或板材时，其厚度允许偏差为5mm。采用涂抹或其他方式时，其厚度允许偏差为10mm。

风管法兰部位绝热层的厚度，不应低于风管绝热层厚度的80%。

风管穿楼板和穿墙处的绝热层应连续不间断。

防潮层（包括绝热层的端部）应完整，且封闭良好，其搭接缝应顺水。

带有防潮层、隔汽层绝热材料的拼缝处，应用胶带封严，粘胶带的宽度不应小于50mm。

风管系统部件的绝热，不得影响其操作功能。

检验方法：观察检查；用钢针刺入绝热层、尺量检查。

检查数量：管道按轴线长度抽查10%；风管穿楼板和穿墙处及阀门等配件抽查10%，且不得少于2个。

⑪ 空调水系统管道及配件的绝热层和防潮层施工，应符合下列规定：

绝热层应采用不燃或难燃材料，其材质、规格及厚度等应符合设计要求。

绝热管壳的粘贴应牢固、铺设应平整。硬质或半硬质的绝热管壳每节至少应用防腐金属丝或难腐织带或专用胶带进行捆扎或粘贴2道，其间距为300～350mm，且捆扎、粘贴应紧密，无滑动、松弛与断裂现象。

硬质或半硬质绝热管壳的拼接缝隙，保温时不应大于5mm，保冷时不应大于2mm，并用粘结材料勾缝填满。纵缝应错开，外层的水平接缝应设在侧下方。

松散或软质保温材料应按规定的密度压缩其体积，疏密应均匀。毡类材料在管道上包扎时，搭接处不应有空隙。

防潮层与绝热层应结合紧密，封闭良好，不得有虚粘、气泡、皱褶、裂缝等缺陷。

防潮层的立管应由管道的低端向高端敷设，环向搭接缝应朝向低端。纵向搭接缝应位于管道的侧面，并顺水。

卷材防潮层采用螺旋形缠绕的方式施工时，卷材的搭接宽度宜为30～50mm。

空调冷热水管穿楼板和穿墙处的绝热层应连续不间断，且绝热层与穿楼板和穿墙处的套管之间应用不燃材料填实，不得有空隙，套管两端应进行密封封堵。

管道阀门、过滤器及法兰部位的绝热结构应能单独拆卸，且不得影响其操作功能。

检验方法：观察检查；用钢针刺入绝热层、尺量检查。

检查数量：按数量抽查10%，且绝热层不得少于10段，防潮层不得少于10m，阀门等配件不得少于5个。

⑫ 空调水系统的冷热水管道与支、吊架之间应设置绝热衬垫，其厚度不应小于绝热层厚度，宽度应大于支、吊架支承面的宽度。衬垫的表面应平整，衬垫与绝热材料之间应填实无空隙。

检验方法：观察、尺量检查。

检查数量：按数量抽检5%，且不得少于5处。

⑬ 通风与空调系统应随施工进度对与节能有关的隐蔽部位或内容进行验收，并应有详细的文字记录和必要的图像资料。

检验方法：观察检查；核查隐蔽工程验收记录。

检查数量：全数检查。

⑭ 通风与空调系统安装完毕，应进行通风机和空调机组等设备的单机试运转和调试，并应进行系统的风量平衡调试。单机试运转和调试结果应符合设计要求；系统的总风量与设计风量的允许偏差不应大于10%，风口的风量与设计风量的允许偏差不应大于15%。

检验方法：观察检查；核查试运转和调试记录。

检查数量：全数检查。

2）一般项目

① 空气风幕机的规格、数量、安装位置和方向应正确，纵向垂直度和横向水平度的偏差均不应大于2‰。

检验方法：观察检查。

检查数量：按总数量抽查10%，且不得少于1台。

② 变风量末端装置与风管连接前宜做动作试验，确认运行正常后再封口。

检验方法：观察检查。

检查数量：按总数量抽查10%，且不得少于2台。

（四）建筑电气基础知识

1. 常用建筑电气设备

建筑电气设备主要有：供配电设备、动力设备、照明设备、低压电器设备、楼宇智能化设备、导电材料等。

（1）刀开关

刀开关主要用在低压成套配电装置中，用于不频繁地手动接通和分断容量不大的交直流电路，有时也用作电源隔离开关。常用的刀开关有低压刀开关、胶盖刀开关、铁壳开关、熔断式刀开关、组合开关等。胶盖刀开关的结构，如图7-17所示。

（2）低压断路器

低压断路器又称自动空气开关。适用于不频繁地接通和切断电路或启动、停止电动机，并能在电路发生过负荷、短路和欠电压等情况下自动切断电路，是低压交、直流配电系统中重要的控制和保护电器。断路器主要由触头系统、灭弧系统、脱扣器和操作机构等部分组成。常用的低压断路器有万能式断路器、塑料外壳式断路器、模数化小型断路器、智能化低压断路器等。低压断路器的外形，如图7-18所示。

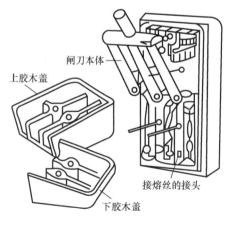

图7-17　胶盖刀开关

图7-18　低压断路器

（3）低压熔断器

低压熔断器是用来进行短路保护的器件，当通过熔断器的电流大于熔断电流时，能依靠自身产生的热量使特制的金属（熔体）熔化而自动分断电路。常用的低压熔断器有RC1A 系列瓷插式、RL1 系列螺旋式、RM 系列无填料封闭管式、RTO 系列有填料封闭管式、快速熔断器、自复式熔断器等。RL1 系列螺旋式熔断器结构，如图 7-19 所示。

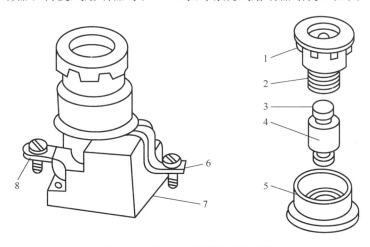

图 7-19　RL1 系列螺旋式熔断器

1—瓷帽；2—金属管；3—色片；4—熔丝管；5—瓷套；6—上接线端；7—底座；8—下接线端

（4）漏电保护断路器

漏电保护断路器又称漏电保护开关。当回路中有电流泄漏且达到一定值时，它能快速自动切断电源，以避免触电事故的发生或因泄漏电流造成火灾事故的发生。

（5）三相电力变压器

三相电力变压器的主要作用是将高压电能变换为低压电能向建筑物供电。当输送功率和负载功率因数一定时，提高输送电压，可以降低线路电流，从而减少输电导线的截面积，节省金属材料，降低线路上的功率损耗和电压损失。三相电力变压器主要有油浸式电力变压器、干式变压器、气体绝缘介质变压器、电力电子配电变压器等。油浸式电力变压器的结构，如图 7-20 所示。

1）变压器安装前的检查要求

① 查验合格证和随带技术文件，变压器有出厂试验记录。外观检查：有铭牌，附件齐全，绝缘件无缺损、裂纹，充油部分不渗漏，充气高压设备气压指

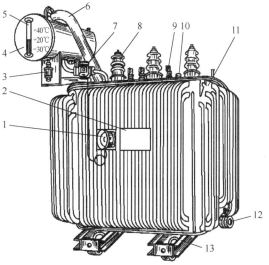

图 7-20　油浸式电力变压器

1—信号式温度计；2—铭牌；3—吸湿器；4—储油柜；
5—油表；6—安全气道；7—气体继电器；8—高压套管；
9—低压套管；10—分接开关；11—油箱；12—放油阀；
13—小车

示正常，涂层完整。

② 应按产品技术文件要求检查器身，但制造厂规定不检查器身，或者就地生产仅做短途运输的变压器，且在运输过程中有效监督，无紧急制动、剧烈振动、冲撞或严重颠簸等异常情况的，可不做检查。

2）变压器、箱式变电所安装基本技术要求

① 变压器、箱式变电所的基础验收合格，且对埋入基础的电线导管、电缆导管和变压器进、出线预留孔及相关预埋件进行检查，才能安装变压器、箱式变电所。

② 杆上变压器的支架紧固检查后，才能吊装变压器且就位固定。

③ 变压器及接地装置交接试验合格，才能通电。接地装置引出的接地干线与变压器的低压侧中性点直接连接；接地干线与箱式变电所的 N 母线和 PE 母线直接连接；变压器箱体、干式变压器的支架或外壳应接地（PE）。所有连接应可靠，紧固件及防松零件齐全。

④ 变压器安装后应注意将门加锁，紧闭窗户，防止变压器的易损配件损伤，如高、低压瓷套管和环氧树脂铸件，防止在操作过程中损伤设备。变压器安装应位置正确，附件齐全，油浸变压器油位正常，无渗油现象。

（6）配电线路导线和电缆

建筑配电系统中常用的导电材料主要以铜、铝、钢为主。铜电阻率小，延展性强，耐腐蚀；铝导电性能仅次于铜，机械强度为铜的一半，耐腐蚀性较铜差、延展性好、易加工，资源丰富；钢的机械强度高，但导电性能低于铜和铝，不耐腐蚀，在潮湿和热环境下极易氧化生锈。

1）导线

导线又称为电线，常用导线可分为裸导线和绝缘导线。

① 裸导线

裸导线只有导体部分，没有绝缘层和保护层，主要由铝、铜、钢等制成。裸导线的文字符号标注为：铜、铝、钢分别用字母"T""L""G"表示，导线的截面积用数字表示。例如：LGJ—120 表示截面积为 120mm^2 的钢芯铝绞线。常用裸导线有：硬圆铜线 TY、软圆铜线 TR、硬圆铝线 LY、铝绞线 LJ、铜绞线 TJ、硬扁铜线 TBY、软扁铜线 TBR、硬扁铝线 LBY、硬铝母线 LMY、软铝母线 LMR 等。

② 绝缘导线

绝缘导线是在裸导线外层包有绝缘材料的导线。绝缘导线按线芯材料分为铜芯和铝芯；按结构分为单芯、双芯、多芯等。常用的绝缘导线有：铜芯塑料线 BV、铝芯塑料线 BLV、阻燃铜芯塑料线 ZR-BV、耐火铜芯塑料线 NH-BV、铜芯塑料软线 BVR、铝芯塑料软线 BLVR、铜芯塑料护套线 BVV、铝芯塑料护套线 BLVV、铜芯橡皮线 BX、铝芯橡皮线 BLX 等。

2）电缆

电缆是一种多芯导线，即在一个绝缘软套内裹有多根相互绝缘的线芯。电缆线路与一般线路比较，一次性成本较高，维修困难，但绝缘能力和力学性能比较好。完整的电缆表示方法是：型号、芯数×截面、工作电压、长度。如 VLV_{22}—$4\times70+1\times25$ 表示 4 根截面为 70mm^2 和 1 根截面为 25mm^2 的铝芯聚氯乙烯绝缘钢带铠装聚氯乙烯护套电力电缆。

电力电缆是用来输送和分配大功率电能的导线。常用的电力电缆有：聚氯乙烯绝缘及护套铜芯电力电缆 VV，聚氯乙烯绝缘钢带铠装聚乙烯护套铜芯电力电缆 VV_{22}，交联聚氯乙烯绝缘聚氯乙烯护套铝芯电力电缆 YJLY，交联聚氯乙烯绝缘钢带铠装聚乙烯护套铜芯电力电缆 YJV_{22} 等。

电线、电缆应符合下列规定：

① 按批查验合格证，合格证有生产许可证编号。

② 包装应完好，抽检的电线绝缘层完整无损，厚度均匀。电缆无压扁、扭曲，铠装不松卷。耐热、阻燃的电线、电缆外护层有明显标识和制造厂标。

③ 按制造标准，现场抽样检测绝缘层厚度和圆形线芯的直径；线芯直径误差不大于标称直径的 1%。常用的 BV 型绝缘电线的绝缘层厚度不小于表 7-23 的规定。

BV 型绝缘电线的绝缘层厚度 表 7-23

序号	1	2	3	4	5	6	7	8	9	10	11	12	13	14	15	16	17
电线芯线标称截面积（mm^2）	1.5	2.5	4	5	10	16	25	35	50	70	95	120	150	185	240	300	400
绝缘层厚度规定值（mm）	0.7	0.8	0.8	0.8	1.0	1.0	1.2	1.2	1.4	1.4	1.6	1.6	1.8	2.0	2.2	2.4	2.6

对电线、电缆绝缘性能、导电性能和阻燃性能有异议时，按批抽样送有资质的试验室检测。

3）母排

母排即矩形母线（又称汇流排），是大截面载流导体，用来汇集和分配电流。按材质可分为铜母线、铝母线、钢母线，按其软硬程度可分为硬母线和软母线。母线的型号由字母和表示规格的数字组成，第一个字母表示材质：T—铜、L—铝；第二个字母：M—母线；第三个字母：Y—硬母线、R—软母线。例如 LMR 表示软铝母线，TMY 表示硬铜母线。母线安装后应按表 7-24 涂色或做色别标记。

母线涂色 表 7-24

母线类别	L1	L2	L3	正极	负极	中线	接地线
涂漆颜色	黄	绿	红	赭	蓝	紫	紫底黑条

2. 建筑电气系统

建筑电气系统主要有：建筑供配电系统、建筑照明电气系统、动力及控制系统。

建筑供配电系统是从电力网引入电源，经过电压变换，再分配给各用电设备使用，主要由供电电源和供配电设备组成。

建筑照明电气系统由照明装置及其电气部分组成。照明装置主要是指灯具，其电气部分包括照明配电、照明控制电器、照明线路等。

动力及控制系统作用是对电动机进行启动、停止、反转、调速、保护和计量，达到控制高效、操作方便安全的目的。目前，除传统的继电器控制技术外，数控技术、可编程控制器技术和计算机控制技术已广泛应用于控制系统。

（1）建筑供配电系统

由发电厂、电力网和电力用户组成的统一整体称为电力系统。电力系统能够提高供电的安全性、可靠性、连续性、运行的经济性，并提高设备的利用率，减少整个地区的总备用容量。电压越高越有利于输送电能，但相应的绝缘水平要求和设备的价格愈高。

衡量电力系统电能质量的指标主要有：频率质量、电压质量和波形质量。

1）电力负荷的分级及供电要求

在电力系统上的用电设备所消耗的功率称为用电负荷或电力负荷。根据电力负荷对供电可靠性的要求及中断供电在政治、经济上所造成的损失或影响的程度，分为三级。不同等级负荷对电源的要求不同。

① 一级负荷对电源的要求

一级负荷分为普通一级负荷和一级负荷中特别重要的负荷。普通一级负荷应由两个电源供电，且当其中一个电源发生故障时，另一个电源不应同时受到损坏。一级负荷中特别重要的负荷，除由满足上述条件的两个电源供电外，尚应增设应急电源专门对此类负荷供电。应急电源不能与电网电源并列运行，并严禁将其他负荷接入该应急供电系统。应急电源可以是独立于正常电源的发电机组、供电网络中独立于正常电源的专用馈电线路、蓄电池、干电池等。

② 二级负荷对电源的要求

二级负荷的供电系统应做到当发生变压器故障或线路常见故障时不致中断供电（或中断供电后能迅速恢复供电）。二级负荷宜由两条回线路供电，当电源来自于同一区域变电站的不同变压器时，即可认为满足要求。在负荷较小或地区供电条件困难时，可由一回6kV及以上专用的架空线路或电缆线路供电。当采用架空线时，可为一回架空线供电；当采用电缆线路时，应采用两根电缆组成的线路供电，且每根电缆应能承受100％的二级负荷。

③ 三级负荷对电源的要求

三级负荷对供电电源无要求，一般单电源供电即可，但在可能的情况下，也应提高其供电的可靠性。

2）建筑供电系统的组成

建筑供电系统由高压电源、变配电所和输配电线路组成。建筑低压配电系统的功能是将电能合理分配给低压用电设备，一般由配电装置（配电柜或配电箱）和配电线路（干线及分支线）组成。常用的低压配电方式有：放射式、树干式、混合式。配电线路的作用是输送和分配电能，分为室外和室内配电线路。

① 室外配电线路

室外配电线路主要有架空线路和电缆敷设两种。

架空配电线路是用电杆将导线悬空架设，直接向用户供电的电力线路。架空线路设备材料简单，造价低，易于发现故障和便于维修，但供电可靠性较差。

架空线路及杆上电气设备安装的程序：线路方向、杆位及拉线坑位测量埋桩→挖掘杆坑和拉线坑→立杆和埋设拉线盘→杆上高压电气设备交接试验合格→架空线路做绝缘检查→架空线路的相位确认→与接户线连接。

电杆坑、拉线坑的深度允许偏差，应不深于设计坑深100mm、不浅于设计坑深

50mm。架空导线的弧垂值，允许偏差为设计弧垂值的±5%，水平排列的同档导线间弧垂值偏差为±50mm。变压器中性点应与接地装置引出干线直接连接，接地装置的接地电阻值必须符合设计要求。杆上变压器和高压绝缘子、高压隔离开关、跌落式熔断器、避雷器等必须按规定交接试验合格。配电开关及保护装置的规格、型号，应符合设计要求。

电缆配电线路供电可靠性高，受外界环境影响小，供电容量大，造价高。电缆的敷设方式有直接埋地敷设、电缆沟敷设、电缆桥架敷设、电缆排管敷设、管道敷设，以及用托架、支架、悬挂等方法敷设。

电缆直埋敷设是将电缆直接埋入地下。在同一路径上敷设的室外电缆根数超过8根，且场地有条件时（无含有酸、碱强腐蚀或杂散电化学腐蚀的地段），宜采用这种敷设方式。直埋电缆宜采用有外护套的铠装电缆。电缆通过有振动和承受压力的地段应穿保护管。对重要回路的电缆接头，宜按留有备用余量方式敷设电缆。电缆引入建筑物时，所穿保护管应超出建筑物散水坡100mm。

电缆沟敷设是指在同一路径敷设的电缆根数较多时，为施工及维护方便，将电缆敷设于电缆沟内。电缆沟一般在地下，由砖砌或混凝土浇筑而成，沟顶部用盖板封住，必要时，应将盖板缝隙密封。电缆沟底应平整，并有防水排水措施，积水可直接接入排水管道或经集水坑用泵排出。电缆支架的长度不宜过大，在腐蚀性环境中电缆支架应涂防腐漆或采用铸铁支架。电缆敷设在电缆沟或隧道的支架上时，应按高压在上低压在下、电力电缆在上控制电缆在下进行敷设。电缆进入电缆沟、隧道、竖井、建筑物、盘（柜）以及穿入管子时，出入口应封闭，管口应密封。电缆与热力管道、热力设备之间的净距应满足要求或采取隔热保护措施。

电缆桥架是用以支撑电缆的连续性刚性结构系统的总称，由托盘、梯架的直线段、弯通、附件及支、吊架等构成。电缆桥架按结构形式分为托盘式、梯架式、组合式、全封闭式；按材质分为钢电缆桥架和铝合金电缆桥架。电缆桥架、线槽应查验合格证，部件齐全，表面光滑、不变形；钢制桥架涂层完整，无锈蚀；玻璃钢制桥架色泽均匀，无破损碎裂；铝合金桥架涂层完整，无扭曲变形，不压扁，表面不划伤。电缆桥架的安装应在建筑工程完工后进行，其中土建施工时预留的孔（洞）及预埋铁件的尺寸应符合设计规定。电缆托盘、梯架经过伸缩沉降缝时，电缆桥架、梯架应断开，断开距离以100mm左右为宜。电缆桥架在穿过防火墙及防火楼板时，应采取防火隔离措施。电缆桥架内的电缆规格应符合规定，并按规定标记。金属电缆桥架及其支架和引入或引出的金属电缆导管必须接地（PE）或接零（PEN）可靠。

电缆敷设施工前应进行外观质量检查，检验电缆电压系列、型号、规格等是否符合设计要求，按规定进行交流耐压和直流泄漏试验。敷设时，电缆应排列整齐，不宜交叉，无机械损伤，并按规定留有备用长度。电缆敷设严禁有绞拧、铠装压扁、护层断裂和表面严重划伤等缺陷。电缆的固定、弯曲半径、金属护层的接线、相序排列等应符合要求，接地良好，电缆终端的相别标志色应正确。电缆支架等的金属部件防腐层应完好。电缆沟、电缆隧道内无杂物，盖板齐全，照明、通风、排水、防火措施应符合设计，且施工质量合格。隐蔽工程应在施工过程中进行中间验收，并做好签证。

② 室内配电线路

敷设在建筑物内部的配线，统称为室内配线或室内配线工程。按线路敷设方式，可以分为明敷和暗敷两种。不论哪种敷设方式，均应符合电气装置安装安全、可靠、经济、方便和美观的原则。

室内配线工程应满足以下要求：所用导线的额定电压应大于线路的工作电压；导线的绝缘应符合线路安装方式和敷设环境的条件；导线截面应满足供电负荷和机械强度的要求；导线敷设时，应尽量避免接头。若必须接头，应保证接头牢靠，接触良好；导线在连接处或分支处，不应受机械作用；导线与设备界限端子，连接要可靠；穿在管内的导线，在任何情况下不得有接头，必须接头时，应把接头放在接线盒、灯头盒或开关盒内；导线穿越墙体、楼板时，应加装保护管；穿越墙体时，保护管的两端出线口伸出墙面距离不应小于10mm；导线相互交叉时，应在每根导线上套绝缘管保护，且套管应可靠固定；各种明配线应垂直和水平敷设，要求横平竖直；导线穿过建筑物、构筑物的伸缩缝或沉降缝时，应装设补偿装置，导线应留有余量。

室内线路的明敷设常采用瓷夹、瓷瓶、槽板、线槽、塑料护套线及穿管等配线方式。

塑料护套线配线是采用铝片线卡固定塑料护套线的配线方式。一般是在木结构，砖、混凝土结构，沿钢索上敷设，以及在砖、混凝土结构上粘结，适用于较潮湿和有腐蚀性的场所。塑料护套线多用于照明线路，可以直接敷设在楼板、墙壁等建筑物表面上，但不得直接埋入抹灰层内暗设或建筑物顶棚内。阳光直射的室外场所不宜明配塑料护套线。

槽板配线是将绝缘导线敷设在木槽板或塑料槽板内，上部用盖板把导线盖住，使导线不外露。槽板配线整齐美观、使用安全、造价低，适用于负荷小、干燥的民用建筑和古建筑的修复，房屋内照明线路及室内线路的改造。

线槽配线是将导线敷设于塑料线槽或金属线槽内的配线方式。塑料线槽采用非燃性塑料制成，由槽体和槽盖两部分组成，槽盖和槽体挤压结合，安装、维修及更换导线方便，耐潮湿及酸碱腐蚀，但易受高温或机械损伤。金属线槽适合正常环境的室内场所明配，但不适用于有严重腐蚀的场所。

穿管明配线是将导管敷设于墙壁、桁架等建筑物的表面明露处，绝缘导线穿在导管内的配线方式。常用的导管有塑料管（PVC管）、薄壁钢管、水煤气管、金属软管和瓷管等。导管配线可防止腐蚀性气体的侵蚀和机械损伤，更换导线方便。

暗线敷设是在土建工程施工过程中将管子预先埋入建筑物的墙壁、顶棚、地板及楼板内，再将导线穿入管内。暗线敷设不影响建筑物的美观整洁，能防潮、防机械损伤和有害气体的侵蚀，但一次性投资大，施工、维护困难，主要用于新建筑物、装修要求较高场所及易引起火灾和爆炸的特殊场所。所用管材一般有钢管、半硬塑料管、PVC阻燃硬塑料管、波纹塑料管等。

3）建筑施工现场临时用电

① 安全技术档案的建立

施工现场临时用电必须建立安全技术档案，并应包括下列内容：用电组织设计的全部资料；修改用电组织设计的资料；用电技术交底资料；用电工程检查验收表；电气设备的试、检验凭单和调试记录；接地电阻、绝缘电阻和漏电保护器漏电动作参数测定记录表；定期检（复）查表；电工安装、巡检、维修、拆除工作记录。

安全技术档案应由主管该现场的电气技术人员负责建立与管理。其中"电工安装、巡检、维修、拆除工作记录"可指定电工代管，每周由项目经理审核认可，并应在临时用电工程拆除后统一归档。临时用电工程应定期检查。定期检查时，应复查接地电阻值和绝缘电阻值。临时用电工程定期检查应按分部、分项工程进行，对安全隐患必须及时处理，并应履行复查验收手续。临时用电工程必须经编制、审核、批准部门和使用单位共同验收，合格后方可投入使用。

② 临时用电的供配电方式

建筑施工现场供电方式采用电源中性点直接接地的 380/220V 三相五线制供电。施工现场内不允许架设高压电线，特殊情况下，应按规范要求，使高压线线路与在建工程脚手架、大型机电设备间保持必要的安全距离。施工现场低压配电线路应装设短路保护、过载保护、接地故障保护等相关保护措施，用于切断供电电源或报警信号。建筑施工现场的配电线路，其主干线一般采用架空敷设方式，特殊情况下可采用电缆敷设。

建筑施工现场用电采取分级配电制度，配电箱一般为三级设置：总配电箱、分配电箱和开关箱。总配电箱应尽可能设置在负荷中心，靠近电源的地方；分配电箱应装设在用电设备相对集中的地方，分配电箱与开关箱的距离不超过 30m；开关箱应由末级分配电箱配电。每台机械都应有专用的开关箱，即："一机、一闸、一漏、一箱"。开关箱与它控制的固定电气相距不得超过 3m。配电箱要装设在干燥、通风、常温、无气体侵害、无振动的场所，露天配电箱应有防雨防尘措施。配电箱和开关箱不得用易燃材料制作，箱内的连接线应采用绝缘导线，不应有外露带电部分。配电箱的电器安装板上必须分设 N 线端子板和 PE 线端子板，N 线端子板必须与金属电器安装板绝缘，PE 线端子板必须与金属电器安装板做电气连接。不同用途的配电箱应用颜色区分：红色为消防箱，浅驼色为照明箱或普通低压配电屏，灰色为动力箱。

③ 施工机械和电动工具的用电要求

起重机应按要求进行重复接地和防雷接地。塔身高于 30m 的塔式起重机，应在塔顶和臂架端部设红色信号灯。起重机附近有强电磁场时，应在吊钩与机体之间采取隔离措施，以防感应放电。

电焊机一次侧电源应采用橡套缆线，其长度不得大于 5m；电焊机二次侧线宜采用橡胶护套铜芯多股软电缆，其长度不得大于 50m。移动式设备及手持电动工具应装设漏电保护装置，并要定期检查，其电源线必须使用三芯（单相）或三相四芯橡套缆线，电缆不得有接头，不能随意加长或随意调换。

露天使用的电气设备及元件，应选用防水型或采取防水措施，浸湿或受潮的电气设备要进行必要的干燥处理，绝缘电阻符合要求后才能使用。经常在潮湿环境中使用的施工机械，应注意维护保养，所装设的漏电保护器要经常检查，使之安全可靠运行。

施工现场临时用电应符合《施工现场临时用电安全技术规范》JGJ 46—2005 的有关规定。

4）建筑物防雷

雷电是雷云之间或雷云对地面放电的一种自然现象。雷电具有极大的破坏性，容易对建筑物、电气设施造成破坏，甚至对人、畜造成伤亡。根据雷电的危害方式不同，可分为：直击雷、雷电感应、雷电波侵入、球状雷电。根据建筑物的重要性、使用性质、发生雷击事故的可能性和后果，建筑物防雷分为三类。一般根据建筑物的防雷等级确定其防雷措施。

① 防直击雷的措施

防直击雷采取的措施是引导雷云与避雷装置之间放电，将雷电流直接导入大地，以保护建筑物、电气设备及人身不受损害。避雷装置主要由接闪器、引下线和接地装置三部分组成。

接闪器是引雷电流装置，也被称为受雷装置。接闪器的作用是将附近的雷云放电诱导过来，通过引下线流入大地，从而使距接闪器一定距离和一定高度内的建筑物免遭直接雷击。接闪器的类型主要有避雷针、避雷线、避雷网和避雷笼等。

避雷针适用于保护细高建（构）筑物或露天设备，如水塔、烟囱、大型用电设备等。避雷针一般用镀锌圆钢或镀锌钢管制成，其长度在 1m 以下时，圆钢直径不小于 12mm；钢管直径不小于 20mm。针长度在 1~2m 时，圆钢直径不小于 16mm，钢管直径不小于 25mm。烟囱顶上的避雷针，圆钢直径不小于 20mm，钢管直径不小于 40mm。屋顶上永久性金属物可兼做避雷针使用，但各部分之间应连成电流通道，其壁厚不小于 2.5mm。

避雷线也称架空地线，采用截面不小于 $35mm^2$ 的镀锌钢绞线，架设在架空线路上方，用来保护架空线路避免遭雷击。

避雷带是用小截面圆钢或扁钢做成的条形长带，装设在屋脊、屋檐、女儿墙等易受雷击的部位。避雷带一般高出屋面 100~150mm，支持卡间距为 1~1.5m，两根平行的避雷带之间的距离应在 10m 以内。

避雷网是在屋面上纵横敷设由避雷带组成的网格形状导体。高层建筑常把建筑物内的钢筋连接成笼式避雷网，避雷网宜采用圆钢和扁钢，优先采用圆钢。圆钢直径不应小于 12mm。扁钢截面不应小于 $100mm^2$，其厚度不应小于 4mm。避雷网起到使建筑物不受感应雷害的作用，可靠性更高。

避雷笼也称法拉第笼，适用于高层、超高层建筑物，一般是将避雷带、网按一定间距焊为一个整体。避雷笼对雷电能起到均压和屏蔽的作用，使笼内人身和设备被保护。

建筑物顶部的避雷针、避雷带等必须与顶部外露的其他金属物体连成一个整体的电气通路，且与避雷引下线连接可靠。

引下线是将雷电流引入大地的通道。引下线的材料应采用圆钢或扁钢，宜优先采用圆钢。圆钢直径不应小于 8mm。扁钢截面不应小于 $48mm^2$，其厚度不应小于 4mm，在易遭受腐蚀的部位，其截面应适当加大。引下线的敷设方式分为明敷和暗敷两种：明敷引下线应沿建筑物外墙敷设，固定于埋设在墙内的支持件上，支持件间距应均匀，水平直线部分 0.5~1.5m；垂直直线部分 1.5~3m；弯曲部分 0.3~0.5m。明敷安装时，应在引下线距地面上 1.7m 至地面下 0.3m 的一段加装塑料管或钢管加以保护，与支架焊接处需刷油漆防腐。暗敷引下线的圆钢直径不应小于 10mm，扁钢截面不应小于 $80mm^2$。暗敷在建筑物抹灰层内的引下线应有卡钉分段固定，其紧固件及金属支持件均应采用镀锌材料，在引下线距地面 1.8m 处设断接卡子。引下线一般不得少于两根，其间距不大于 30m。

接地装置的作用是将引下线引入的电流迅速流散到大地，包括接地线和接地体，其材料应采用镀锌钢材。接地线通常采用截面不小于 $100mm^2$，厚度不小于 $4mm^2$ 的扁钢或直径为 12mm 的圆钢焊接，埋入地下 1m 为宜。接地体是专门用于防雷保护的接地装置，分垂直接地体和水平接地体两类。埋于土壤中的垂直接地体可采用直径 20~50mm 的钢管（壁厚 3.5mm）、直径 19mm 的圆钢或截面为 20mm×3mm~50mm×5mm 的等边角钢做

194

成。长度均为2～3m一段，间隔5m埋一根。顶端埋深为0.5～0.8m，用接地线或水平接地体将其连成一体；埋于土壤中的人工水平接地体宜采用扁钢或圆钢。圆钢直径不应小于10mm；扁钢截面不应小于100mm²，其厚度不应小于4mm；角钢厚度不应小于4mm；钢管壁厚不应小于3.5mm。

② 防雷电感应的措施

为防止静电感应产生高电位和放电火花，应把建筑物内部的设备金属外壳、金属管道、构架、钢窗电缆外皮以及突出屋面的水管、风管等金属物件与接地装置可靠连接。屋面结构钢筋应绑扎或焊接成闭合回路并良好接地。

③ 防雷电波侵入的措施

通常在架空线路上装设避雷线，在进入建筑物变压器高压侧装设避雷器，低压侧设有保护间隙。进入建筑物的各种线路及金属管道采用全线埋地引入的方式，并在入户处将其有关部分与接地装置连接。

5）安全用电

电流对人体的伤害主要分为电击和电伤两大类。触电对人体的危害因素主要有：触电电流、持续时间、电流途径、电流频率、人体健康情况。按照人体接触带电体的方式和电流流过人体的途径，人体触电一般有单相触电、两相触电、跨步电压触电和接触电压触电等触电形式。

为了保证人身安全和电气系统、电气设备的正常工作需要，一般采用保护接地和保护接零。根据电气设备接地不同的作用，可将接地和接零类型分为：工作接地、保护接地、工作接零、保护接零、重复接地、防雷接地、屏蔽接地、专用电子设备的接地、接地模块。

对于经常带电设备，根据电气设备的性质、电压等级、周围环境和运行条件，要求保证防止意外的接触、意外的接近或可能的接触。

对于偶然带电设备的防护，可以采用保护接地和保护接零等措施；或将不带电部分采用双重绝缘结构；也可采用使操作人员站在绝缘座或绝缘毯上等临时措施。对于小型电动工具或者经常移动的小型机组也可采取限制电压等级的措施，以控制使用电压在安全电压的范围之内。

检查、修理作业时，应采用标志和信号来帮助作出正确的判断。如遇特殊情况需要带电检修时，应使用适当的防护用具。电工常用的防护用具有：绝缘台、垫、靴、手套、绝缘棒、钳、电压指示器和携带式临时接地装置等。

（2）建筑电气照明系统

建筑电气照明的种类有：正常照明、应急照明（包括疏散照明、安全照明、备用照明）、值班照明、警卫照明、障碍照明。建筑照明的方式是指照明设备按照安装部位或使用功能而构成的基本形式，一般分为：一般照明、分区一般照明、局部照明、混合照明。

1）常用照明电光源和灯具

电光源是指将电能转化为光能的设备。根据发光原理的不同，分为热辐射发光光源、气体放电发光光源和其他发光光源。

热辐射发光光源主要有：白炽灯和卤钨灯。气体放电发光光源主要有：荧光灯、高压汞灯、高压钠灯、金属卤化物灯、氙灯、霓虹灯。其他照明光源主要有：场致发光灯

（屏）、LED 发光二极管、光纤照明。

照明灯具是能透光、分配和改变光源光分布的器具，包括除光源外所有用于固定和保护光源所需的全部零、部件，以及与电源连接所必需的线路附件。按灯具光通量在空间中的分配特性可分为：直接型灯具、半直接型灯具、漫射型灯具、半间接型灯具、间接型灯具。按灯具的结构特点可分为：开启型灯具、闭合型灯具、封闭型灯具、密闭型灯具、防尘型灯具、防水灯具、防爆型灯具、隔爆型灯具、增安型灯具、防振型灯具。按灯具的安装方式可分为：悬吊式灯具、吸顶灯具、嵌入式灯具、壁灯、落地灯、可移式灯具。

2）照明供电线路

照明负荷按重要性不同可分为：一级负荷、二级负荷、三级负荷。照明供电系统由进户线、配电箱、干线和支线组成。进户线的引入方式主要为架空引入和电缆引入。配电箱是接受和分配电能的装置。配电箱中一般装有开关、熔断器及电能计量仪表（如电度表）等。用电负荷较大的建筑物一般设有总配电箱和分配电箱。汇集干线接入总进户线的配电装置称为总配电箱，汇集支线接入干线的配电装置称为分配电箱。干线是指从总配电箱到分配电箱的线路。支线是指从分配电箱到灯具或其他用电电器的线路。基本的照明配电有放射式、树干式、混合式三种。

① 照明配电箱的安装要求

照明配电箱分为明装式和嵌入式两种，主要由箱体、箱盖、汇流排（接线端子排）、断路器安装支架等部分组成。

照明配电箱应安装在干燥、明亮、不易受振、便于操作的场所。配电箱的安装高度应按设计要求确定。配电箱应安装牢固，垂直度允许偏差为 1.5‰；底边距地面为 1.5m，照明配电板底边距地面不小于 1.8m，相互间接缝不应大于 2mm，成列盘面偏差不应大于 5mm。配电箱应采用不可燃材料制作。箱体开孔与导管管径适配，箱体涂层完整。箱内配线整齐，无铰接现象，回路编号齐全，标识正确。导线连接紧密，不伤芯线，不断股。箱内开关动作灵活可靠，带有漏电保护的回路，漏电保护装置动作电流不大于 30mA，动作时间不大于 0.1s。照明配电箱内，分别设置零线（N）和保护地线（PE 线）汇流排，零线和保护地线经汇流排配出。配电箱外壁与墙面的接触部分应涂防腐漆。暗装配电箱箱盖紧贴墙面，墙壁内的预留孔洞应比配电箱的外形尺寸略大。

② 灯具的安装要求

灯具重量大于 3kg 时，固定在螺栓或预埋吊钩上。软线吊灯，灯具重量在 0.5kg 及以下时，采用软电线自身吊装；大于 0.5kg 的灯具采用吊链，且软电线编叉在吊链内，使电线不受力。灯具固定牢固可靠，不使用木楔。每个灯具固定用螺钉或螺栓不少于 2 个；当绝缘台直径在 75mm 及以下时，采用 1 个螺钉或螺栓固定。花灯吊钩圆钢直径不应小于灯具挂销直径，且不应小于 6mm。大型花灯的固定及悬吊装置，应按灯具重量的 2 倍做过载试验。当钢管做灯杆时，钢管内径不应小于 10mm，钢管厚度不应小于 1.5mm。固定灯具带电部件的绝缘材料以及提供防触电保护的绝缘材料，应耐燃烧和防明火。一般敞开式灯具，室外墙上安装时灯头对地面距离不小于 2.5m。当灯具距地面高度小于 2.4m 时，灯具的可接近裸露导体必须接地（PE）或接零（PEN）可靠，并应有专用接地螺栓，且有标识。行灯电压不大于 36V，在特殊潮湿场所或导电良好的地面上以及工作地点狭窄、行动不便的场所行灯电压不大于 12V。安全出口标志灯距地高度不低于 2m，且安装在疏散出口和楼梯口里侧的上方。疏散标志灯安装在安全出口的顶部，楼梯间、疏散走道及其转角处应安装在 1m 以下的墙面上，不易安装的部位可安装在上部。疏散通道上的标志灯间距不大于 20m（人防工程不大于 10m）。

③ 开关、插座、风扇的安装要求

交流、直流或不同电压等级的插座安装在同一场所时，应有明显的区别。单相两孔插座，面对插座的右孔或上孔与相线连接，左孔或下孔与零线连接；单相三孔插座，面对插座的右孔与相线连接，左孔与零线连接；单相三孔、三相四孔及三相五孔插座的接地（PE）或接零（PEN）线接在上孔。插座的接地端子不与零线端子连接。同一场所的三相插座，接线的相序一致。接地（PE）或接零（PEN）线在插座间不串联连接。潮湿场所采用密封型并带保护地线触头的保护型插座，安装高度不低于 1.5m。暗装的插座面板紧贴墙面，四周无缝隙，安装牢固，表面光滑整洁、无碎裂、划伤，装饰帽齐全；车间及试（实）验室的插座安装高度距地面不小于 0.3m；特殊场所暗装的插座不小于 0.15m；同一室内插座安装高度一致；地插座面板与地面齐平或紧贴地面，盖板固定牢固，密封良好。

开关安装位置便于操作，开关边缘距门框边缘的距离 0.15～0.2m，开关距地面高度 1.3m；拉线开关距地面高度 2～3m，层高小于 3m 时，拉线开关距顶板不小于 100mm，拉线出口垂直向下；相同型号并列安装及同一室内开关安装高度一致，且控制有序不错位。并列安装的拉线开关的相邻间距不小于 20mm；暗装的开关面板应紧贴墙面，四周无缝隙，安装牢固，表面光滑整洁、无碎裂、划伤，装饰帽齐全。

吊扇挂钩安装牢固，吊扇挂钩的直径不小于吊扇挂销直径，且不小于 8mm；有防振橡胶垫；挂销的防松零件齐全、可靠；吊扇扇叶距地高度不小于 2.5m；吊扇组装不改变扇叶角度，扇叶固定螺栓防松零件齐全；吊杆间、吊杆与电机间螺纹连接，啮合长度不小于 20mm，且防松零件齐全紧固；吊扇接线正确，当运转时扇叶无明显颤动和异常声响；同一室内并列安装的吊扇开关高度一致，且控制有序不错位。壁扇底座采用尼龙塞或膨胀螺栓固定；尼龙塞或膨胀螺栓的数量不少于 2 个，且直径不小于 8mm。固定牢固可靠；壁扇防护罩扣紧，固定可靠，当运转时扇叶和防护罩无明显颤动和异常声响；壁扇下侧边缘距地面高度不小于 1.8m。

3）建筑供配电及照明节能

① 照明光源、灯具及其附属装置进场验收时应对灯具的效率、镇流器的能效、设备谐波含量等技术性能进行核查，并经监理工程师（建设单位代表）检查认可，形成相应的验收核查记录。质量证明文件和相关技术资料应齐全，并符合国家现行有关标准和规定。

② 低压配电系统选择的电缆、电线截面不得低于设计值，进场时应对其截面和每芯导体电阻进行见证取样送检。每芯导体电阻值应符合国家现行有关标准和规定。

③ 工程安装完成后应对低压配电系统进行调试，调试合格后应对低压配电电源质量进行检测。在通电试运行中，应测试并记录照明系统的照度和功率密度值。

④ 母线与母线或母线与电器接线端子，当采用螺栓搭接连接时，应采用力矩扳手拧紧，制作应符合《建筑电气工程施工质量验收规范》GB 50303—2015 中的有关规定。

⑤ 交流单芯电缆分相后的每相电缆宜按品字形（三叶形）敷设，且不得形成闭合铁磁回路。

⑥ 三相照明配电干线的各相宜分配平衡，其最大相负荷不宜超过三相负荷平均值的115%，最小相负荷不宜小于三相负荷平均值的85%。

⑦ 输配电系统应确定合适的电压等级，选择节电设备，提高系统整体节约电能的效果，提高输配电系统的功率因数。

⑧ 照明系统应采用多种方式，以保证节能的有效控制。优先选择高效照明光源、高效灯具及开启式直接照明灯具，限制白炽灯的使用量。

建筑电气系统及设备的选择应符合《民用建筑电气设计标准》GB 51348—2019 的有关规定。

建筑电气工程的验收应符合《建筑电气工程施工质量验收规范》GB 50303—2015 的有关规定。

3. 智能建筑系统

智能建筑系统是将建筑物中各种分离的电气设备及其功能信息，有机地组合成一个相互关联、统一协调的整体。智能建筑系统主要包括火灾自动报警及消防联动系统、通信网络系统、建筑设备监控系统、安全防范系统、信息网络系统、综合布线系统、智能化系统集成等。

（1）火灾自动报警及消防联动系统

火灾自动报警及消防联动系统能在火灾形成初期但还未成灾之前发出警报以便及时疏散人员、启动灭火系统，同时联动自动灭火系统、事故广播、事故照明、消防给水和排烟等减灾系统，及时对外发送火警信息。

火灾自动报警系统由触发器件、报警装置、消防联动系统和自动灭火系统等部分组成，实现建筑物的火灾自动报警及消防联动。

触发器件包括火灾探测器和手动触发装置。常用的火灾探测器主要有感温式、感烟式、气体探测式、感光可燃、复合式和智能型等。感烟探测器外形，如图 7-21 所示。

图 7-21 感烟探测器

火灾报警控制器一般可分为区域报警控制器、集中报警控制器和通用报警控制器。

自动灭火系统是在火灾报警装置控制器的联动控制下，执行灭火的自动系统。如自动喷洒水灭火系统、泡沫灭火系统、二氧化碳灭火系统、卤代烷灭火系统等。

（2）共用天线电视系统

共用天线电视接收系统也称为 CATV 系统或电缆电视系统。该系统采用用户共用一组天线接收电视信号，既提高了建筑物内各用户的收视效果，也不影响建筑物的美观。

共用天线电视系统一般由信号源设备、前端设备、传输分配网络和用户终端组成。

信号源设备是用以接收并输出图像及伴音信号的设备。前端设备用以将天线接收的信号进行必要的处理，并送入传输分配系统，一般由天线放大器、频道放大器、混合器、干线放大器、调制器等组成。传输分配系统是将前端输出信号进行传输分配，并尽可能均匀地、以足够强的信号分配给每个用户，它由线路放大器、分配器、分支器和传输电缆等组成。

分配器是分配高频信号电能的装置，常见的有二分配器、三分配器、四分配器。

分支器的作用是将干线信号的一部分送到支线。

传输电缆一般采用同轴电缆，可分为主干线、干线、分支线等。

用户终端又称为用户接线盒，是共用天线电视系统供给电视机电视信号的接线器。用户接线盒有单孔盒和双孔盒之分。单孔盒仅输出电视信号，双孔盒可同时输出电视信号和调频广播信号。用户盒的安装分明装和暗装，明装用户盒可直接用塑料胀管和木螺钉固定在墙上，暗装用户盒应配合土建施工将盒及电缆保护管埋入墙内，盒口应和墙面保持平齐，面板可略高出墙面。

（3）广播音响系统

广播音响系统一般可分为三大类，即业务性广播系统、服务性广播系统、火灾事故广播系统。业务性广播系统主要以满足业务及行政管理为主的语言广播要求，设置于办公楼、商场、院校、车站等建筑物内。系统一般较简单，其设计和设备选型没有过高的要求。服务性广播多以播放欣赏性音乐为主，多设于宾馆、商场或大型公共活动场所。火灾事故广播系统一般与火灾自动报警及联动控制系统配套设置，用于火灾事故发生时或其他紧急情况发生时，引导人员安全疏散。

广播音响系统主要由节目源设备、放大和处理设备、传输线路及扬声器系统四部分组成。节目源设备通常由节目源和设备组成。放大和信号处理设备主要对音频信号进行功率放大，并以电压显示输出具有一定功率的音频信号。传输线路是将处理好的音频信号传输给扬声系统。扬声器系统是将系统传送的音频信号还原为人们耳朵能听到的声音的设备。

（4）电话交换系统

电话交换系统是通信系统的主要方式之一，按传输的媒介可分为有线和无线传输，一般由三部分组成：电话交换设备、传输系统和用户终端设备。交换设备是根据用户通话的要求，交换通断相应电话通路的设备，能够完成建筑物内部用户之间以及内部用户与外部用户之间的话音、数据传输。通信及传输设备包括配线设备、分线设备、配线电缆、用户线及用户终端机。用户终端设备包括电话机、传真机、网络设备等。

智能建筑系统及设备的选择应符合《智能建筑设计标准》GB 50314—2015 的有关规定。

智能建筑工程的验收应符合《智能建筑工程质量验收规范》GB 50339—2013 的有关规定。

八、工程预算的基本知识

（一）工程造价的构成

1. 工程造价的基本知识

（1）工程造价的概念与含义

工程造价就是工程的建造价格，是工程项目按照确定的建设项目、建设规模、建设标准、功能要求、使用要求等全部建成后验收合格并交付使用所需的全部费用。工程泛指一切建设工程。工程造价有两种含义：第一种含义，工程造价是建设一项工程预期或实际开支的全部固定资产的投资费用，这是站在投资者角度来定义的。从这个意义上说，工程造价就是工程投资费用，即建设项目总投资中的固定资产投资。第二种含义，工程造价是指工程价格，即建设一项工程，预计或实际在土地市场、设备市场、技术劳务市场、承包市场等交易活动中所形成的建筑安装工程总价格，即建设项目总投资中的建筑安装工程费用。通常，人们将工程造价的第二种含义认定为工程发承包价格。

（2）基本建设造价文件的分类

在基本建设程序当中，不同的建设阶段，对应有不同的造价文件，如图 8-1 所示。

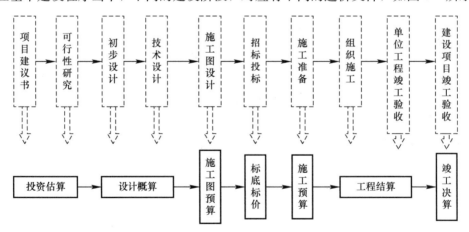

图 8-1　基本建设造价文件

1）投资估算

投资估算是指建设项目在可行性研究、立项阶段，由科研单位或建设单位编制，用以确定建设项目的投资控制额的基本建设造价文件。投资估算是根据建设规模结合估算指标进行估算，一般比较粗略，仅做控制总投资使用。

2）设计概算

设计概算是指建设项目在初步设计阶段由设计单位根据设计图纸、概算定额或概算指标、各项费用定额等资料，预先计算和确定建设项目从筹建到竣工验收、交付使用的全部建设费用的文件。用以确定建设项目概算投资、进行设计方案比较，进一步控制建设项目投资的基本建设造价文件。

3）施工图预算

施工图预算是指在施工图设计完成之后工程开工之前，根据施工图纸、预算定额及相关资料编制的，用以确定工程预算造价及工料的基本建设造价文件。由于施工图预算是根据施工图纸及相关资料编制的，施工图预算确定的工程造价更接近实际，是确定工程造价的依据，是最终确定建筑产品的计划价格。

4）标底（或招标控制价）、投标价

标底（或招标控制价）、标价的编制方法与施工图预算的编制方法相同。

标底是指建设工程发包方为施工招标选取工程承包商而编制的控制价格。国有资金投资的项目，招标人必须编制招标控制价，当控制价超过批准的概算时，应报原概算审批部门审核，且在发布招标文件时，公布招标控制价。

投标价是指建设工程施工招标投标过程中投标方的投标报价。

5）施工预算

施工预算是施工企业在施工阶段编制的，以施工定额为依据编制的工程总费用，施工预算是施工企业内部进行经济核算、加强管理、降低成本和推行奖励制度的重要依据。

6）工程结算

工程结算是指建设工程承包商在单位工程完成后，根据施工合同、设计变更、现场技术签证、费用签证等工程资料，编制的确定工程结算造价的经济文件，是工程承包方与发包方办理工程竣工决算的重要依据。

工程结算分为：预付款、中间结算、竣工结算。工程结算的方式有：按月结算、分阶段结算、竣工后一次结算。

7）竣工决算

竣工决算是指建设项目竣工验收后，建设单位根据工程结算及相关技术经济文件编制的，用以确定整个建设项目从筹建到竣工投产全过程实际总投资的经济文件。

2. 按费用构成要素划分的建筑安装工程费用

建筑安装工程费按照费用构成要素划分，由人工费、材料（包含工程设备，下同）费、施工机具使用费、企业管理费、利润、规费和税金组成。其中人工费、材料费、施工机具使用费、企业管理费和利润包含在分部分项工程费、措施项目费、其他项目费中（图 8-2）。

（1）人工费

人工费是指按工资总额构成规定，支付给从事建筑安装工程施工的生产工人和附属生产单位工人的各项费用。内容包括：

1）计时工资或计件工资

计时工资或计件工资是指按计时工资标准和工作时间或对已做工作按计件单价支付给个人的劳动报酬。

2）奖金

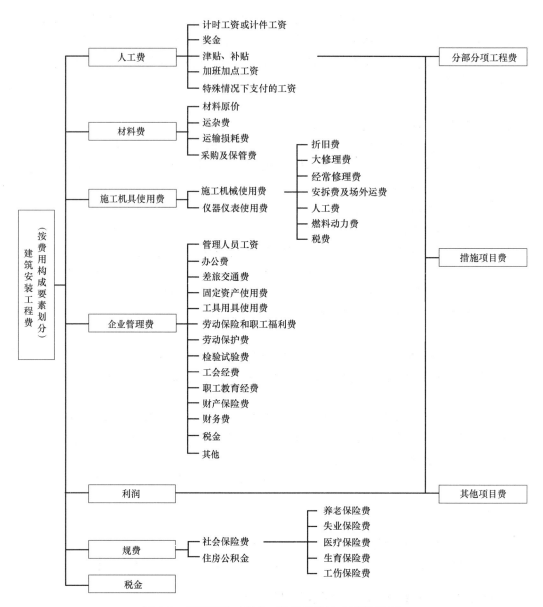

图 8-2 建筑安装工程费 (按照费用构成要素划分)

奖金是指对超额劳动和增收节支支付给个人的劳动报酬。如节约奖、劳动竞赛奖等。

3) 津贴、补贴

津贴、补贴是指为了补偿职工特殊或额外的劳动消耗和因其他特殊原因支付给个人的津贴,以及为了保证职工工资水平不受物价影响支付给个人的物价补贴。如流动施工津贴、特殊地区施工津贴、高温 (寒) 作业临时津贴、高空津贴等。

4) 加班加点工资

加班加点工资是指按规定支付的在法定节假日工作的加班工资和在法定日工作时间外延时工作的加点工资。

5) 特殊情况下支付的工资

特殊情况下支付的工资是指根据国家法律、法规和政策规定，因病、工伤、产假、计划生育假、婚丧假、事假、探亲假、定期休假、停工学习、执行国家或社会义务等原因按计时工资标准或计时工资标准的一定比例支付的工资。

（2）材料费

材料费是指施工过程中耗费的原材料、辅助材料、构配件、零件、半成品或成品、工程设备的费用。内容包括：

1）材料原价

材料原价是指材料、工程设备的出厂价格或商家供应价格。

2）运杂费

运杂费是指材料、工程设备自来源地运至工地仓库或指定堆放地点所发生的全部费用和过境过桥费用。

3）运输损耗费

运输损耗费是指材料在运输装卸过程中不可避免的损耗。

4）采购及保管费

采购及保管费是指为组织采购、供应和保管材料、工程设备的过程中所需要的各项费用。包括采购费、仓储费、工地保管费、仓储损耗。

工程设备是指构成或计划构成永久工程一部分的机电设备、金属结构设备、仪器装置及其他类似的设备和装置。

（3）施工机具使用费

施工机具使用费是指施工作业所发生的施工机械、仪器仪表使用费或其租赁费。

1）施工机械使用费

以施工机械台班耗用量乘以施工机械台班单价表示，施工机械台班单价应由下列七项费用组成：

① 折旧费：是指施工机械在规定的使用年限内，陆续收回其原值的费用。

② 大修理费：是指施工机械按规定的大修理间隔台班进行必要的大修理，以恢复其正常功能所需的费用。

③ 经常修理费：是指施工机械除大修理以外的各级保养和临时故障排除所需的费用。包括为保障机械正常运转所需替换设备与随机配备工具附具的摊销和维护费用，机械运转中日常保养所需润滑与擦拭的材料费用及机械停滞期间的维护和保养费用等。

④ 安拆费及场外运费：安拆费指施工机械（大型机械除外）在现场进行安装与拆卸所需的人工、材料、机械和试运转费用以及机械辅助设施的折旧、搭设、拆除等费用。场外运费指施工机械整体或分体自停放地点运至施工现场或由施工地点运至另一施工地点的运输、装卸、辅助材料及架线等费用。

⑤ 人工费：是指机上司机（司炉）和其他操作人员的人工费。

⑥ 燃料动力费：是指施工机械在运转作业中所消耗的各种燃料及水、电等。

⑦ 税费：是指施工机械按照国家规定应缴纳的车船使用税、保险费及年检费等。

2）仪器仪表使用费

仪器仪表使用费是指工程施工所需使用的仪器仪表的摊销及维修费用。

（4）企业管理费

企业管理费是指建筑安装企业组织施工生产和经营管理所需的费用。内容包括：

1）管理人员工资

管理人员工资是指按规定支付给管理人员的计时工资、奖金、津贴补贴、加班加点工资及特殊情况下支付的工资等。

2）办公费

办公费是指企业管理办公用的文具、纸张、账簿、印刷、邮电、书报、办公软件、现场监控、会议、水电、烧水和集体取暖降温（包括现场临时宿舍取暖降温）等费用。

3）差旅交通费

差旅交通费是指职工因公出差、调动工作的差旅费、住勤补助费，市内交通费和误餐补助费，职工探亲路费，劳动力招募费，职工退休、退职一次性路费，工伤人员就医路费，工地转移费以及管理部门使用的交通工具的油料、燃料等费用。

4）固定资产使用费

固定资产使用费是指管理和试验部门及附属生产单位使用的属于固定资产的房屋、设备、仪器等的折旧、大修、维修或租赁费。

5）工具用具使用费

工具用具使用费是指企业施工生产和管理使用的不属于固定资产的工具、器具、家具、交通工具和检验、试验、测绘、消防用具等的购置、维修和摊销费。

6）劳动保险和职工福利费

劳动保险和职工福利费是指由企业支付的职工退职金、按规定支付给离退休干部的经费、集体福利费、夏季防暑降温、冬季取暖补贴、上下班交通补贴等。

7）劳动保护费

劳动保护费是指企业按规定发放的劳动保护用品的支出。如工作服、手套、防暑降温饮料以及在有碍身体健康的环境中施工的保健费用等。

8）检验试验费

检验试验费是指施工企业按照有关标准规定，对建筑以及材料、构件和建筑安装物进行一般鉴定、检查所发生的费用，包括自设试验室进行试验所耗用的材料等费用。不包括新结构、新材料的试验费，对构件做破坏性试验及其他特殊要求检验试验的费用和建设单位委托检测机构进行检测的费用，对此类检测发生的费用，由建设单位在工程建设其他费用中列支。但对施工企业提供的具有合格证明的材料进行检测，其结果不合格的，该检测费用由施工企业支付。

9）工会经费

工会经费是指企业按《中华人民共和国工会法》规定的全部职工工资总额比例计提的工会经费。

10）职工教育经费

职工教育经费是指按职工工资总额的规定比例计提，企业为职工进行专业技术和职业技能培训，专业技术人员继续教育、职工职业技能鉴定、职业资格认定以及根据需要对职工进行各类文化教育所发生的费用。

11）财产保险费

财产保险费是指施工管理用财产、车辆等的保险费用。

12）财务费

财务费是指企业为施工生产筹集资金或提供预付款担保、履约担保、职工工资支付担保等所发生的各种费用。

13）税金

税金是指企业按规定缴纳的房产税、非生产性车船使用税、土地使用税、印花税等。

14）其他

其他包括技术转让费、技术开发费、投标费、业务招待费、绿化费、广告费、公证费、法律顾问费、审计费、咨询费、保险费等。

（5）利润

利润是指施工企业完成所承包工程获得的盈利。

（6）规费

规费是指按国家法律、法规规定，由省级政府和省级有关部门规定施工单位必须缴纳或计取的费用，具体包括：

1）社会保险费

养老保险费：是指企业按照规定标准为职工缴纳的基本养老保险费。

失业保险费：是指企业按照规定标准为职工缴纳的失业保险费。

医疗保险费：是指企业按照规定标准为职工缴纳的基本医疗保险费。

生育保险费：是指企业按照规定标准为职工缴纳的生育保险费。

工伤保险费：是指企业按照规定标准为职工缴纳的工伤保险费。

2）住房公积金

住房公积金是指企业按规定标准为职工缴纳的住房公积金。

其他应列而未列入的规费，按实际发生计取。

（7）税金

建筑安装工程费用的税金是指按国家税法规定应计入建筑安装工程造价内的增值税销项税额。增值税是以商品（含应税劳务）在流转过程中产生的增值额作为计税依据而征收的一种流转税。从计税原理上说，增值税是对商品生产、流通、劳务服务中多个环节的新增价值或商品的附加值征收的一种流转税。

3. 按造价形成划分的建筑安装工程费用

建筑安装工程费按照工程造价形成由分部分项工程费、措施项目费、其他项目费、规费、税金组成，分部分项工程费、措施项目费、其他项目费包含人工费、材料费、施工机具使用费、企业管理费和利润（图 8-3）。

（1）分部分项工程费

分部分项工程费是指各专业工程的分部分项工程应予列支的各项费用。

1）专业工程

专业工程是指按现行国家计量规范划分的房屋建筑与装饰工程、仿古建筑工程、通用安装工程、市政工程、园林绿化工程、矿山工程、构筑物工程、城市轨道交通工程、爆破工程等各类工程。

2）分部分项工程

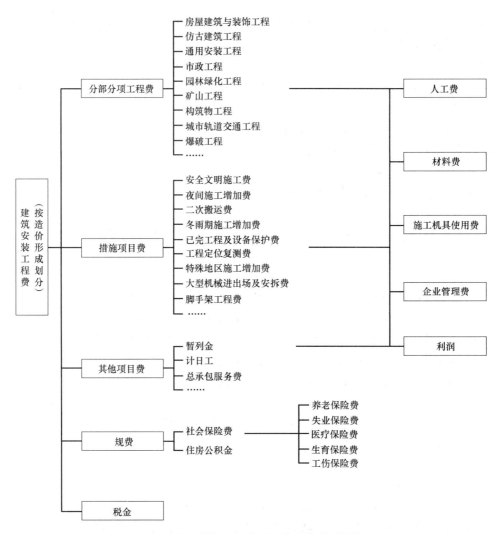

图 8-3　建筑安装工程费用（按造价形成划分）

分部分项工程是指按现行国家计量规范对各专业工程进行划分后的工程。如房屋建筑与装饰工程划分的土石方工程、地基处理与桩基工程、砌筑工程、钢筋及钢筋混凝土工程等。

各类专业工程的分部分项工程划分见现行国家标准或行业计量规范。

（2）措施项目费

措施项目费是指为完成建设工程施工，发生于该工程施工准备和施工过程中的技术、生活、安全、环境保护等方面的费用。内容包括：

1）安全文明施工费

环境保护费：是指施工现场为达到环保部门要求所需要的各项费用。

文明施工费：是指施工现场文明施工所需要的各项费用。

安全施工费：是指施工现场安全施工所需要的各项费用。

临时设施费：是指施工企业为进行建设工程施工所必须搭设的生活和生产用的临时建

筑物、构筑物和其他临时设施费用，包括临时设施的搭设、维修、拆除、清理费或摊销费等。

2）夜间施工增加费

夜间施工增加费是指因夜间施工所发生的夜班补助费、夜间施工降效、夜间施工照明设备摊销及照明用电等费用。

3）二次搬运费

二次搬运费是指因施工场地条件限制而发生的材料、构配件、半成品等一次运输不能到达堆放地点，必须进行二次或多次搬运所发生的费用。

4）冬雨期施工增加费

冬雨期施工增加费是指在冬期或雨期施工为保证工程质量和安全生产所需增加的临时设施、防滑、排除雨雪，人工及施工机械效率降低等费用。

5）已完工程及设备保护费

已完工程及设备保护费是指竣工验收前，对已完工程及设备采取的覆盖、包裹、封闭、隔离等必要保护措施所发生的费用。

6）工程定位复测费

工程定位复测费是指工程施工过程中进行全部施工测量放线和复测工作的费用。

7）特殊地区施工增加费

特殊地区施工增加费是指工程在沙漠或其边缘地区、高海拔、高寒、原始森林等特殊地区施工增加的费用。

8）大型机械设备进出场及安拆费

大型机械设备进出场及安拆费是指机械整体或分体自停放场地运至施工现场或由一个施工地点运至另一个施工地点所发生的机械进出场运输及转移费用及机械在施工现场进行安装、拆卸所需的人工费、材料费、机具费、试运转费和安装所需的辅助设施的费用。

9）脚手架工程费

脚手架工程费是指施工需要的各种脚手架搭、拆、运输费用以及脚手架购置费的摊销（或租赁）费用。

措施项目及其包含的内容详见各类专业工程的现行国家标准或行业计量规范。

（3）其他项目费

1）暂列金额

暂列金额是指建设单位在工程量清单中暂定并包括在工程合同价款中的一笔款项。用于施工合同签订时尚未确定或者不可预见的所需材料、工程设备、服务的采购，施工中可能发生的工程变更、合同约定调整因素出现时的工程价款调整以及发生的索赔、现场签证确认等的费用。

2）计日工

计日工是指在施工过程中，施工企业完成建设单位提出的施工图纸以外的零星项目或工作所需的费用。

3）总承包服务费

总承包服务费是指总承包人为配合、协调建设单位进行的专业工程发包，对建设单位自行采购的材料、工程设备等提供保管以及施工现场管理、竣工资料汇总整理等服务所需的费用。

(4) 规费定义同前。

(5) 税金定义同前。

4. 市政工程费用

市政工程费用是指包括道路、桥涵和排水等在内的各种市政设施的工程费用的总和。其费用构成与建筑工程费用相同。

(二) 工程造价的定额计价方法的概念

1. 建筑工程费用计价方法

根据《建筑工程施工发包与承包计价管理办法》(建设部令第 107 号) 的规定,发包与承包价的计算方法分为工料单价法和综合单价法。

(1) 工料单价法计价程序,如图 8-4 所示。

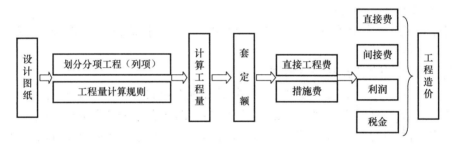

图 8-4 工料单价法计价程序

工料单价法是依据设计图纸和建筑工程工程量计算规则计算出分部分项工程量后套建筑工程定额乘以工料单价,合计得到直接工程费,直接工程费汇总后再加措施费、间接费、利润和税金生成工程承发包价。其计算程序分为以直接费、人工费+机械费、人工费为计算基础三种。建筑工程一般以直接费为计算基础进行计价。

(2) 综合单价法计价程序

综合单价法分为全费用综合单价和部分费用综合单价,全费用综合单价其单价内容包括直接工程费、措施费、间接费、利润和税金。由于大多数情况下措施费由投标人单独报价,而不包括在综合单价中,此时综合单价仅包括直接工程费、间接费、利润和税金。

综合单价如果是全费用综合单价,则综合单价乘以各分项工程量汇总后,就生成工程承发包价格。如果综合单价是部分费用综合单价,如综合单价不包括措施费,则综合单价乘以各分项工程量汇总后,还须加上措施费才得到工程承发包价格。

2. 市政工程费用计价方法

市政工程费用计价方法与建筑工程费用计价方法是相同的，区别在于：市政工程费用计价时使用的是市政工程定额和市政工程工程量计算规则。

（三）工程造价的工程量清单计价方法的概念

1. 工程量清单计价的概念

（1）工程量清单计价的概念

工程量清单计价，是建设工程招标投标中，招标人按照国家统一的工程量计算规则提供工程量清单，由投标人依据工程量清单自主报价，并按照经评审合理低价中标的计价模式。一个建设工程项目的工程量清单由五个清单组成，分别是分部分项工程量清单、措施项目清单、其他项目清单、规费项目清单和税金项目清单，如图8-5所示。

（2）工程量清单计价的意义

我国工程造价的确定，长期以来实行的是以预算定额为主要依据，人材机消耗量、人材机单价、费用的"量、价、费"相对固定的静态计价模式，实质上是计划经济的产物，不能适应市场经济的发展要求，尽管在1992年提出了"控制量、指导价、竞争费"的动态计价模式，但控制量实质上是社会平均水平，无法体现各施工企业的实际消耗量，不利于施工企业管理水平和劳动生产率的提高、不能充分体现市场的公平竞争。

在实行社会主义市场经济的今天，实行工程量清单计价，建设工程造价实行政府宏观调控，企业自主报价，市场竞争形成价格。与传统的定额计价模式相比，由过去的政府控制价格转变为市场形成价格，有利于促进建设市场有序竞争和企业健康发展。

（3）工程量清单计价规范

为了适应我国社会主义市场经济发展的需要，规范建设工程造价计价行为，统一建设工程工程量清单的编制和计价方法，维护发包人和承包人的合法权益，根据《中华人民共和国建筑法》《中华人民共和国招标投标法》等法律法规，住房和城乡建设部制定并发布了国家标准《建设工程工程量清单计价规范》GB 50500—2013（以下简称新《计价规范》）。

新的《计价规范》由规范正文和9个专业工程工程量计算规范组成。

《计价规范》正文共16章，分为总则、术语、一般规定、工程量清单编制、招标控制价、投标报价……工程计价表格等。

新的《计价规范》中专业工程工程量"计算规范"共9个，它们是房屋建筑与装饰工程、仿古建筑工程、通风安装工程、市政工程、园林绿化工程、矿山工程、构筑物工程、城市轨道交通工程、爆破工程。

（4）工程量清单计价的范围

《计价规范》规定，凡使用国有资金投资的建设工程发承包，必须采用工程量清单计价；非国有资金投资的建设工程宜采用工程量清单计价。

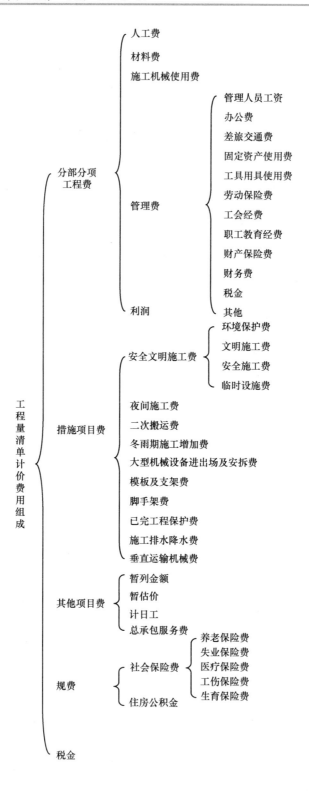

图 8-5　工程量清单计价费用组成

2. 工程量清单计价方法

《计价规范》规定：工程量清单应采用综合单价计价。

《计价规范》中的工程量清单综合单价是指完成一个规定计量单位的分部分项工程量清单项目所需的人工费、材料费、工程设备费、施工机具使用费和企业管理费、利润以及一定范围内的风险费用。

综合单价法计价程序如图 8-6 所示。

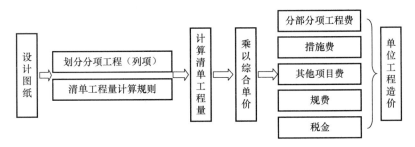

图 8-6　综合单价法计价程序

综合单价法的基本思路是：根据工程量清单的工程量（清单工程量是依据设计图纸和清单工程量计算规则由招标人编制，在购买的招标文件中已经包含），先计算出分项工程的综合单价，乘以清单工程量，得到分部分项工程费，再加上措施项目费、其他项目费及规费，再用四项费用的合计乘以税率得出税金，最后汇总得到单位工程造价。

（四）施工预算、结算和决算的概念

1. 施工预算

施工预算是指在施工阶段，在施工图预算的控制下，施工单位项目部根据施工图计算的分部分项工程量、施工定额、单位工程施工组织设计、工程项目预定的目标利润等资料，通过工料分析，计算完成一个单位工程中的分部分项工程所需的人工、材料、机械台班消耗量及其相应费用的经济文件，是用来确定施工成本计划目标值的依据。

施工定额是以工序为研究对象，完成单位合格工序所必须消耗的人工、材料和机械台班的数量标准，具有企业性，是施工企业内部核算的依据，是以社会平均先进水平编制的。

2. 工程结算

（1）工程结算

工程结算是指承包方在工程实施过程中，依据施工合同中关于付款条件的规定和已经完成的工程量，并按照规定的程序向发包方收取工程价款的一项经济活动。可以根据不同情况采用按月结算、竣工后一次结算、分段结算等多种方式。

承包人首先按照合同约定，向发包人递交已完工程量报告，发包人按照合同约定及时核对。然后承包人在付款周期末，向发包人递交进度款支付申请，主要包括本周期已完成工程的价款、累计已完成的工程价款、累计已支付的价款、应增加或扣减的变更、索赔金额、应扣减的工程预付款和质量保证金以及其他金额等，并附相应的证明文件。发包人在收到承包人递交的工程进度款支付申请及相应的证明文件后，按照合同约定的时间内核对和支付工程进度款。工程款支付申请表见表 8-1，工程变更费用报审表见表 8-2，费用索赔申请表见表 8-3。

工程款支付申请表 表 8-1

工程名称		编号	
		日期	

致_____（监理单位）：

    我方已完成了_____工作，按施工合同的规定，建设单位应在_____年____月___日前支付该项工程款共计（大写）_____，（小写）_____，现报上_____工程付款申请表，请予以审查并开具工程款支付证书。

附件：

1. 工程量清单；

2. 计算方法。

承包单位名称：   项目经理（签字）：

工程变更费用报审表 表 8-2

工程名称		施工编号	
		监理编号	
		日期	

致_____（监理单位）：

    兹申报第（   ）号工程变更单，申请费用见附表，请予以审核。

    附件：工程变更费用计算书。

        专业承包单位_____   项目经理/责任人_____
        施工总承包单位_____   项目经理/责任人_____

监理工程师审核意见：

        监理工程师_____
        日期_____

总监理工程师审核意见：

        监理单位名称_____
        总监理工程师_____
        日期_____

费用索赔申请表　　　　　　　　　　　　　　　表 8-3

工程名称		编号	
		日期	

致_____（监理单位）：

　　根据施工合同第_____条____款的约定，由于_____的原因，我方要求索赔金额共计人民币（大写）_____元，请予以批准。

　　附件：

　　1. 索赔的详细理由及经过；

　　2. 索赔金额的计算；

　　3. 证明材料。

承包单位名称_____　　　　　　　　　　　　项目经理_____

工程结算反映了结算部位的实际造价。

（2）竣工结算

竣工结算是指建设工程承包商在工程竣工后，根据施工合同、设计变更、现场技术签证、费用签证等竣工资料，编制的确定工程竣工结算总造价的经济文件。

竣工结算编制的基本方法：竣工结算价＝合同价＋调整价。

竣工结算由承包人依据施工合同、工程竣工图纸及资料、双方确认的工程量、双方确认追加（减）的工程价款、双方确认的索赔、现场签证事项及价款、投标文件和招标文件等编制，由发包人核对。

3. 竣工决算

竣工决算是指建设项目竣工验收后，建设单位根据竣工结算及相关技术经济文件编制的，用以确定整个建设项目从筹建到竣工投产全过程实际总投资的经济文件。竣工决算包括竣工结算工程造价、设备购置费、勘察设计费、征地拆迁费和其他一切全部建设费用的总和。

竣工决算全面反映一个建设项目或单项工程在建设全过程中各项资金的实际使用情况及设计概算的执行结果。它是竣工报告的主要组成部分，也是工程建设程序的最后一环，竣工决算由建设单位编制。

九、计算机和相关资料管理软件的应用知识

（一）计算机系统基础知识

1. 计算机系统组成及工作原理

计算机系统由硬件系统和软件系统两部分组成。硬件系统包括运算器、控制器、存储器、输入设备、输出设备。软件系统包括系统软件和应用软件。计算机采用了"存储程序"的工作原理。

（1）计算机系统组成

硬件系统由各种物理部件组成，硬件的性能决定了软件的运行速度。软件系统是为了运行、管理和维护计算机而编写的程序及其文档的总和。程序是用程序设计语言描述的适合计算机执行的语句指令序列。文档是描述程序设计过程及程序说明等相关资料。硬件系统和软件系统相辅相成，只有有效地结合起来，计算机系统才能充分发挥其功能，共同构成一个完整的计算机系统，如图 9-1 所示。

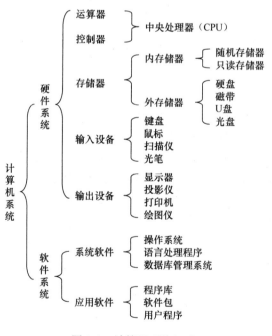

图 9-1　计算机系统组成

（2）计算机系统工作原理

计算机的基本工作原理是美籍匈牙利科学家冯·诺依曼于 1946 年首先提出来的，如

214

图 9-2 所示。

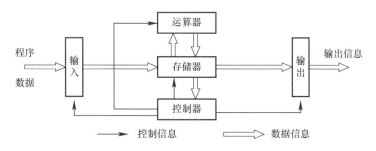

图 9-2　计算机系统工作原理

1）计算机由运算器、控制器、存储器、输入设备、输出设备组成。

2）程序和数据在计算机中以二进制形式存储，二进制是由"0"和"1"两个基本数字组成。位、字节、字长是计算机的存储单位。计算机中用来存放二进制的 0 或 1 的一个位数称为位（bit），也称为比特，它是计算机中数据的最小表示单位。一个字节由 8 个二进制位（bit）组成，它是表示存储空间大小的最基本的容量单位。计算机一次存储、处理和传递的数据长度称为字长，字长决定了计算机性能。

3）计算机的工作过程是由存储程序控制的。程序是用程序设计语言描述的适合计算机执行的语句指令序列。计算机之所以能自动、正确地按人们的意图工作，是由于人们事先已把计算机如何工作的程序和原始数据通过输入设备送到计算机的存储器中。因为计算机只能识别二进制数，所以指令都是用二进制编码表示。

2. 计算机硬件的组成及各部件的功能

计算机硬件系统由运算器、控制器、存储器、输入设备、输出设备组成，分布在主机及外部设备中。主机包括主板、CPU、内存、硬盘、光驱、电源。外部设备包括键盘、鼠标、显示器、打印机、扫描仪、投影仪等。

（1）主板

主板又叫主机板，如图 9-3 所示。安装在主机箱内，是计算机最基本和最重要的部件之一，主板的性能决定着整个计算机系统的性能。主板是组成计算机的主要电路系统，包括 BIOS 芯片、I/O 控制芯片、键盘和面板控制开关接口、指示灯插接件、扩展插槽、主板及插卡的直流电源供电接插件等元件。

（2）CPU

CPU（中央处理器），如图 9-4 所示，是计算机的核心设备，是计算机的运算核心和控制核心。其功能是解释计算机指令以及处理计算机软件中的数据。它的性能决定了整个计算机的性能。

衡量 CPU 性能的重要指标有字长、主频、核心数量和线程数。字长有 8 位、16 位、32 位和 64 位。字长越长，运算精度越高，处理能力越强。目前主流 CPU 使用 64 位技术。主频是

图 9-3　主板

指 CPU 的工作时钟频率,在很大程度上决定了 CPU 的运行速度。主频越高,微处理器的运算速度越快。通常用 MHz(兆赫兹)表示。但频率提升遇到了瓶颈,主频只能提升到3G~3.8G 的水平。2005 年,Intel/AMD 发布了划时代的双核 CPU,自此,CPU 进入了多核时代,现在 CPU 的核心数已上升到十六核、二十四线程或更多。

(3)内存

内存又称主存,如图 9-5 所示,是计算机的重要部件,由半导体材料制成,存取速度快。计算机中所有程序的运行都在内存中进行,CPU 把需要运算的数据调到内存中进行运算,当运算完成后 CPU 再将结果传送到外存,内存的大小和速度决定了计算机的运行速度。

图 9-4 CPU

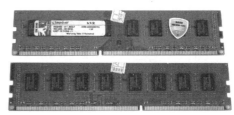

图 9-5 内存

图 9-6 硬盘

(4)硬盘

硬盘是计算机主要的存储设备,由一个或多个的盘片组成,如图 9-6 所示。大数硬盘都是固定硬盘,盘片被密封在硬盘驱动器中避免灰尘等损伤硬盘。

硬盘有 5.25 英寸、3.5 英寸、2.5 英寸和 1.8 英寸等尺寸规格。目前笔记本是 2.5 英寸硬盘,台式机是 3.5 英寸硬盘。

存储容量是硬盘最主要的指标,常以兆字节(MB)或千兆字节(GB)为单位,1GB=1024MB。但硬盘厂商在标称硬盘容量时通常取 1G=1000MB,因此我们在格式化硬盘时看到的容量会比厂家的标称值要小。近两年主流硬盘是 500G,而 1T 以上的大容量硬盘亦已开始逐渐普及。

转速是硬盘盘片一分钟的最大旋转次数,它的快慢决定了硬盘的传输速率,直接影响到硬盘的速度。硬盘转速单位表示为 rpm(转/每分钟)。rpm 值越大,内部传输率就越快,访问时间就越短,硬盘的整体性能也就越好。普通台式机的硬盘转速一般有 5400rpm、7200rpm 两种,笔记本电脑为 4200rpm、5400rpm 两种。服务器硬盘性能要求最高,服务器中使用的 SCSI 硬盘转速基本都采用 10000rpm,甚至 15000rpm。

缓存是硬盘控制器上的一块内存芯片,有极快的存取速度,它是硬盘和外界之间的缓冲器。缓存的大小与速度关系到硬盘的传输速度,能够大幅度地提高硬盘整体性能。

硬盘有 ATA、IDE、SATA、SATA2、SCSI、光纤通道、SAS 接口。现在主流硬盘就是 SATA 硬盘又叫串口硬盘,采用串行连接方式,具备更强的纠错能力,很大程度上提高了数据传输的可靠性。

（5）光驱和光盘

1）光驱

光驱是计算机的一个成标准配置，如图 9-7 所示。分为 CD-ROM 驱动器、DVD 光驱（DVD-ROM）、康宝（COMBO）和刻录机等。

CD-ROM 光驱：是一种只读的光存储介质，是利用 CD-DA（Digital Audio）格式发展起来的。

DVD 光驱：是一种可以读取 DVD 碟片的光驱，除了兼容 DVD-ROM、DVD-VIDEO、DVD-R、CD-ROM 等常见的格式外，对于 CD-R/RW、CD-I、VIDEO-CD、CD-G 等都有很好的支持。

图 9-7　光驱

COMBO 光驱：是一种集合了 CD 刻录、CD-ROM 和 DVD-ROM 为一体的多功能光存储产品。

刻录光驱：包括了 CD-R、CD-RW 和 DVD 刻录机等，其中 DVD 刻录机又分 DVD＋R、DVD-R、DVD＋RW、DVD-RW（W 代表可反复擦写）和 DVD-RAM。刻录机的外观和普通光驱差不多，只是其前置面板上通常都清楚地标识着写入、复写和读取三种速度。

2）光盘

光盘以光信息作为存储物的载体，用来存储数据，不易受到外界磁场的干扰，可靠性高，信息保存的时间长。在正常室温下，光盘盘片可保存 100 年之久。光盘的存储容量大，CD 光盘的存储容量是 650MB，DVD 光盘的存储容量是 4.7GB。

光盘根据性能分为只读型光盘、一次性写入光盘、可擦除光盘、数字多功能光盘。

只读型光盘（CD-ROM）：CD-ROM 是光驱的最早形式，也是使用最为广泛的一种光驱。它由厂家写入程序或数据，出厂后用户只能读取，但不能写入和修改存储的内容。它的制作成本低、信息存储量大而且保存时间长。

一次性写入光盘（CD-R）：CD-R 允许用户一次写入多次读取。由于信息一旦被写入光盘便不能被更改，因此用于长期保存资料和数据等。

可擦除光盘（CD-RW）：CD-RW 集成了软磁盘和硬磁盘的优势，既可以读数据，也可以将记录的信息擦去再重新写入信息。它的存储能力大大超过了软磁盘和硬磁盘。

数字多功能光盘（DVD）：DVD（Digital Versatile Disc）集计算机技术、光学记录技术和影视技术等为一体，其目的是满足人们对大存储容量、高性能的存储媒体的需求。现在 DVD 的存储容量高达 18GB。

（6）移动存储器

移动硬盘以硬盘为存储介质，如图 9-8 所示。它便于携带，存储容量大、传输速度快、使用方便，多采用 USB、IEEE1394 等传输速度较快的接口，可以有较高的速度与系统进行数据传输。目前主流 2.5 英寸品牌移动硬盘的读取速度约为 15～25MB/s，写入速度约为 8～15MB/s。

闪存也就是优盘，如图 9-8 所示，是深圳朗科公司发明的。它具有内存可擦可写可编程的优点，还具有体积小、重量轻、读写速度快、断电后资料不丢失等特点，所以被广泛应用于数码相机、MP3 播放器和移动存储设备。闪存的接口一般为 USB 接口，目前容量

217

已达 1TB。

固态硬盘（Solid State Disk 或 Solid State Drive，简称 SSD），又称固态驱动器，是用固态电子存储芯片阵列制成的硬盘。

固态硬盘的存储介质分为两种，一种是采用闪存（FLASH 芯片）作为存储介质，另外一种是采用 DRAM 作为存储介质。最新还有英特尔的 XPoint 颗粒技术。

新一代的固态硬盘普遍采用 SATA-2 接口、SATA-3 接口、SAS 接口、MSATA 接口、PCI-E 接口、M.2 接口、CFast 接口、SFF-8639 接口和 NVME/AHCI 协议。

固态硬盘的优点：读写速度快（可达到 2000MB/s 左右，甚至 4000MB/s 以上）、无噪声、防震抗摔性好、低功耗、工作温度范围大（−40℃～85℃）、重量轻、便于携带。

（7）扫描仪

扫描仪是一种光电一体化的设备，属于图形式输入设备，如图 9-9 所示。其通常用于各种形式的计算机图像、文稿的输入，并对这些图像形式的信息进行编辑处理，主要性能指标是分辨率、灰度级和色彩数。

图 9-8 移动硬盘和优盘　　　　　　图 9-9 扫描仪

分辨率表示了扫描仪对图像细节的表现能力，通常用每英寸上扫描图像所包含的像素点表示，单位为 dpi（dot per inch），目前扫描仪的分辨率在 300～1200 dpi。灰度级表示灰度图像的亮度层次范围，级数越多说明扫描仪图像的亮度范围越大，层次越丰富。目前大多数扫描仪的灰度级为 1024 级。色彩数表示彩色扫描仪所能产生的颜色范围，通常用每个像素点上颜色的数据位数 bit 表示。

（8）显示器

显示器是计算机不可缺少的输出设备，用户通过它查看输入计算机的程序、数据和图形等信息以及计算机处理后的中间和最后结果，是人机对话的主要工具。通常有阴极射线管显示器（CRT）、液晶显示器（LCD）、等离子显示器（PDP）三类。显示器性能的主要参数是分辨率、灰度级和刷新率。

分辨率是指显示器所能显示的像素点的个数，一般用整个屏幕上光栅的列数与行数的乘积来表示。这个乘积越大，分辨率就越高。显示器必须配置正确的显示器适配卡（俗称显卡）才能构成完整的显示系统。现在常用的 19″的宽屏幕 LCD 分辨率是 WXGA＋（1440×900），也是宽屏幕笔记本电脑常见的分辨率。WSXGA＋（1680×1050）是 20″和 22″宽屏幕 LCD 和部分 15.4″笔记本电脑的分辨率。

灰度级是指每个像素点的亮暗层次级别，或者可以显示的颜色的数目，其值越高，图像层次越清楚逼真。若用 8 位来表示一个像素，则可以有 256 级灰度或颜色。

刷新率以 Hz 为单位，CRT 显示器的刷新率一般应高于 75Hz，若刷新率过低，屏幕就会有闪烁现象。

（9）打印机

打印机是计算机系统最基本的输出形式，如图 9-10 所示。可以把文字或图形在纸上输出，供用户阅读和长期保存。打印机按工作原理可分为击打式打印机和非击打式打印机两类，非击打式打印机主要有激光打印机和喷墨打印机。

图 9-10　针式打印机、喷墨打印机、激光打印机

击打式打印机是将字模通过色带和纸张直接接触而打印出来的。击打式打印机又分为字模式和点阵式两种。点阵式打印机是用一个点阵表示一个数字、字母和特殊符号的，点阵越大，点数越多，打印字符就越清晰。目前我国普遍使用的针式打印机就属于击打式打印机，针式打印机速度慢，噪声大，但它特别适合打印票据，所以财务人员经常使用它。

激光打印机打印效果清晰，质量高，而且速度快、噪声小。激光打印机是目前打印速度最快的一种。随着价格的下降和出色的打印效果，已经被越来越多的人们所接受。喷墨打印机具有打印质量较高、体积小、噪声小的特点。喷墨打印机的打印质量优于针式打印机，但是需要经常更换墨盒。

3. 计算机软件知识

计算机软件系统包括系统软件和应用软件。系统软件包括操作系统、语言处理程序和数据库管理系统。应用软件包括程序库、软件包和用户程序。

（1）系统软件

系统软件能够调度、监控和维护计算机资源，扩充计算机功能，提高计算机效率。系统软件是用户和裸机的接口，主要包括操作系统、语言处理程序、数据库管理系统等，其核心是操作系统。

1）操作系统

操作系统（Operating System）是最基本最重要的系统软件，用来管理和控制计算机系统中硬件和软件资源的大型程序，是其他软件运行的基础。操作系统负责对计算机系统的全部软、硬件和数据资源进行统一控制、调度和管理。其主要作用就是提高系统的资源利用率、提供友好的用户界面，从而使用户能够灵活、方便地使用计算机。目前比较流行的操作系统有 Windows、Unix、Linux 等。

2）语言处理程序

人与人交流需要语言，人与计算机之间交流同样需要语言。人与计算机之间交流信息使用的语言叫作程序设计语言。按照其对硬件的依赖程度，通常把程序设计语言分为 3类：机器语言、汇编语言和高级语言。

除机器语言以外，采用其他程序设计语言编写的程序，计算机都不能直接运行，这种程序称为源程序，必须将源程序翻译成等价的机器语言程序，即目标程序，才能被计算机识别和执行。承担把源程序翻译成目标程序工作的是语言处理程序。

3）数据库管理系统

数据库管理系统主要面向解决数据处理的非数值计算问题，对计算机中存放的大量数据进行组织、管理、查询。目前，常用的数据库管理系统有 SQL Server、Oracle、Mysql 等。

（2）应用软件

应用软件是用户为解决各种实际问题而编制的计算机应用程序及其有关资料。如微软的 Office 系列软件和工程资料管理软件，就是针对办公应用的软件。

4. 计算机系统安全知识

采取有效措施保证计算机系统、计算机网络及其中信息的存储和传输的安全，防止因偶然或恶意的原因使计算机软硬件资源或网络系统遭到破坏，数据遭到泄露、丢失和篡改。

通过备份数据、安装系统补丁、安装杀毒软件可以有效地保障计算机系统安全和数据安全。

（1）恶意软件

有恶意目的的软件即恶意软件，通常有非法入侵和网络攻击两种方式。非法入侵是非法用户通过技术手段、欺骗手段的方式，以非正常方式侵入计算机系统或网络系统后，窃取、篡改、删除系统中的数据或破坏系统的正常运行。网络攻击是通过向网络系统或计算机系统集中发起大量的非正常访问，而使其无法响应正常的服务请求，也称为拒绝服务攻击。

（2）计算机病毒

计算机病毒是编制或者在计算机程序中插入的破坏计算机功能或者毁坏数据，影响计算机使用，并能自我复制的一组计算机指令或者程序代码。它可以在计算机运行过程中把自身准确复制或有修改地复制到其他程序体内。

1）破坏系统资源

大部分病毒在发作时直接破坏计算机系统的资源，如改写主板上 BIOS 中的数据、改写文件分配表和目录区、格式化磁盘、删除文件、改写文件等，导致程序或数据丢失，甚至整个计算机系统和网络系统的瘫痪。

2）占用系统资源

有的病毒虽然没有直接的破坏作用，但通过自身的复制占用大量的存储空间，甚至占满存储介质的剩余空间，因此影响正常程序及相应数据的运行和存储。

3）计算机病毒的传染途径

通过软盘、移动硬盘、光盘和 U 盘等外存设备传染，也可通过计算机网络传染。

4）计算机病毒的预防和处理

安装和正确使用杀毒软件，主流的杀毒软件有瑞星杀毒软件、江民杀毒软件、金山毒霸、卡巴斯基杀毒软件、诺顿杀毒软件、360 杀毒等。

（3）黑客

黑客原指热心于计算机技术、水平高超的计算机专家，特别是指高水平的编程人员。现在黑客一词泛指那些专门利用系统漏洞在计算机网络上搞破坏或做恶作剧的人。黑客常用的攻击方式有用穷举搜索法发现并利用后门侵入系统；通过字典攻击、暴力猜解、网络监听等方法获取口令；使用网络钓鱼方法用欺骗手段获取他人的个人信息，然后窃取用户的重要数据或资金。主要手段有发送含有虚假信息的电子邮件、建立假冒的网上银行和网上证券网站、利用虚假的电子商务活动、利用木马等技术手段、利用用户的弱口令设置等。

（4）防范

使用安全级别比较高的正版操作系统、数据库管理系统等软件，并注意给软件系统及时打补丁，修补软件漏洞；安装入侵检测系统、防火墙和防病毒软件。

不要轻易打开和相信来路不明的电子邮件；不要从不明网址下载软件；在进行网上交易时要认真核对网址，看是否与真正网址一致；不要轻易输入账号、密码、身份证号等个人信息；尽量避免在网吧等公共场所进行网上电子商务交易。

不要选诸如身份证号码、出生日期、电话号码、吉祥数等作为密码，这样的弱密码很容易破译。

（二）计算机文字处理应用基本知识

1. Word 的基本操作

掌握 Word 2007 的文本编辑；SmartArt 工具；图片编辑；表格编辑；设置封面、页眉、页脚、页码；样式设置；编制目录；打印设置等基本操作。

（1）选择文本

Word 中选择文本的时候可以通过快捷键组合实现不同的选择模式。

按住【Ctrl】键：用鼠标可以在文档中选择不连续的选区。

按住【Shift】键：用鼠标可以从光标闪动位置到鼠标单击位置进行扩展选择，对选择文档中的大段内容非常有效。

按住【Alt】键：选择一个矩形选区。

选择【样式】→【选择格式相似的文本】：Word 2007 能够自动选中格式相似的文本。先选中一部分文本，然后点击右键选择【样式】→【选择格式相似的文本】，来实现对于文档中多处具有类似格式文本的选择，如图 9-11 所示。

图 9-11　选择格式相似的文本

221

（2）SmartArt

SmartArt 是 Office 2007 中引入的新的元素，有近 200 种不同的 SmartArt 图形。

在【插入】选项卡中选择【SmartArt】。在弹出的对话窗口中可以根据要表达的内容，选择需要的 SmartArt 图形，点击【确定】按钮。生成的 SmartArt 图形左侧的文本编辑框可对 SmartArt 中的文本进行编辑，如图 9-12 所示。

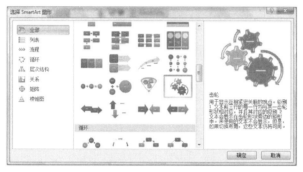

图 9-12 SmartArt 工具

在【SmartArt 工具】的【设计】中，可以对 SmartArt 图表的布局、样式效果进行调整。

在【SmartArt 工具】的【格式】中，可以改变 SmartArt 图表的形状、形状样式、艺术字样式、排列及大小。

（3）图片编辑

在 Word 2007 中采用了增强的图形和图表引擎，图形和图表的处理能力有了很大的提高。在 Word 文档中插入了一幅图片，如果希望将图片进行美化或编辑，将不再需要图像处理软件。

选择【插入】选项卡中的【图片】，选择一张图片插入到文档中。在【图片工具】的【格式】中的【图片样式】可对图片进行各种效果的设定，例如可以设置图片的显示样式。还可以在【图片形状】以及【图片效果】中选择相应的效果，所有这些效果都能够立刻以图片呈现，如图 9-13 所示。

图 9-13 图片编辑

（4）表格编辑

表格是 Word 中经常用到的对象，能够清晰地展现内容。选择【插入】选项卡中的

【表格】，设置表格的行列数后形成表格。

在【表格工具】的【设计】中，能够方便地设置表格样式，能调整边框线性、颜色和粗细，还能设置表格的底纹。

在【表格工具】的【布局】中，能设置表格的属性，绘制斜线表头，插入或删除行列，合并或拆分单元格，调整单元格的大小，设置表格内文字的对齐方式等。在【数据】选项中能对表格内的数据进行排序，重复标题行功能是在表格出现分页的时候，会自动在下一页重复表格的标题行，还能用公式功能对表格中的数据进行统计、计算，如图 9-14 所示。

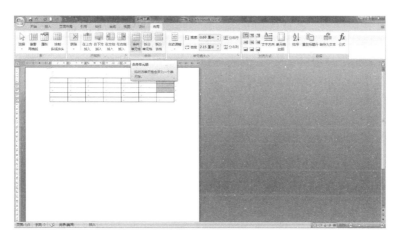

图 9-14　表格编辑

（5）封面、页眉、页脚

Word 2007 中预置了很多封面、页眉、页脚的样式，选择【插入】选项卡中的【封面】或【页脚】或【页眉】，在弹出的预览中选择您需要的样式。再对封面、页眉、页脚进行简单设置，美观的页面就编辑好了，如图 9-15 所示。

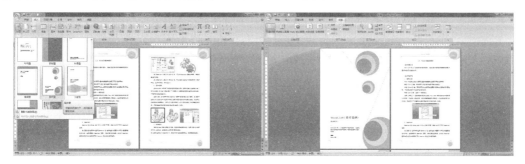

图 9-15　封面、页眉、页脚设置

（6）页码

如果想将一篇 Word 文档中的页码分成两个部分，并分别排序。例如：目录用罗马字母标记页码和正文用阿拉伯数字标记页码。首先，要在两部分之间插入一个分节符，选择【页面布局】→【分隔符】→【分节符】→【下一页】选项。接下来双击第二部分的页码位置，在【页眉和页脚工具】的【设计】中，关闭【链接到前一条页眉】按钮，则将两部分页码之间的关联断开了，如图 9-16 所示。

图 9-16　页眉和页脚工具

图 9-17　页码格式

最后再分别对两部分的页码设置页码格式，编号格式对应设置为罗马字母格式和阿拉伯数字格式，将页码编号的起始页码改为"1"和"Ⅰ"，如图 9-17 所示。

（7）样式

在内容较多的 Word 文档中，标题经常有很多个级别，如果在正文中逐个去设置标题、正文的字体、字号、行距、对齐方式等参数，会非常的烦琐。可以使用 Word 中的【样式】对文档的内容进行快速设置。

在 Word 中有很多预设好的样式，可以在选定标题后，在【开始】选项卡【样式】中选择想要的标题样式，这样就可以把它的格式附到标题上去，也可以用【Ctrl】键组合来成批设置。用此方法依次设置好你的一级、二级、三级到多级标题。

如果【样式】中的预设样式不能满足要求，可以新建样式，将要求的格式填入新的样式中，【确定】后新样式就添加在【样式】栏中的样式库中，以供选择。在样式名称上点击鼠标右键，选择【删除】项来删除样式库中不需要的样式。

如果希望修改某一样式的格式，不用去修改文字上的格式，只要在相应的样式名称上点击鼠标右键，选择【修改】项，可对样式的各种格式进行修改设置。在弹出的修改样式窗口中，可以对默认样式修改，修改后的效果会自动应用到所有已经应用了这种样式的文字上去，如图 9-18 所示。

图 9-18　样式设置

（8）编制目录

如果需要对文档编制目录，可以选择【引用】选项卡上的【目录】，选择【手动表格】，然后在表格内手工编辑目录。

如果已经用样式对文档的层次结构进行了设定，即"标题 1"、"标题 2"……那么 Word 就能够自动根据这些标题的层次生成目录结构。

选择【引用】选项卡上的【目录】，选择【自动目录 1】或【自动目录 2】，即可生成一个非常规整的自动目录。

如果目录的页码或文字内容有所变化，只需要在目录上点击右键，选择【更新域】即可刷新目录，让目录随时保持最新状态，如图 9-19 所示。

图 9-19　编制目录

（9）打印

可以使用【打印预览】功能查看 Word 文档打印出来的效果，以便及时调整页边距、分栏、字体格式、段落格式等设置。

单击【Office 按钮】，在弹出的 Office 菜单中选择【打印】选项，并在打开的下一级菜单中单击【打印预览】命令。在打开的"打印预览"窗口中可以查看 Word 文档打印出的效果，用户在"打印预览"功能区中设置页边距、纸张方向、纸张大小等选项，使得打印出的效果更适合实际使用。单击"关闭打印预览"按钮可以返回 Word 文档编辑状态。

在实际工作中，经常需要将当前 Word 文档以比实际设置的纸张更大或更小的纸张类型进行打印。例如，将当前 A3 纸张幅面的文档打印成 A4 纸张幅面。单击【Office 按钮】，在弹出的 Office 菜单中选择【打印】选项，并在打开的下一级菜单中单击【打印】命令。在打开的"打印"对话框中，单击"缩放"区域的"按纸张大小缩放"下拉三角按钮。在下拉列表中选中合适的纸型，并单击"确定"按钮开始打印。

现在大多数打印机都不支持双面打印功能，可以借助 Word 2007 提供的【手动双面打印】功能实现双面打印 Word 文档的目的。在打开的"打印"对话框中，选中"手动双面打印"复选框，单击"确定"按钮后开始打印当前 Word 文档的奇数页，完成奇数页的打印后，将已经打印奇数页的纸张正确放入打印机开始打印偶数页，如图 9-20 所示。

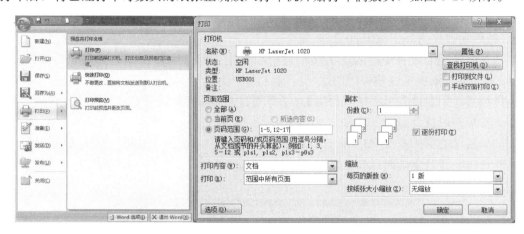

图 9-20　打印设置

2. Excel 的基本操作

掌握 Excel 2007 的选择性粘贴；相对引用、绝对引用和混合引用；公式编写；函数基本操作。

（1）选择性粘贴

【选择性粘贴】是 Excel 强大的功能之一，它不像常用的【复制】、【粘贴】那样简单，而是把剪贴板中的内容按照一定的规则粘贴到工作表中，可以复制工作表中的复杂选项，并只使用所复制的数据的特定属性或要应用到所复制的数据的数学运算粘贴到同一工作表或其他 Excel 工作表中。例如：表 9-1 某销售公司建筑材料销售统计表中的销售金额和销售利润是使用公式计算得到的，对它们【复制】、【粘贴】以后可以看到数值并没有跟着复制过来；如果将【粘贴】命令换成【选择性粘贴】，在目标位置单击鼠标右键，选择【选择性粘贴】命令，【选择性粘贴】对话框打开，在"粘贴"栏中选择"数值"，单击"确定"按钮，数值就可以粘贴过来了。当然在使用【选择性粘贴】命令前也要先对选择的销售金额和销售利润区域做【复制】操作。

某销售公司建筑材料销售统计表　　　　　　　　　表 9-1

序号	商品名称	第一季度				第二季度			
		销售单价（元/台）	销售数量（台）	销售金额（元）	销售利润（元）	销售单价（元/台）	销售数量（台）	销售金额（元）	销售利润（元）
1	螺纹钢	5500	570	3135000.00	470250.00	5350	870	4654500.00	698175.00
2	耐火纤维模块	6900	850	5865000.00	879750.00	6700	730	4891000.00	733650.00
3	高压灌注机	1200	1360	1632000.00	244800.00	1150	1430	1644500.00	246675.00
4	防火岩棉板	2200	1020	2244000.00	336600.00	2200	910	2002000.00	300300.00
5	高效防水剂	4100	560	2296000.00	344400.00	3950	550	2172500.00	325875.00
6	镀锌管	3650	420	1533000.00	229950.00	3700	710	2627000.00	394050.00

选择性粘贴还有一个常用的功能就是【转置】功能。它把一个横排的表变成竖排的或者把一个竖排的表变成横排的。

（2）相对引用、绝对引用和混合引用

公式在复制和移动过程中，随着单元格位置的变化，所引用单元格的公式中的对应地址也在变化的是相对引用；而随着单元格位置的变化，所引用单元格的公式中的对应地址不变化的就是绝对引用。相对引用和绝对引用结合使用就是混合引用。

选择包含需要复制的公式的单元格。在【开始】选项卡上的【剪贴板】组中，单击【复制】命令。

要粘贴公式和格式，在【开始】选项卡上的【剪贴板】组中，单击【粘贴】命令。

只粘贴公式，在【开始】选项卡上的【剪贴板】组中，单击【选择性粘贴】命令，然后选择"公式"。

只粘贴公式结果，在【开始】选项卡上的【剪贴板】组中，单击【选择性粘贴】命令，然后选择"数值"。

选择包含公式的单元格，并在编辑栏 fx ▭ 中编辑公式的引用方式，可以按【F4】键切换引用的各种组合，在公式中单元格地址前加 $ 表示绝对引用，不加表示相对引用（默认设置）。将公式向下、向右复制两个单元格时引用类型的不同，复制后的结果也不同，见表 9-2 所列。

引用 表 9-2

复制的公式	引用类型	结果
	＄A＄1（绝对列和绝对行）	＄A＄1
	A＄1（列和绝对行）	C＄1
	＄A1（绝对列和相对行）	＄A3
	A1（相对列和相对行）	C3

也可以使用填充柄 ▭ 将公式复制到相邻的单元格中，填充柄可以对复制对象进行连续复制。复制后在编辑栏 fx ▭ 中对引用后的公式进行验证。

（3）公式

公式是对工作表中的数值执行计算的等式。是用户结合常量、函数、单元格引用、运算符等元素自己设计的算式。公式以"="开头。例如，下面的表达式就是一个简单的公式实例，C1＝A1×30%＋B1×70%。则要在 C1 的编辑栏 fx ▭ 中输入：

＝A1×30%＋B1×70%

如果在连续的区域中使用相同的公式算法，可以"拖动"单元格右下角的填充柄进行公式的连续复制。如果公式所在单元格区域并不连续，还可以执行【复制】和【粘贴】命令来完成公式的复制。

下面通过具体实例来了解公式。数据表中是某销售公司建筑材料销售情况，要求用公式来计算出第一季度和第二季度的销售利润。首先在 F4 单元格中输入"＝C4×D4×15%"再按回车，得到第一季度螺纹钢的销售利润。即：销售利润＝销售单价×销售数量×

利润率。然后选中 F4 单元格并执行【复制】命令，再选中 J4 单元格并执行【粘贴】命令，这时 J4 单元格的公式就变为"＝G4×H4×15％"，得到第二季度螺纹钢的销售利润。

再来计算其他产品的第一季度和第二季度的销售利润。选中 F4 单元格，将单元格右下角的填充柄"拖动"至 F9，这时 F4～F9 单元格中的公式复制完成，得到第一季度全部商品的销售利润。用相同的方法，将 J4 单元格的公式复制到 J4～J9 中，完成第二季度全部商品的销售利润的计算，如图 9-21 所示。

J4	▼		f_x	=G4*H4*15%					
	A	B	C	D	F	G	H	J
1	某销售公司建筑材料销售统计表							
2	序号	商品名称	第一季度			第二季度		
3			销售单价	销售数量	销售利润	销售单价	销售数量	销售利润
4	1	螺纹钢	5500	570	470250	5350	870	698175
5	2	耐火纤维模块	6900	850	879750	6700	730	733650
6	3	高压灌注机	1200	1360	244800	1150	1430	246675
7	4	防水岩棉板	2200	1020	336600	2200	910	300300
8	5	高效防水剂	4100	560	344400	3950	550	325875
9	6	镀锌管	3650	420	229950	3700	710	394050
10								

图 9-21 公式计算

（4）函数

Excel 的工作表函数通常被简称为 Excel 函数，是预先编写的公式，可以对一个或多个值执行运算，并返回一个或多个值。函数可以简化和缩短工作表中的公式，尤其在用公式执行很长或复杂的计算时。Excel 函数的名称是唯一的，而且不区分大小写，它决定了函数的功能和用途。

Excel 函数通常是由函数名称、左括号、参数、半角逗号和右括号构成。如 SUM（A1：A5）。另外有一些函数比较特殊，它仅由函数名和空括号构成，因为这类函数没有参数，如 NOW 函数、RAND 函数。

在 Excel 2007 中找到公式标签，可以看到其中有很多函数的类型，从中查找需要输入函数，如图 9-22 所示。

图 9-22 函数

例如用公式和函数计算均方差：

均方差定义为方差的算术平方根，反映组内个体间的离散程度，用 σ 表示。标准计算如下：

假设有一组数值 $X_1,X_2,X_3,\cdots\cdots X_n$（皆为实数），其平均值 $\mu=\dfrac{1}{N}\sum\limits_{i=1}^{N}x_i$，均方差 $\sigma=$

$\sqrt{\dfrac{1}{N}\sum\limits_{i=1}^{N}(x_i-\mu)^2}$。均方差是方差的算术平方根。测量到分布程度的结果，原则上具有两种性质：

1）总体偏差，均方差公式根号内除以 n，公式为 $\sigma=\sqrt{\dfrac{1}{N}\sum\limits_{i=1}^{N}(x_i-\mu)^2}$。用 Excel 函数 SQRT（）和 VARP（）组合来计算，总体偏差＝SQRT（VARP（number1，number2，……））number1，number2，……可以是数据区域，如图 9-23（a）所示。

2）样本偏差，均方差公式根号内除以（n-1），公式为 $\sigma=\sqrt{\dfrac{1}{N-1}\sum\limits_{i=1}^{N}(x_i-\mu)^2}$。用 Excel 函数 SQRT（）和 VAR（）组合来计算，样本偏差＝SQRT（VAR（number1，number2，……））number1，number2，……可以是数据区域，如图 9-23（b）所示。

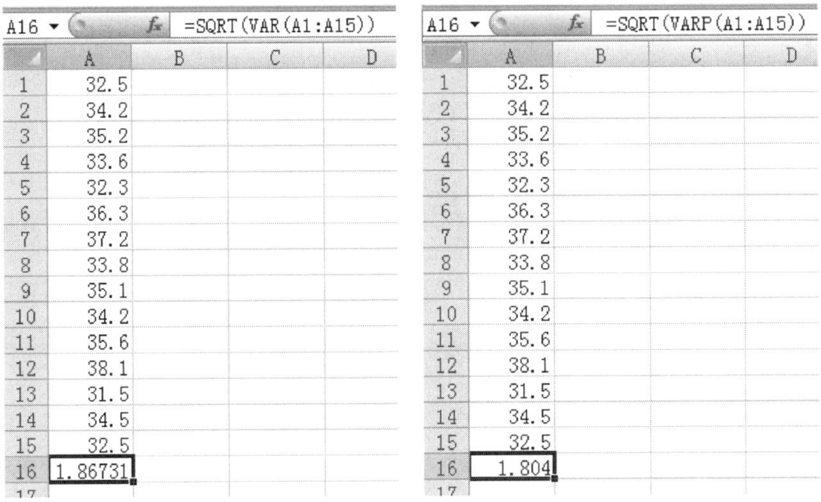

(a)　　　　　　　　　　(b)

图 9-23　均方差公式计算
(a) 总体偏差；(b) 样本偏差

3. PowerPoint 的基本操作

掌握 PowerPoint 2007 的模板功能、主题功能和母版功能；编辑幻灯片；Smart Art 工具；定义动画；打包演示文稿；打印设置等基本操作。

（1）模板

模板是 PowerPoint 的骨架性组成部分。模板通常包括封面、内页两部分背景，用户可在上面添加内容。一套好的模板可以让文稿的表现力迅速提升，增强观赏性，并让文稿的思路更清晰、逻辑更严谨，处理图表、文字、图片等内容更方便。专业 PowerPoint 设计公司对模板进行了提升和发展，它包括：片头动画、封面、目录、过渡页、内页、封底、片尾动画等页面，使演示文稿更加美观、清晰、动人。

点击 PowerPoint 的【Office 按钮】，在下拉菜单中选择【新建】命令，可以看到对话框，如图 9-24 所示。

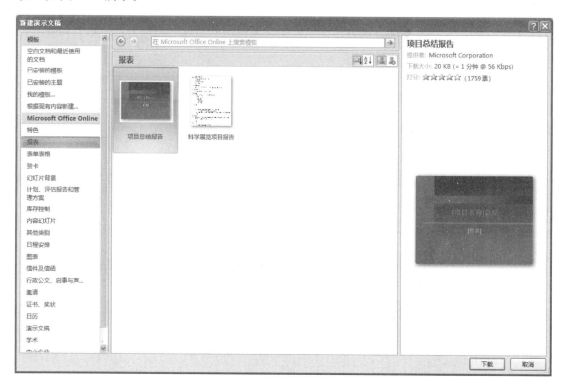

图 9-24　新建演示文稿

选择【模板】选项卡中的"已安装的模板""已安装的主题""我的模板"选项中的模板是计算机里现有的模板。编辑完的演示文稿就会按照模板里设定好的背景、字体、动画等规则进行演示。

如何将优秀的演示文稿以模板形式保存下来呢？点击 PowerPoint 的【Office 按钮】，在下拉菜单中选择【另存为】命令，在对话框中输入文件名，将"保存类型"栏选择"PowerPoint 模板（＊.potx）"类型，保存位置使用默认模板路径。创建演示文稿时在"我的模板"里就能找到该模板了。

（2）主题

在创建演示文稿时可以利用"已安装的主题"进行创建，还可以在【设计】选项卡上的【主题】组中对现有演示文稿进行背景、字体、效果等的设置，如图 9-25 所示。可以

图 9-25　设计菜单

单击预览图右侧的下拉按钮，在所有预览图中选择想要的主题，单击选中应用在幻灯片中。对于现有的主题，想要保存并留在以后使用的时候，选择上图中最下方的"保存当前主题"，保存在默认的路径中，就可以在主题的预览界面中看到该主题了。

（3）母版

幻灯片母版是幻灯片层次结构中的顶级幻灯片，它存储有关演示文稿的主题和幻灯片版式的所有信息，包括背景、颜色、字体、效果、占位符大小和位置。

每个演示文稿至少包含一个幻灯片母版，幻灯片母版可以更改，修改幻灯片母版后演示文稿中的每张幻灯片的样式也跟着发生改变，包括对以后添加到演示文稿中的幻灯片的样式。使用幻灯片母版可以省时间，不用在多张幻灯片上重复设置相同的信息。由于幻灯片母版影响整个演示文稿的外观，因此在创建和编辑幻灯片母版或对应的版式时，要在幻灯片母版视图中进行。

在【视图】选项卡上的【演示文稿视图】组中，单击【幻灯片母版】命令后进入幻灯片母版视图。可以看到左侧的模板缩略图中，第一页是幻灯片母版的缩略图，下面的缩略图是与幻灯片母版相关联的版式，如图 9-26 所示。

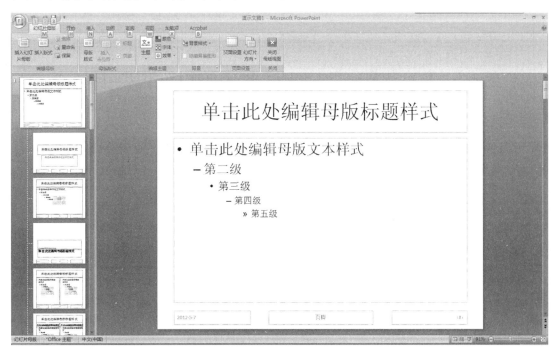

图 9-26　幻灯片母版

对幻灯片母版进行背景图片、字体、字号、颜色等设置会统一应用在下面所有的幻灯片版式中，不同的幻灯片版式对应代表幻灯片制作时可选择的不同版式，可以选择标题幻灯片、双栏内容、仅标题等版式，版式在编辑幻灯片时可在左侧缩略图上右键弹出的下拉菜单中选择更改版式。由于实际使用时不同版式也会有设计上的差异，所以也可以在此处针对母版视图下的各版式进行单独的设置，以使版式各有不同，满足使用的具体需要。

进入幻灯片母版视图，在界面背景上点击右键，选择下拉菜单中的"设置背景格式"

命令，在弹出的对话框中选择"填充"，并选择设计好的图片或文件进行填充。背景设置好后，在虚线占位符中选中字体，对不同级别文字进行字体、字号、字体颜色等内容的设置，并对标题进行同样类型的设置。如果需要为演示文稿添加标志，则需要利用【插入】选项卡上的【图片】命令将图片插入到母版中。

所有的内容设置完后，在【幻灯片母版】选项上点击【关闭母版视图】命令，返回幻灯片编辑界面，所有的幻灯片已经按照母板设置的样式进行了更改。可以使用模板或主题的保存方式来保存该母版。

（4）编辑

在演示文稿所使用的模板或主题确定后，开始向演示文稿里输入文字。各版式中都有输入文字的文本框，将正文文字内容按照标题级别输入进去。在编辑正文内容的时候，如果文本长度超过了占位符的长度，会缩小文本字体。

需要对全文档的字体等进行重新调整时，可以直接调整母版，但是母版的调整只对写在占位符里的文本起作用。

（5）Smart Art

Smart Art 工具在 PowerPoint 2007 制作演示文稿中起到重要作用，我们在 Word 2007 中已经做了详细介绍，在这里不再重复。

（6）幻灯片切换

在【动画】选项卡上的【切换到此幻灯片】组中，可以设置幻灯片的切换效果。点击幻灯片切换效果缩略图右侧的下拉按钮，会列出所有的切换样式以供选择。可在选单中选择想要的效果，如图 9-27 所示。

图 9-27　动画菜单

在切换效果的右侧的切换声音栏，从其下拉菜单里可以选择所需要的幻灯片切换声音。切换声音栏下方的切换速度栏，从其下拉菜单里可以选择合适的切换速度。

（7）自定义动画

当幻灯片的设计效果不能满足演示需求时，要加入动画设计，并根据实际需要设置动画效果。在【动画】选项卡上的【动画】组中，点击【自定义动画】命令，右侧弹出"自定义动画"任务栏。

自定义动画包括：进入、强调、退出和动作路径四类，每一类中又包含多种效果，我们可以根据自己的经验选择效果。如果菜单里列出的常用效果不能满足需求，还可以点击"其他效果"，在效果库里进行选择，如图 9-28 所示。

在"自定义动画"的任务栏中，选定一个动作后，在动作上点击鼠标右键，在下拉菜单里选择"效果选项"命令，可进入计时设置对话框。在"效果"选项卡中，可以设置动画的方向、声音等效果。在"计时"选项卡中，可以设置动画是单击鼠标播放还是自动播

图 9-28　自定义动画

放，以及动画的延迟时间和播放速度等。在"正文文本动画"选项卡中，可以通过选择下拉菜单里的文本级别来设置文本如何分批出现，如图 9-29 所示。

图 9-29　动作的效果选项

（8）打包演示文稿

制作好的演示文稿要发送给别人时，演示文稿里所插入的音频或视频文件路径就会丢失，不能正常播放。在没有安装 Office 系统的计算机上也不能正常播放。所以对演示文稿进行打包，可解决这个问题。

点击 PowerPoint 的【Office 按钮】，在下拉菜单中选择【发布】命令组，选择其中的【CD 数据包】命令，如图 9-30 所示。

在弹出对话框中选择"复制到文件夹"按钮，选择保存路径并命名文件夹后点击确定，如图 9-31 所示。演示文稿与音频、视频文件都将被打包在一个文件夹内，文件夹中的文件就能在任何情况下正常播放。

（9）打印

打印演示文稿的时候，可以选择不同的打印方式。点击 PowerPoint 的【Office 按

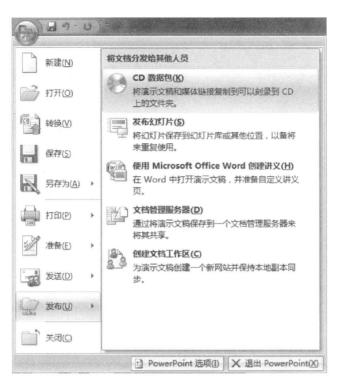

图 9-30　发布 CD 数据包

图 9-31　打包演示文稿

钮】，在下拉菜单中选择【打印】命令，如图 9-32 所示。在 Office 对话框中设置打印的范围以及打印的份数，还可以选择打印的内容：有幻灯片、讲义、备注页和大纲 4 种。在选择打印讲义类型后，还可以在右侧选择每页打印幻灯片的数量等。

图 9-32　打印设置

（三）工程资料专业管理软件的应用

1. 工程资料管理软件的功能、特点与种类

建筑工程资料的编制与管理是建筑工程项目管理工作中的一个重要组成部分。建筑工程资料是工程建设及竣工验收的必备条件，也是对工程进行检查、维护、管理、使用、改建和扩建的原始依据。为此，住房和城乡建设部与各省市建设部门明确指出任何一项工程如果建筑工程资料不符合标准规定，则判定该项工程不合格，对工程质量具有否决权。

建筑行业中建筑工程资料的编制与管理是一个比较薄弱的环节。编制手段落后，效率低下；书写工具不合要求，字迹模糊；资料管理混乱，漏填、丢失现象严重。目前，建筑工程资料的编制与管理，无法满足建筑工程档案整理、归档的基本要求，而且制约了建筑工程施工企业及监理企业的进一步发展。

建筑工程资料管理软件根据《建筑工程施工质量验收统一标准》GB 50300—2013、《建设工程文件归档规范》GB/T 50328—2014（2019 年版），结合各省市的工程资料管理标准或规程及其施工质量验收规范的标准用表等，分别编制适合各省市具体情况的软件系统。建筑工程资料管理软件的应用改变了过去落后的手工资料填制方式，极大地提高了资料员的工作效率，并且制作的资料样式美观，归档规范。

（1）功能

用工程资料管理软件来管理日常的资料，以目录树的形式调用，可以比较系统化，软件有关键词表格查询，可以瞬间找到需要的表格，方便编辑、打印等，很大程度地减轻了资料员的工作量，提高了建设单位、监理单位、施工单位的工程效率。

（2）特点

软件将数据库采用文件加密形式和管理员授权用户操作资料，确保生成的文件、资源的安全性；输入方式快速、简便；强大的数据库查询；图文并茂，可直接插入各种图形；灵活多样的编辑功能，丰富的资料库、词库；根据相应规范实现自动计算、评判及统计的功能；可按照规程的要求对资料进行分类、组卷以及生成目录；可支持填写范例的功能；支持电子签名；支持自定义表格模板；所见即所得的打印及预览；兼容 Word、Excel，满足不同的施工资料编制与管理需要。

（3）种类

近年来，国内工程资料管理软件产品的种类很多，基本都是以国家现行的规范、标准及强制性条文为基础，结合国家与各省市地区的有关法律、法规和行政规章等，参照行政主管部门对工程资料管理的具体要求而开发的。施工企业依据各级建设行政主管部门上报资料的格式和要求选择软件产品。资料软件产品的种类主要有：PKPM 工程资料软件（图 9-33）、品茗施工资料软件（图 9-34）、筑业资料软件（图 9-35）、恒智天成资料软件（图 9-36）等。

图 9-33　PKPM

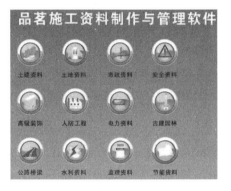

图 9-34　品茗

图 9-35　筑业

图 9-36　恒智天成

2. 工程资料管理软件的新建、保存、删除、导入、导出

工程文件的新建、保存、删除、导入、导出等功能是软件的必备的通用功能。

新建一个工程文件首先应点取软件的【创建新工程】选项。在弹出的新建窗口中，输入文件名：工程 01，点取【打开】，如图 9-37 和图 9-38 所示。

新工程文件建立后，自动弹出工程信息对话框，如图 9-39 所示。这里的工程信息在表格中经常被使用，后面介绍的快增加功能，会自动将这里的信息填写到表格的相应位置。

图 9-37　新建工程文件

图 9-38　正在建立"工程 01. xcgl"文件

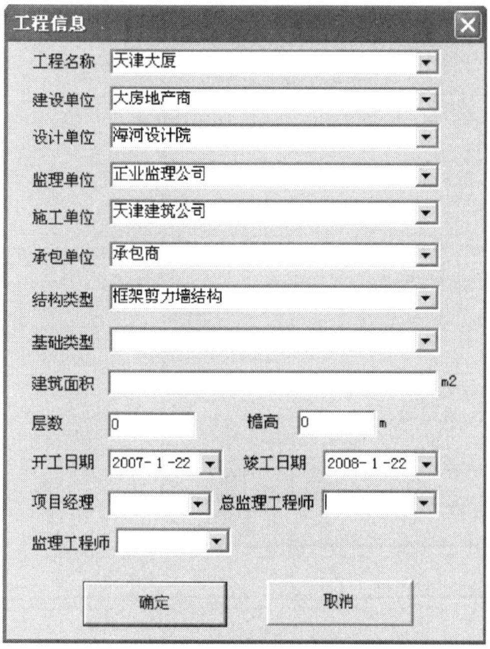

对工程信息填写的方法有两种：（1）从下拉选择框中选择，用户在输入时不必录入汉字，只需选择即可，从而提高资料的录入速度。移动光标到要填写的倒三角箭头，在弹出的下拉列表中选择所需内容；（2）自由输入，将光标移到要填写的位置变为可写状态，选择输入法直接录入信息；开工日期和竣工日期，可以根据实际情况进行填写。点【确定】后进入工程资料管理软件的主界面，如图 9-40 所示。

某些类表单需要在施工单位与监理单位之间流转填报，还有一些试验类表单要在试验室与施工单位之间流转。软件提供了表格的保存和装入表格文件的功能，方便这类表单的流转填报。

软件操作：单击【文件】菜单选择【导出文档】选择相应的保存路径，监理单位与

图 9-39　工程信息

施工单位往来资料表单就导出了，用户可用软盘或其他介质拷贝下来拿到监理单位。

将软盘插到电脑里，打开本软件单击【文件】选择【导入文档】弹出图 9-41，选择相应的表单则该表单就会装入到相应的位置。监理单位填完相应的内容用同样方法将表单流转到施工单位保存。

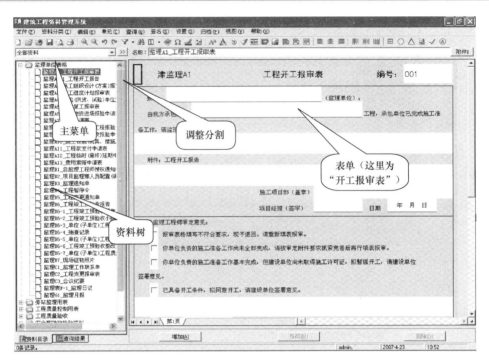

图 9-40 操作系统主界面

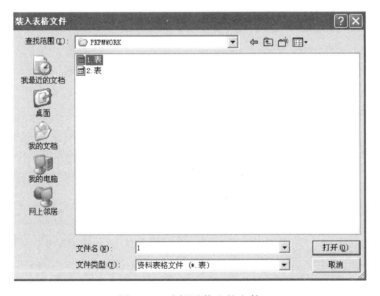

图 9-41 选择要装入的文件

3. 工程资料管理软件技术资料编辑的方法

采取有效措施保证计算机、计算机网络及其中存储和传输的信息的安全,防止偶然或恶意使计算机软硬件资源或网络系统遭到破坏,数据遭到泄露、丢失和篡改。

通过备份数据、安装系统补丁、安装杀毒软件可以有效地保障计算机系统安全和数据安全。

（1）选择资料类别

系统默认打开全部资料，用户可以选择资料类别，在主菜单上单击【资料输入】选择分类资料，如图 9-42 所示。

（2）查找表样和查找资料、节点打印

用户可以直接查找到具体样式的表格模板，在左边的资料树上，在空白处单击鼠标右键，选择【查找表样】，然后输入表样的表式编号，如 "C4-1-1"，直接在树形目录中找到该表单，如图 9-43 和图 9-44 所示。

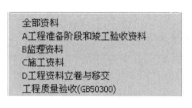

图 9-42　菜单选择分类资料

图 9-43　查找表样

用户还可以直接查找到具体的资料，在左边的资料树上，在空白处单击鼠标右键，选择【查找资料】，然后输入资料名称，如 "天力大厦"。

用户还可以一次打印某一节点下的所有资料，在左边的资料树上，选择某一节点，单击鼠标右键，选择【打印】。

（3）增加表单

当选择了某一类型的表单后，单击鼠标右键，弹出菜单，选择【增加空白文档】来增加该类型的表单，将显示一个空白表单，用户填写完后，可以保存或不保存。

（4）复制表单

当选择了某一表单（被复制的对象）后，

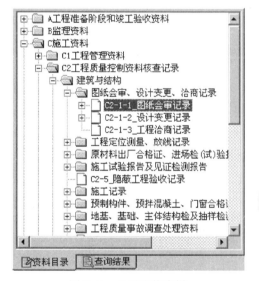

图 9-44　显示查找表样

单击鼠标右键，弹出菜单，选择【复制当前文档】，在用户输入新纪录的名称后完成复制。

（5）修改表单

用户选择了某一个资料表单后，表单为只读状态，解锁进入修改状态后，修改完成后，可以保存或不保存。

（6）加一页

进入修改状态后，用户可以在当前表单上追加一页。"加一页" 就是使一个表单中包含多个表页，但是打印时，只能一页一页打印（实际上是将最后一页复制了一页，用户可以修改不同之处）。

（7）删除表单

当选择了某一表单（被操作的对象）后，单击鼠标右键，弹出菜单，选择【删除】系

图 9-45　添加子文件夹

统将要求用户确认是否删除，选择"是"将删除该记录，"否"将不删除。

（8）删除页

用户可以将当前表单中的某一页删除。当选择了某一表单（被操作的对象）后，单击鼠标右键，弹出菜单，选择【删除页】。

（9）添加子文件夹

资料表单被选定后点击右键，选择【添加子文件夹】，如图 9-45 所示。选择完毕后，在左侧资料树上会显示以该目录命名的文件夹。在该文件夹被选定状态下增加新表格会被自动归至该文件夹下。添加子文件夹可以方便文件（表格）的浏览。当所添的同一张表格很多时（如技术交底记录），这时就可以使用添加子文件夹的功能，添加子文件夹可以命名为"××层、××段"或以施工工艺名称命名。

（10）重命名

当选择了某一表单（被操作的对象）后，单击鼠标右键，弹出菜单，选择【重命名】用户输入新名称后，按"确定"即可。

（11）从资料库输入内容

资料库对话框如图 9-46 所示。提供了施工工艺标准、通病防治和质量预控，用户可以直接复制、粘贴，使用其中的内容。用户还可以扩充修改该资料库，资料库实际是一个实用小工具，可以单独使用。

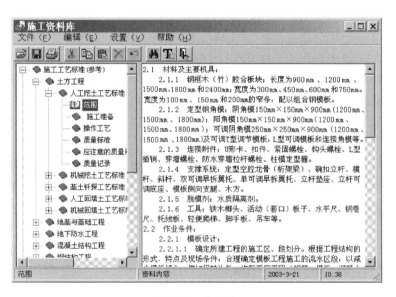

图 9-46　资料库

（12）使用词组库

词组库对话框如图 9-47 所示。提供了常用的建筑工程中的分部分项工程的名称和一

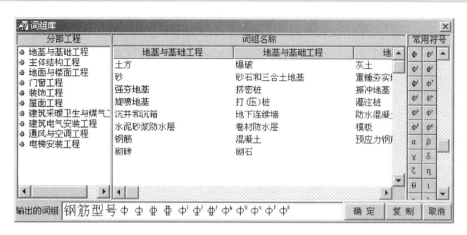

图 9-47　词组库

些常用的特殊符号。

（13）签名

软件设置了电子签名的功能，条件成熟时，用户可用该功能实现无纸办公。现在要求用户在软件中输入或通过下拉条选择人员名称；在打印时自动隐藏人员名称，打印后要求相关人员手工签名。

使用电子签名之前必须先进行签名设置，如图 9-48 所示。签名设置就是将签名图像保存到数据库。

用户单击"修改"按钮修改签名或删除签名时，先输入密码。当用户需要在某一个单元签名时，也需要输入名称和密码，如图 9-49 所示。

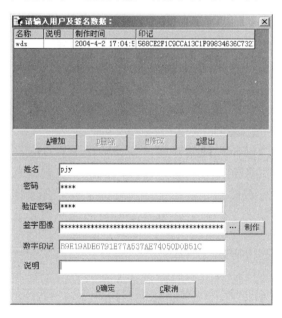

图 9-48　签名设置

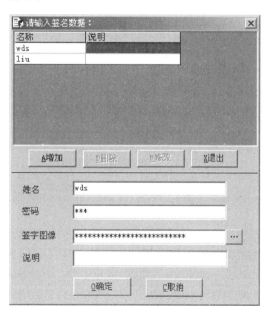

图 9-49　修改签名

（14）自定义表格

在有些情况下，各个单位可能需要一些本单位特有的表格，用户可以自己定义表格，如图 9-50 所示。用户可以任意合并组合、拆分，改变行高、列宽，输入文字，加上边框，画线等。

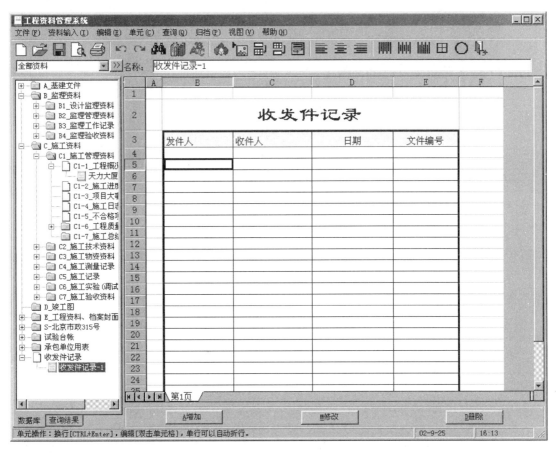

图 9-50　自定义表格

表格定义完后，必须保存为表样，用户也可以删除已经存在的自定义表样。

图 9-51　过滤功能

（15）过滤功能

由于工程资料种类繁多，分类整理困难，为便于对工程资料进行分类整理，软件提供了在过滤状态下进行分类的途径，包括添加分部工程、在分部工程下添加子文件夹，生成条理清晰的树状图，使资料管理工作有条不紊。

当进入过滤状态的编辑时，如图 9-51 所示，软件会自动将以前填写的表格按其所在的分部工程和特殊子分部排列，有序地呈现在用户面前（例如：用户填写了若干份技术交底记录哪些是主体工程的，哪些是基础工程的，在这里会一目了然地列在左侧的树状显示图中）。接下来还可以在这个界面下继续想填报的工作。过滤状态下编辑还可以完成成批复制、成批打印和统计等非常适用的工程。

242

（16）自动计算表格

资料中有些表的统计、评定涉及计算。用户在填写完基本数据后，程序会自动计算，如图 9-52 所示。自动计算的数据所在的单元格会呈"灰色"显示（只读状态）。

混凝土试块强度统计、评定记录							编 号	00-C6-001	
工程名称	天力大厦扩建工程						强度等级		
施工单位	东方建设集团						养护方法		
统计期	2007-01-26 至 2007-01-26						结构部位		
试块组 n	强度标准值 fcuk (MPa)		平均值 mfcu (MPa)		标准差 Sfcu (MPa)		最小值 fcu.min (MPa)	合格判定系数	
								λ1	λ2
20	35		65.35		92.71		32.60	1.65	0.85
每组强度值 MPa	36.50	35.40	32.60	37.50	35.30	34.20	34.90	34.80 336.40	35.20
	36.50	35.40	32.60	37.50	35.30	34.20	34.90	34.80 336.40	36.50
评定界限	☑ 统计方法（二）				☐ 非统计方法				
	0.90fcu,k	mfcu-λ1×Sfcu		λ2×fcu,k	1.15fcu,k			0.95fcu,k	
	31.50	-87.62		29.75					
判定式	mfcu-λ1×Sfcu≥0.90 fcu.k		fcu.min≥λ2×fcu.k		mfcu≥1.15fcu.k			fcu.min≥0.95fcu.k	
结果	不合格		合格						

图 9-52　自动计算表格

统计、评定是自动计算的，需要说明的是首先必须选择或输入强度标准值 $f_{cu,k}$，用鼠标单击强度标准值 $f_{cu,k}$ 下边的单元格，会弹出下拉菜单，菜单中的数据就是相应强度等级的混凝土的强度标准值，然后输入各组强度值，程序就会自动计算、统计（试块组、平均值、标准差、最小值、合格判定系数、评定界限、判定结果）。

4. 工程资料管理软件技术资料组卷的方法

组卷就是按照资料类别和对组卷的要求，将各个表格保存到指定的路径下。

（1）组卷设置

组卷设置对话框，如图 9-53 所示。系统默认情况下锁定了组卷设置，用户需要修改时，只要单击【设置】→【锁定】，这时用户可以在表格上双击修改，还可以单击【设置】→【恢复默认设置】来恢复默认设置。

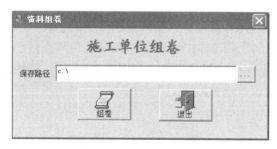

图 9-53　组卷设置

（2）施工单位组卷

施工单位组卷对话框如图 9-54 所示。系统会在用户选择的路径下建立子目录"施工单位组卷"。并将用户输入的资料表格按照类别放在相应的目录下。这时每个资料记录是一个文件，扩展名是"·表"，可以用本软件打开。方法是【文件】→【导入文档】，装入表格文件后，还可以修改并保存。

（3）监理单位组卷

监理单位组卷对话框如图 9-55 所示。系统会在用户选择的路径下建立子目录"监理单位组卷"，并将用户输入的资料表格按照类别放在相应的目录下。这时每个资料记录是一个文件，扩展名是"·表"，可以用本软件打开。方法是【文件】→【导入文档】，装入表格文件后，还可以修改并保存。

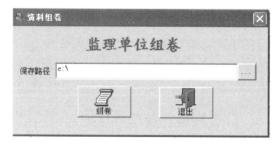

图 9-54　施工单位组卷　　　　　　　图 9-55　监理单位组卷

（4）建设单位组卷

建设单位组卷对话框如图 9-56 所示。系统会在用户选择的路径下建立子目录"建设单位组卷"，并将用户输入的资料表格按照类别放在相应的目录下。这时每个资料记录是一个文件，扩展名是"·表"，可以用本软件打开。方法是【文件】→【导入文档】，装入表格文件后，还可以修改并保存。

（5）城建档案馆组卷

城建档案馆组卷对话框如图 9-57 所示。系统会在用户选择的路径下建立子目录"城建档案馆组卷"，并将用户输入的资料表格按照类别放在相应的目录下。这时每个资料记录是一个文件，扩展名是"·表"，可以用本软件打开。方法是【文件】→【导入文档】，装入表格文件后，还可以修改并保存。

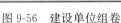

图 9-56　建设单位组卷

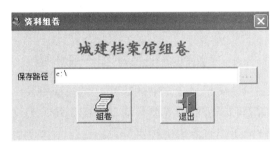

图 9-57　城建档案馆组卷

5. 工程资料管理电子文件安全管理

工程资料管理软件在用户登录时，通过用户名和密码来对用户进行权限管理，同权限的用户可以使用文件加密功能实现电子文件的安全管理。

（1）用户登录及修改密码的方法

工程资料管理软件安装完成后，第一次运行软件时自动进入开始向导界面。系统默认以管理员身份 admin 登录，密码为空，如图 9-58 所示。进去后可以修改密码，建立不同的用户，并赋予不同的权限。以不同的用户登录系统，操作相应不同的表以及某个表的不同单元格。

（2）加密文件

软件设置了加密文件功能，如图 9-59 所示。用户可根据需要对工程项目文件进行加密。点取【文件】菜单，选择【加密文件】。在弹出的对话框输入密码并确认，完成文件加密。

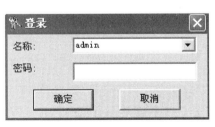

图 9-58　用户登录选择界面

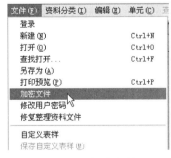

图 9-59　加密文件

十、文秘与公文写作的基本知识

（一）公文写作的基本知识

1. 公文的类型及写作一般步骤

公文是公务文书的简称，是国家机关、企业、事业、团体、学校等在政务活动、技术活动和经济活动等公务活动中的产物；公文还是宣布和传达政策法令、指导工作、报告和商洽工作事务的一种工具。

（1）公文的类型

1）行政公文

行政公文，又称为通用公文，指各类各级机关和人民团体、企事业单位普遍使用的文件。公文种类有15种，分别为决议、决定、命令（令）、公报、公告、通告、意见、通知、通报、报告、请示、批复、议案、函、纪要，分别隶属于指挥类、知照类和报请类公文。

① 规范类文件，包括条例、规定、规则、办法等。

② 指挥类文件，包括命令（令）、决定、批复、决议、意见等。

③ 知照类文件，包括公报、公告、通告、通知、通报、函、纪要等。

④ 报请类文件，包括报告、请示、议案等。

2）事务文书

事务文书是党政机关、社会团体、企事业单位处理日常事务，用来沟通信息、总结经验、探究问题、指导工作的一类文体。

事务文书与行政公文不同，在实际使用运行中，它不能作为公文的文种来单独行文。如一个计划、一篇总结、一份调查、一则简报，都不能独立发文，如要制成文件，它也只能以某种通用公文的文种形式来行文（如用通知、通报、通告等形式），它自身成为一件公文中的附件。

事务文书按照不同的标准，可以分为不同的种类。

① 常用的事务文书有以下几类：

A. 计划类文书

计划类文书是单位或个人对一定时限内的工作、生产或学习有目的、有步骤地安排或部署所撰写的文书。这类文书包括规划、设想、计划、方案、安排等。

B. 报告类文书

报告类文书是反映工作状况和经验，对工作中存在的问题或具有普遍意义的重要情况进行分析研究的文书。这类文书包括总结、述职报告、调查报告、调研报告等。

C. 规章类文书

规章类文书是政府机构或社会各级组织针对某方面的行政管理或纪律约束，在职权范围内发布的需要人们遵守的规范性文书。这类文书包括章程、条例、办法、规则、规程、制度、守则、公约等。

D. 简报类文书

简报类文书是记录性文书。这类文书包括简报、大事记等。

E. 会议类文书

会议类文书是用于记录或收录会议情况和资料的文书。这类文书包括会议计划、会议安排、会议记录、讲话稿、开幕词、闭幕词等。人们习惯于将这类文书称为会议材料。

② 事务文书的写作要求

A. 以方针政策为指导，以法律规定为依据

事务文书是各项方针政策在有关实际工作中的具体体现。拟稿者须认真领会有关的政策，并运用政策原则去指导工作。同时，事务文书还必须以法律规定为依据，不能与现行政策和法规相抵触。

B. 深入调查研究，获取真实材料

撰写事务文书要了解实际情况，进行深入细致的调查研究，尽可能多地搜集、积累材料，只有这样才能明情况、知变化、定决策，才能发挥事务文书的指导性功能与务实的作用。

C. 实事求是，切实可行

在撰写事务文书中拟订计划、制定规范文书、调研总结、拟写会议材料，都是为了解决工作中的实际问题，因此必须实事求是，要能解决问题，具有科学的可行性。

D. 格式约定俗成，语言准确简练

事务文书在结构方面，要求开门见山、条理清楚、层次分明、结尾简练等；各种事务文书又有各自的结构要素或结构形式，如简报的报头，调查报告的开头、主体、结尾，计划的目标、任务、措施、步骤，总结的情况、成绩、体会、做法及今后努力方向等诸项内容的安排，一些文体的标题与落款的形式等，都有大体的要求。

在语言方面要求用语准确，尤其是规章类文书，不能出现歧义，表述不能模糊。

××建筑公司工程部工作总结

一、施工质量检查总结

1. 2010 年 5 月 17 日按照公司要求检查了××××项目、××项目的有关工作，检查了各项目的技术文件、施工方案、施工质量、施工安全、整个施工生产体系，对检查中存在的质量问题、安全隐患、生产要点已做出了全面整改措施，并将存在的各分项工程技术资料上报了公司。

2. 根据检查存在的问题做了相关的整改技术交底，并将技术交底下发到各位工长手中，要求各项目主要管理人员按照相关技术交底资料实施工程质量控制。在工程建设过程中因管理体系不健全，领导重视工程质量不够，各类人员责任落实不到位，所以执行中没有严格按照相关技术规范资料操作，主要原因分析：

（1）根据目前各项目在建工程存在的质量和安全问题，进一步作出分析，工程质量是

企业的生命,应以质量第一、安全第一为目标。首先公司领导对工程质量没有引起足够重视,未制定明确的质量管理、安全管理目标,没有明确可行的质量、安全控制措施,更没有统一的控制目标,因此,导致每个分项工程在施工过程中未得到有效的控制。

(2)各项目质量管理现存较大的问题是未做好有针对性的技术交底控制书,高层管理人员对各分项工程的质量管理和安全管理目标不明确,波动性、随意性比较大,根据检查结果可以反映出前期的实施过程、分项工程施工中基本是各位工长随意去指挥操作,没有按照有关规范要求制定相关的有效控制文件。

(3)做好技术交底是有效控制工程质量的条件之一,为此,每一分项工程开始实施前均要进行交底,明确具体的技术实施方案,作为工序施工的具体指导文件。首先项目经理应高度重视,并要明确交底的内容,包括施工方法、质量要求和验收标准,施工过程中需注意的问题,可能出现的意外问题及应急措施。关键部位或技术难度大、施工复杂的分项工程,未做好技术交底的不得正式实施。

二、生产与质量管理概述

1. 建设工程质量容易产生波动,同时影响工程质量的因素较多,任一因素发生变动,都会使工程质量产生影响。如材料规格品种使用错误、施工方法不当、操作未按规程进行、机械设备故障、设计失误、生产系统施工环境等都会造成工程质量事故。主要一个因素就是人为因素,目前我公司在建的工程项目所存在的质量问题、安全隐患绝大部分是人为因素所造成的,归纳起来主要有五个方面:人为因素、材料因素、机械因素、施工方法、施工环境。

2. 人是生产经营活动的主体,也是工程项目建设的决策者、管理者、操作者,如项目的规划、决策、勘察、设计和施工,都是通过人来完成的。人员的素质,即人的文化水平、技术水平、决策能力、管理能力、作业能力、控制能力、身体素质及职业道德等,都将直接地影响施工质量,所以人员因素是影响工程质量的一个重要因素。因此要加强管理人员的自身管理素质,提高质量、安全的管理素质,首先要从领导做起,要从领导抓起。

3)经济类文书

经济类文书是企事业单位用来处理经济类事务,协调经济活动的格式相对固定的专用文书的总称。它记载和反映了企事业单位、个人的经济信息,是经济活动中的重要凭证,是沟通经济信息、分析经济活动状况、提高经济活动效益的重要管理工具。

① 经济类文书的种类

经济类文书多在特定的经济活动过程中使用,经济活动过程为文体的写作提供了写作背景、内容、使用目的及文体间的逻辑联系,将其置于某一经济活动过程中可以分为五类:

A. 报告类

其主要功能是总结分析经济工作的现状和发展趋势,如市场预测报告、经济活动分析报告、审计报告等。

B. 方案类

其主要功能是为决策者提供经济活动的决策依据,如可行性研究报告、经营活动企划案等。

C. 契约类

其主要功能是确定经济活动当事人双方的权利义务关系，如意向书、合同、协议书等。

D. 宣传类

其主要功能是传播财经方面的信息，如财经新闻、广告等。

E. 标书类

其主要功能是针对工程项目、专项经济活动发布有关招标投标信息，如招标书、投标书等。

② 经济类文书的写作要求

A. 遵循经济方针和政策

经济类文书的写作是一项政策性较强的工作，一定要掌握相关的经济方针政策，要学习和懂得客观经济规律，了解生产、分配、交换、消费等环节的情况及其相互关系，这样才能写好经济类应用文。

B. 有实事求是的态度

不论是写市场预测报告、合同，还是审计报告、经济活动分析报告，都必须反映客观的经济情况，按照经济规律办事，不能玩弄文字，弄虚作假，否则就会造成假象，做出错误的分析和判断，给经营者造成经济损失。

C. 注重写作的格式

经济类文书有其固定的写作格式，如合同、市场预测报告、经济活动报告等都有各自的写作格式。有的简化为条文式，有的采用表格式，写作中要做到实用简便，节省时间，有利于提高工作效率。

D. 做到语言简洁，数据可靠

写作经济类文书用词造句要力求做到明确简洁，不能模棱两可，拖泥带水，不需要描写和抒情的表现手法。常常需要用大量的数据反映、说明问题，便于领导了解情况进行分析判断，制定对策。

4）根据公文内容涉及国家秘密的程度分为对外公开、限国内公开、内部使用、秘密、机密、绝密六类文件。

① 对外公开文件，指内容不涉及国家机密，可直接对国内外公开发布的文件。

② 限国内公开文件，指内容不涉及国家机密，但不宜或不必向国外公布，只在国内公开发布的文件。

③ 内部使用文件，指内容虽不涉及国家秘密，但不宜对社会公开，只限在机关内部使用的文件。

④ 秘密文件，指含有一般的国家秘密，泄露会使国家的安全和利益遭受损害的文件。

⑤ 机密文件，指含有重要的国家秘密，泄露会使国家的安全和利益遭受严重损害的文件。

⑥ 绝密文件，指含有最重要的国家秘密，泄露会使国家的安全和利益遭受特别严重损害的文件。

5）根据公文制发机关的行文方向分为上行文、下行文和平行文。

① 上行文，指向具有隶属关系的上级领导、指导机关报送的文件。

② 下行文，指向所属被领导、指导的下级机关发送的文件。

③ 平行文，指向同一组织系统的同级机关或非同一组织系统的任何机关发送的文件。

（2）公文写作的一般步骤

公文是一种特殊的文章，写作过程中除了要遵循一般的写作通则之外，还需要遵循一些特殊的规律，公文写作基本要求就是对这些规律的反映。其内容是：合法、求实、合体、简明、严谨、准确、规范、完整、清晰、耐久。

1）公文写作前的准备

做好起草前的准备工作，是写好公文的基础。

① 确定行文关系和行文名称

在动笔前先确定是上行文、下行文还是平行文，然后确定要起草的公文属于哪个文种，根据行文关系、行文文种再确定行文名称。行文的关系、种类、名称确定后，内容的选择、文辞的详略、说话的角度、词语的分寸就便于掌握和运用。

② 做必要的调查研究

调查是为了占有材料，积累素材，并对已有材料去伪存真；研究是为了把了解到的材料加以分析、综合，从表面现象找到内在的联系，由感性认识上升到理性认识，从而为顺利完成写作打下基础。公文里所用的数字应与相关部门核实，绝不能用道听途说的数字。反映问题一定要分清普遍与个别、主流与支流、主要矛盾与次要矛盾。

③ 确立主题并构思谋篇

所谓主题就是公文的题目。题目确立后，要构思谋篇，也就是确定公文的结构。确定公文结构的一个最直接的方法就是先拟订提纲：一要思路顺畅；二要使结构完整统一，题目与题目之间要有机联系并且条理清楚、主次分明、严谨周密、紧紧围绕主题；三要运用语言修辞，提高公文的表达效果。

2）撰拟文稿

① 安排好结构

一是确定总体的构成；二是确定正文的具体构成，解决好各组成部分的编排次序，安排各层次、段落间的衔接与转换，处理好开头和结尾。

② 拟出写作提纲

公文写作提纲一般包括：公文标题；公文开头；表述层次及论点、论据、字数安排；结尾；编写提纲，要突出"纲目"和"要点"，各个部分之间要有内在联系，前后内容要互相连贯，文字要准确、明白、简洁。

③ 正式撰拟文稿

撰拟文稿是指撰拟者实际写作公文的过程，它是公文撰拟的中心环节。公文撰拟的其他环节，实际上都是为撰拟文稿服务的。需要指出的是，真正掌握撰拟文稿的方法和技术，写出高质量的公文，是一个漫长的实践过程，需要不断探索和磨炼。

3）审核修改

文稿的审核修正要认真严肃反复进行，要按规定的程序进行。对草稿进行审核、修改，并由领导者签发而成为定稿。审核的重点是：是否确需行文，行文方式是否妥当，是否符合行文规则和拟制公文的有关要求、公文格式等，是否符合有关规定等。这是文稿撰写的最后阶段，其中有三个重要环节：

① 审核，即对草稿的内容和形式进行全面的审查核对，以便发现问题。

② 修改，即对审核中发现的问题进行改正、增删或调整，是对公文进一步完善的过程。它可以分为两种方式进行：其一是融入整个公文的撰拟阶段，即在确定标题、安排结构、选择表达方式的过程中，就包含着反复推敲、论证和修改的工作；其二是在草拟公文之后，对已经基本成型的文稿，进行完善、加工和润色的过程。通常所说的公文修改，一般是指后一种情况，包括审改主旨、修改观点、核对材料、调整结构、精雕语言、矫正标点。

③ 定稿，即将修改后的文稿提交领导者签发或会议通过。经签发或通过的文稿，便成为定稿。

2. 企业常用文书写作

（1）计划的拟写

计划是对一定时期的工作，于事前做出的筹划和安排所形成的书面材料。它的内容是尚未完成而将要完成的工作。计划是企业常用的文种之一，要想使拟制出的计划符合实际情况，便于贯彻执行，就必须做好深入细致的调查研究工作，将上级的有关方针政策和本企业的具体情况有机结合，既不能好高骛远，又不能墨守成规。

从拟写格式来讲，计划有文书式、表格式、表格与文书相结合的形式三种。

1）文书式计划的拟写

文书式计划是按文书撰写格式和要求拟写的计划，是相对于表格式文书而言的。

文书式计划一般由标题、正文、署名和日期组成。

① 标题：一般包括单位名称、计划适用时间、事由和文种四项。如果是讨论稿或征求意见稿，要在标题后面或下方用括号注明。

② 正文：是计划的主体，其主要内容包括前言和计划事项两部分。前言主要说明制定计划的目的、依据。计划事项部分主要写明工作任务及要求、指标；主要步骤、方法、措施；分工、完成任务的时限及其他有关注意事项。

③ 署名和日期：写在正文的右下方，日期要写全年、月、日。

××公司××工程项目部施工资料管理计划

根据总公司的管理要求，为搞好我部施工资料管理工作，特做如下计划：

一、任务与要求

（一）施工资料管理计划

……

（二）施工资料管理的要求

……

（三）资料的立卷与归档

……

二、具体措施

（一）指定专人负责施工资料的管理

……

（二）修改完善施工资料管理工作制度

......

（三）严格施工资料管理的工作流程

......

××公司××工程项目部

二○××年×月×日

2）表格式计划的设计

表格式计划要求把计划的内容分解成若干项目，填入相应的表格栏目中。这种计划适用于工作比较固定，工作内容、方式、方法变化比较少的工作。栏目设计一般包括序号、工作内容、时间要求、承办单位、责任人等项。

3）表格与文书相结合形式的计划拟写

生产、经营计划多采用表格与文书相结合的形式。此类计划由两部分组成。一部分为计划表格，另一部分为计划的编制说明。编制说明部分使用文书式，主要是对计划的背景、依据、目标、执行原则、具体安排、措施方法等做出介绍和说明；而生产和经营涉及的一系列指标和数字，则用表格式，见表 10-1 所列。

××建筑工程公司×年×月生产计划 表 10-1

项目部	生产任务	完成时间	责任领导	责任人

4）计划拟写注意事项

① 计划的拟订要符合实际，要便于操作。

② 计划的语言要简明扼要，条理清楚。

（2）通知

通知是适用于批转下级机关的公文，转发上级机关和不相隶属机关的公文，传达要求下级机关办理和需要有关单位周知或者执行的事项、任免人员的公文，是一种应用范围最广、使用频率极高的公文文体。按其性质功能可分为颁转性通知、指示性通知、周知性通知和会议通知。

1）颁转性通知是转发另一个文件所用，包括转发上级机关的文件，发布本单位的文件，批转下级单位的文件，印发不相隶属机关的文件。它的主体是被转发的文件（即附件），因而这类通知文字，通常极为简单，只要引出这个文件并提出执行要求即可。

2）指示性通知

指示性通知具有较强的指导性和政策性，因此要求通知的内容具体明确，对工作的措施和要求要写得清楚明白，让被通知者易于理解、接受，也便于督促检查。

3）周知性通知

周知性通知也称知照性通知、一般性通知，主要功能在于向有关部门告知情况，并不要求受文单位具体完成什么任务，如为了任免人员，设置或撤并机构，扩展、缩小或中止企业的某些职权，启用或更换印信等而发的通知。

4）会议通知

会议通知也属周知性通知，因有其特定的内容，故另立一类。会议通知用途广，写法灵活，但基本要素都必须具备。要写清会名、时间、地点、会议任务、与会人员范围、参加人数、与会凭证、报到时间和地点、与会人员须携带的文件资料及差旅费报销，必备生活用品等事项。行文力求简明、具体，不能产生歧义。

（3）规章制度

规章制度是国家机关、社会团体、企事业单位，为了建立正常的工作、劳动、学习、生活的秩序，依照法律、政令、政策而制定的具有法规性或指导性与约束力的应用文体，其包括行政法规、章程、制度、公约四大类。

规章制度一般由标题、正文、署名和日期组成。

1）标题

规章制度的标题一般由制发单位（或适用范围、涉及对象）、事由（或内容）、文种三要素组合而成。

标题要居中排列，标题过长可分行书写。

如规章制度尚未成熟，需经过一段时间的实践后再做修订的，可以在标题中加"暂行""试行"等修饰词。

2）正文

规章制度的正文几乎无例外地采用条款式结构，分条列款，层次严谨。条款最多的有篇、章、节、目、条、款、项七层，一般的规章制度用两三个层次就可以了。

3）署名和日期

一种是国家机关颁布的或经有关组织、团体通过的规章制度，应写在标题下面，写明机关（或组织）名称、颁发（或通过）日期，并加括号。

另一种是在正文结尾的右下方写明制定者的名称和制定的日期。

××大厦建筑工地文明公约

为搞好我建筑工地的社会主义精神文明建设，树立新的道德风尚，使之成为文明工地，经全体施工人员一致同意，特制定本公约。

一、爱护国家财产，积极维护国家和集体的利益，保护建材不受损失，坚决同盗窃及其他损公利己的行为做斗争。

二、坚持文明施工、安全第一的原则，及时纠正施工过程中的各类事故苗头。

三、全面落实岗位职责，保质保量地完成各自的施工任务。

四、积极开展健康文明的业余文化娱乐活动。

五、遵纪守法，不起哄，不打架，不赌博，不酗酒，外出时自觉遵守公共秩序。

六、文明礼貌，尊师爱徒，不说脏话，不耍态度。

七、讲究卫生，勤洗澡理发，换衣晒被，不随地大小便。

望大家共同遵守，互相监督。

二〇××年×月

（4）请示

请示是用于向上级单位请求指示、批准的一种上行公文。

1）请求的特点

① 请示事项一般时间性较强。请示的事项一般都是急需明确和解决的，否则会影响正常工作，因此时间性强。

② 应一事一请示。

③ 一般主送一个机关，不多头主送，如需同时送其他机关，应当用抄送形式，但不得在请示的同时又抄送下级机关。

④ 应按隶属关系逐级请示，一般情况不得越级请示，如确需越级请示，应同时抄报直接主管部门。

2）请示的分类

根据请示的不同内容和写作意图分为三类：

① 请求指示的请示。此类请示一般是政策性请示，是下级单位需要上级单位对原有政策规定做出明确解释，对变通处理的问题做出审查认定，对如何处理突发事件或新情况、新问题做出明确指示等请示。

② 请求批准的请示。此类请示是下级单位针对某些具体事宜向上级单位请求批准的请示，主要目的是解决某些实际困难和具体问题。

③ 请求批转的请示。下级机关就某一涉及面广的事项提出处理意见和办法，需各有关方面协同办理，但按规定又不能指令平级单位或不相隶属部门办理，需上级单位审定后批转执行，这样的请示就属此类。

3）请示的写作要求

请示一般由标题、主送单位、正文、发文单位、日期五部分组成。请示的正文主要由请示的原因、内容、要求三部分组成，请示时应将理由陈述充分，提出的解决方案应具体，切实可行。请求拨款的请示应附预算表；请求批准规章制度的应附规章制度的内容；请示处理问题的，本单位应先明确表态。

关于购买办公用品的请示

公司领导：

因本项目部人员调整，新增加了两名工作人员，根据工作需要，需购买以下办公用品：

1. 办公电脑两部，约需 10000 元；

2. A4 激光打印机一台，约需 3000 元；

3. 办公桌椅两套，约需 2000 元。

合计共需资金 15000 元左右。

妥否，请批示。

第二项目部
二○××年××月××日

（5）合同

合同是一种证明性文件，是由当事双方（或两方以上）为共同达到一定目的，明确相互责任、权利、利益关系而签订的书面契约。

合同名类繁多，从不同的性质和角度可以划分为以下几类：

按内容分，可从不同合同内容得到相应的类别，如买卖合同、赠予合同、租赁合同、承揽合同、建筑工程合同、运输合同等。

按形式分，可分为条款式合同、表格式合同以及条款、表格相结合式合同。

按时间分，可分为短期合同、中期合同、长期合同。

按责任人分，可分为单位合同、个人合同。

1）建筑工程合同的种类

① 按合同的适用范围，常用的几种是：建筑工程勘察和设计合同、建筑工程施工合同和建筑工程安装合同。

② 按承包方式分为：总包合同、分包合同、联合承包合同、设计－施工一体化承包合同。

③ 按方式分为：总价合同、单位合同、按工程成本取费合同。

2）建筑工程合同的格式与写法

建筑工程合同的一般格式由标题、正文、署名、日期四部分组成。

① 标题。写在第一行中间，要标明合同的性质。如"建筑工程承包合同""建筑安装施工合同"等。

② 正文。主要包括如下几方面内容：订约目的；标的（各方所共同要求实现的结果）；各方的权利、利益、义务、责任；违约方面应负的责任及对其的制裁措施；文件有效执行期限；履约的地点及方式；文件份数与保管方法；对有关附件的说明（名称、效力）；仲裁机关；不同文本的效力等。

③ 署名。正文写完后另起一行，在右下方写订阅合同各单位的名称和各方代表姓名，并盖上公章、私章（签名），及各方的电话号码、联系人、银行账号等。

④ 日期。在署名下面写上签订合同的年、月、日。

（6）报审表

报审表是施工单位在单位工程或分部（子分部）工程开工前，向项目监理机构报送诸如工程相关资格、工程开工（或复工）时间、工程施工计划、工程施工组织方案、工程临时延期、工程费用索赔、工程变更费用等资料，请求其审核批准的用表。只有当报审表经监理工程师审查、确认，并报总监理工程师批复后，施工单位方可采用或实施所报审的内容。

报审表在实际应用中，分为以下几类：工程开工/复审表、工程进度计划报审表、施工组织设计报审表、质量（安全）事故处理方案申报表、相关资格报审表、工程临时延期报审表、工程费用索赔报审表、工程变更费用报审表等。

1）报审表的结构和写法

报审表大多是制式表格，便于填写，审阅简便，其格式一般较为固定。

① 表头。由标题、工程名称和文件编号三部分组成。标题通常是报审类别名＋报审表，如工程变更费用报审表；工程名称是该表报审内容所在的单位工程或分部工程名，如工程开工/复审表的工程名称是相应的建设项目或单位工程名称，且应与施工图纸的工程名称一致；文件编号按文件的类别＋文件所在类别序号填写。

② 表内上部。表内上部填写报审表的主送单位名。报审表的主送单位是该项目工程的监理单位，应顶格写成"致××××："。

③ 表内中部。表内中部是施工单位报审的内容和落款。报审内容常按报审的依据、理由＋报审的事项＋报审要求＋附件等内容来填写，有时报审的依据、理由被省略。不同类别的报审表有不同的附件，附件应齐全、真实。落款包括签单和日期，签名要求是项目经理亲笔签名，日期要大写。

④ 表内底部。为方便使用和便于资料管理，报审表的底部设计为监理机构的审查意见和落款栏。总监理工程师按施工合同要求的时间，对施工单位所报的报审表予以确认或提出修改意见。落款包括签单和日期，签名要求总监理工程师亲笔签名，日期要大写。

2）写作要求

① 资料翔实性

施工单位报审时所提供的附件应齐全、真实，对任何不符合要求的资料，施工单位不得提请报审，监理单位不得签发报审表。

② 时间及时性

施工单位应在工程项目开工前向监理机构提交报审表，总监理工程师应按施工合同要求的时间对报审表予以审批，不得补报补审，更不得不报不审。

③ 语言简明性

表中语言应简洁明了，一语中的，易于阅读和理解，见表 10-2～表 10-4 所列。

工程开工/复工报审表　　　　　　　　　　　　　　　表 10-2

工程名称：　　　　　　　　　　　　　　　编号：

致　　　　　　　　　　（监理单位）： 　　我方承担的＿＿＿＿＿＿＿＿工程，已完成了以下各项工作，具备了开工/复工条件，特此申请施工，请核查并签发开工/复工指令。 　　附：1. 开工报告； 　　　　2.（证明文件）。   　　　　　　　　　　　　　　　　　承包单位（章）＿＿＿＿＿＿＿＿ 　　　　　　　　　　　　　　　　　　项目经理＿＿＿＿＿＿＿＿ 　　　　　　　　　　　　　　　　　　日　　期＿＿＿＿＿＿＿＿
审查意见：   　　　　　　　　　　　　　　　　　项目监理机构＿＿＿＿＿＿＿＿ 　　　　　　　　　　　　　　　　　总监理工程师＿＿＿＿＿＿＿＿ 　　　　　　　　　　　　　　　　　日　　期＿＿＿＿＿＿＿＿

施工进度计划报审表　　　　　　　　　　　表 10-3

编号：

工程名称	××住宅工程	编号	×××
地点	×××	日期	××年×月×日

致×××监理公司（监理单位）：
　　现报上　　年　季　月　工程施工进度计划请予以审查和批准。
　　附件：
　　施工进度计划（说明、图表、工程量、资源配置）　　份

承包单位名称：×××建筑工程公司　技术负责人（签字）

审查意见：
　　经审查，本月编制的施工进度计划具有可行性和可操作性，与工程实际情况相符合，予以通过

监理单位名称：×××监理公司　监理工程师（签字）：×××　日期：

审批结论：同意　　修改后再报　　重新编制

　　同意按此计划组织施工

监理单位名称：×××监理公司　总监理工程师（签字）：×××　日期：

工期延期申请表　　　　　　　　　　　表 10-4

工程名称	×××园林工程	编号	×××
地点	×××	日期	××年×月×日

致××监理公司（监理单位）：
　　根据合同　×　条约定，由于设计单位提出工程变更的要求的原因，申请工程延期，请批准。
　　工程延期的依据及工期计算：
　　1. 依据工程变更单（编号：××）和施工图纸（图纸号：××）；
　　2. 整改和增加的施工项目在关键线路上。
　　工期计算：（略）
　　合同竣工期：××××
　　申请延长竣工期：××××

承包单位名称：×××园林园艺公司　项目经理（签字）

（7）报验单

　　报验单是施工单位对拟进场的工程材料、构配件、机械设备，以及已完成的施工放线、单位或分部（分项）工程，在自检、复试、测试等合格后报项目监理机构进行验收，并将相关的资料文件作为附件报项目监理机构审核、确认，进而给予批复的文字材料。项目监理机构对报验单所报的内容经过验收和审核合格后，施工单位方可开展下一步工作。报验单是施工过程中重要的文字材料，也是存档不可缺少的资料。

　　1）报验单的分类：工程材料/构配件/机械设备报验单、施工测量放线报验单、工程报验单、工程竣工预验报验单。

　　① 工程材料/构配件/机械设备报验单是施工单位对拟进场的主要工程材料、构配件、机械设备，在自检、复试、测试合格后报项目监理机构进行进场验收，并将复试结果及出厂质量证明文件作为附件报项目监理审核、确认，进而给予批复的文件，报验完毕后附件

须归还施工单位存档。

② 施工测量放线报验单是项目机构对施工单位的工程或部位的测量进行报验的确认和批复。专业监理工程师应实地查验精度是否符合规范及标准要求，施工轴线控制点的位置，轴线和高程的控制标志是否牢靠、明显等，经审核、查验合格后，签认施工测量放线报验单。

③ 工程报验单是分项工程、分部工程（子部工程）报验通用单。报验时按实际完成的工程名称填写，并附有该分项工程、分部工程（子部工程）质量检验批验收记录表和相关附件。

④ 工程竣工预验报验单是施工单位在单位工程自检竣工条件后，向项目监理机构提出的对该工程项目进行预验收的申请。监理机构在接到该单后，总监理工程师应组织项目监理人员根据有关规定与施工单位共同对工程进行检查验收，合格后由总监理工程师签署"合格""可以组织正式验收"等正式意见，并及时编写工程质量评估报告，将此结果报告建设单位，以便对该工程进行正式验收。

2）写作格式和要求

① 写作格式

报验单大多是制式表格，以便于填写，审阅也较简便，其格式一般较为固定。

A. 表头：由标题、工程名称和文件编号三元素组成。

B. 表内上部：填写报验单的主送单位名，常顶格写"致＿＿＿＿:"。报验单的主送单位主要是该项目工程的监理单位，有时也须向建设单位报送。

C. 表内中部：填写施工单位报的内容和落款。报验内容按"报验事项＋报验条件＋验收请求＋附件"等内容来书写。

D. 表内底部：报验单的底部是监理机构的审查意见栏和监理机构的落款。

② 写作要求

A. 资料翔实。报验单报验时所提供的附件，如数量清单、出厂质量证明、工程质量验收记录、自检结果等齐全真实，对任何不符合附件要求的资料，施工单位不得提请报验，监理单位不得签发报验单。

B. 语言简明。语言要一语中的，直奔主题，简洁明了。

C. 意见中肯。用语不能含糊，模棱两可，提出的意见要切实可行，便于工作，见表 10-5 所列。

工程报验单　　　　　　　　　　　　　　　　　　　表 10-5

工程名称：　　　　　　　　　　　　　　编号：

监理单位＿＿＿＿＿＿＿＿＿＿＿＿＿＿＿＿＿＿＿＿＿＿＿＿＿
按合同和规范要求，已完成＿＿＿＿＿＿＿＿＿＿＿＿工程，并经自检合格，报请查验。 　　附件：自检资料（隐、预检记录，分部分项工程质量评定表及质量保证资料）。   　　　　　　　　　　　　　　　　　　　　　　施工单位＿＿＿＿＿＿＿＿＿ 　　　　　　　　　　　　　　　　　　　　　　负责人＿＿＿＿＿日期＿＿＿＿
监理工程师审查意见：   　　　　　　　　　　　　　　　　　　　　　　专业监理工程师＿＿＿＿＿＿＿＿ 　　　　　　　　　　　　　　　　　　　　　　负责人＿＿＿＿＿日期＿＿＿＿

注：本表由施工单位填写一式三份，审核后建设、监理、施工单位各留一份。

（8）工程变更单

工程变更单是在施工过程中，建设单位、施工单位提出工程变更要求，报项目监理机构确认的用表。

1）工程变更单的结构和写法

工程变更单是制式专业用表，由表头和表格组成。

① 表头

A. 标题：工程变更单。

B. 工程名称：提出变更的单位工程名称，或分部（子部）工程名称。

C. 编号。

② 表格

A. 上部

a. 称呼：即主送单位，通常是接受工程变更进行审理的监理单位，应顶格写。

b. 正文：变更的原因和变更的事件。

c. 附件：包括工程变更的详细内容，变更的依据，工程变更对工程造价及工期的影响程度，对工程项目功能、安全的影响分析，必要的附件图等。

d. 落款：提出变更的单位名称和提出时间。

B. 下部

a. 审查意见：项目监理机构经与有关方面协商达成的一致意见。

b. 落款：要有建设单位代表、项目监理机构代表和施工单位代表的签字及日期。

2）填写工程变更单的注意事项

① 本表由提出单位填写，经建设、设计、监理、施工等单位协商同意并签字后为有效工程变更单。

② 工程变更单要及时办理，且必须是先变更后施工。紧急情况下，必须在标准规定的时限内办理完工程变更手续，否则不符合要求，见表10-6所列。

工程变更单 表 10-6

工程名称： 编号：

致 　　　　　　　　（监理单位）：
由于＿＿＿＿＿＿＿＿＿＿＿＿原因，兹提出＿＿＿＿＿＿＿＿＿＿＿＿工程变更（内容见附件），请予以审批。 　　附件： 　　　　　　　　　　　　　　　　　　　　　　　　　提出单位＿＿＿＿＿＿ 　　　　　　　　　　　　　　　　　　　　　　　　　代　表　人＿＿＿＿＿＿ 　　　　　　　　　　　　　　　　　　　　　　　　　日　　　期＿＿＿＿＿＿
一致意见：   　　　　　建设单位代表　　　　　　　设计单位代表　　　　　　项目监理机构 　　　　　签字：　　　　　　　　　　签字：　　　　　　　　　签字： 　　　　　日期＿＿＿＿＿　　　　　日期＿＿＿＿＿　　　　　日期＿＿＿＿＿

（二）文秘工作的基本知识

1. 信息收发工作

（1）收发信息——电话

在日常的工作事务中，电话沟通是不可缺少的形式，很多客户正是通过电话最先接触和了解对方。正确使用电话，有助于创造良好的沟通氛围，提高办事效率，树立个人和组织的良好形象。

1）接听与拨打电话的原则与基本要求

① 表达规范、正确。

② 礼貌热情，语气清晰婉和。

③ 简洁。

④ 保密。

⑤ 注意时间。

2）接听电话的程序

首先，接电话前应准备好电话记录单，以便记录一些重要电话。

电话记录基本上有五个要素：来电时间；来电单位、姓名和对方的电话号码；来电内容，简明扼要地记下主要精神；领导批示和处理意见；记录人署名。

其次，当电话铃响起两声之后的间隔里拿起话筒，进行接听。

再次，拿起话筒后应自报家门，弄清对方的身份与目的。

××建筑工程公司分公司接到总公司来电后，在整个事情处理中，应按以下步骤去做：

1. 接听总公司电话时，用左手接电话，右手在通话记录本上进行记录，如果没听清楚，应请求对方重复一遍，肯定无误后才能挂断电话。

2. 及时将电话记录本送经理阅示。

3. 按经理的指示，将开会的时间、地点、内容列在通话记录本上。

4. 通知施工部、预算部、质监部等部门领导开会，并注明已通知到位。

附：接电话礼仪

1. 及时接电话。电话铃响了，要及时去接，不要怠慢，更不可接了电话就说"请稍等"，摞下电话半天不理人家。如果确实很忙，可表示歉意，说："对不起，请过10分钟再打过来，好吗？"

2. 自报家门。自报家门是一个与人方便、自己方便，且节约时间、提高效率的好方式。

3. 认真听对方说话。接电话时应当认真听对方说话，而且不时有所表示，如"是""对""好""请讲""不客气""我听着呢""我明白了"等，或用语气词"唔""嗯""嗨"等，让对方感到你是在认真听。漫不经心，答非所问，或者一边听一边同身边的人谈话，都是对对方的不尊重。

4. 如果使用录音电话，应事先把录音程序编好，把一些细节考虑周到。不要先放一长段音乐，也不要把程序搞得太复杂，让对方莫名其妙、不知所措。

5. 如果对方打错了电话，应当及时告知，口气要和善，不要讽刺挖苦，更不要表示出恼怒之意。

6. 在办公室接电话声音不要太大。接电话声音太大会影响其他人工作，而且对方也会感觉不舒服。

7. 替他人接电话时，要询问清楚对方姓名、电话、单位名称，以便在接转电话时为受话人提供便利。在不了解对方的动机、目的是什么时，请不要随便说出指定受话人的行踪和其他个人信息，比如手机号等。

8. 如果对方没有报上自己的姓名，而直接询问上司的去向，应礼貌、客气地询问对方："对不起，您是哪一位？"

9. 在电话中传达有关事宜，应重复要点，对于号码、数字、日期、时间等，应再次确认，以免出错。

10. 挂断电话前的礼貌不可忽视，要确定对方已经挂断电话，才能轻轻挂上电话。

（2）收发信息——电子邮件、传真

邮件、传真与电话一样，是现代社会中不可缺少的通信工具。工作人员会经常使用邮件、传真对内、对外进行书面沟通。

单位的邮件来源一般有两种渠道：一种是通过邮局或其他外部途径投递；另一种是通过网络发来的电子邮件、传真。

1）如果是通过邮局或其他外部途径投递过来的。通过处理的程序是：签收、分拣、拆封、处理、送呈（转交）。

① 签收：当邮件送到时，工作人员应当面清点邮件总数，并在邮件接收单上登记，特别要写清楚邮件名称、经办人等项目，如发现污损情况应当面指出，以分清责任。

② 分拣：把众多的邮件分开来，方便邮件呈送和处理。

③ 拆封：工作人员将封好的公函拆开来，以便了解邮件的内容。不是所有的邮件都由工作人员拆封，如明确写了部门名称或领导人亲启的邮件，工作人员是不得拆封的，除非上司授予权力。

④ 处理：工作人员对公函及对授权范围内领导"亲启"及"机密"文件的内容阅读，并对内容进行评注处理。即把长信中重要的地方标明、显示出来，或者把有用的事项记录下来。

⑤ 送呈（转交）：阅读完邮件后，重要的都应送呈领导。如果同时有多份邮件需送呈领导时，应根据重要程度进行整理，将最重要的放在最上面，依次放进文件夹，并赶在领导进办公室前准备好，或在领导上班不久就准备好。如果邮件要给多位领导阅看时，应将传阅顺序列成表格。

2）电子邮件、传真

工作人员每天上班要做的第一件事就是检查电脑里的电子邮件和传真等，查阅最新信息，如电子邮件的信息需要转达给领导，可将信息全部或部分打印出来，然后与其他信件一并交给领导，并做好登记工作。

3）发送或回复邮件

① 信件的发送或回复

261

在工作中，工作人员有时要替上司或整个单位（部门）发出邮件。如果送来的信件已封口，只需把这些邮件及时送交邮局，办妥邮寄手续即可。如有必要，把邮件予以登记。

② 电子邮件、传真

A. 电子邮件

电子邮件是一种以网络为基础的信息传递形式，信息被编成程序并且可以在任何时候传递给任何一个有接受条件的人，信息可以同时传送到多个目的地。回复邮件只需点击回复键，收件人的地址便自动生成。发件人只需按提示操作即可。邮件上的"主题"一栏必须一目了然，吸引对方打开邮件。称呼对方的姓名、身份，但方法一定要得当，注意邮件的语气。回复来信，可摘录部分来信原文，说明附件内容。收到电子邮件，应立即回信，最迟不超过 24 小时。最后签上姓名、身份，或上司姓名、身份，并附上公司的名称和电子邮件地址。发送电子邮件时要注意保密。

B. 传真

传真是文件被转换成信息，通过电话线传送到一个接收终端，在目的地，又把信号转换成一种与原件一致的可读形式。无论是什么样的文本和图表几乎都能通过传真发送，其在传送手工制作的图表和手工签名的文本方面尤其有优势。

发送传真首先要准备好传真稿。传真稿在格式上分为正式和非正式两种。作为单位间彼此传送的公文，传真稿须采用正式格式，一般是由办公室备好打印的标准表格，发传真时填上相关的内容即可。传真机可传送手稿。因此，非正式的传真资料没有一定的格式要求，较为随意。

2. 文件、资料传递、收集、审查及整理

文件资料的处理就是指文件资料在单位内部依次运转处理的一系列工作步骤。具体地讲，文件资料处理工作，就是企事业单位在经营管理过程中，围绕文件资料的撰写、印制、收发、办理及立卷、归档等一系列环节所进行的具体文书工作。

（1）文件资料的收发

收发处理是指对外单位发给本单位的所有文书进行收进处理的一系列程序性的工作。收文处理主要的工作程序包括签收、登记、审核、分送、传阅、拟办、批办、承办、催办、注办、归档等环节。

1）签收

签收就是单位人员收到文件材料后，在对方的传递文书单或送文登记簿（表 10-7）上签字，以表示文书收到。目的是明确交接双方的责任，保证公文运转的安全可靠。

送文登记簿 表 10-7

第 页

序 号	发文时间	封套号	发文单位	文 别	签收人	签收时间	备 注

签收的具体操作步骤如下：

① 清点

清点就是检查、核对所收文件的件数是否与传递文书单或送文登记簿登记的件数相符。

② 检查

检查就是核对所收文件封套上注明的收文单位、收件人是否确与本单位相符，核对封套编号是否与传递文书单或送文登记簿的登记相符，检查公文包装是否有破损、开封等问题。

③ 签字

签字就是经清点、检查无误后，在传递文书单或送文登记簿上签署收件人姓名和收到日期。应签写收件人的全名，并写上收到的时间，以备事后查考。

2）登记

登记就是对收进的文件在收文登记簿（表 10-8）上编号和记载文件的来源、去向，以保证文件的收受和处理。

收文登记簿　　　　　　　　　　　　　　　　　　　　　　　　　表 10-8

第　　页

顺序号	来文日期	来文机关	来文标题	密　级	送往部门	签收人	备　注

（2）文件、资料的传递与管理

1）分送

分送也称分发或分办，是指工作人员在文件登记后，按照文件的内容、性质和办理要求，及时、准确地将收文分送有关领导、有关部门和承办人员阅办。

分送工作的原则和要求如下：

① 已有明确业务分工的文件，根据本单位的主管工作范围分送到有关领导人和主管部门。

② 来文单位答复本单位询问的文件，如收到的批复、复函或情况报告、报表等，要按本单位原发文的承办部门或主管人分送，即原来是哪个部门请示、询问或要求下级报送的，复文就送哪个部门办理。

③ 分送文件要建立并执行登记交接制度。无论是分送给本单位领导人和各部门的文件，还是转发给外单位的文件，都要履行签收手续。

④ 要求退回归档的文件，要在文件上注明"阅后请退回归档"字样，以便及时收回，防止散失。

2）传阅

传阅即有关人员在工作职责范围内传递阅读文件。

传阅文件的要求：

① 有密级的文件，应严格按照保密工作的要求做好文件保密工作，即按不同的密级要求限定传阅范围。

② 传阅文件要有时间限制，尤其对有办理时限要求的文件，更要严格控制好传阅时间。

③ 文件传阅完毕必须及时交还给工作人员保管，不得随意存放在个人手中。

④ 每份传阅文件，都要由文书部门在文件首页附上文件传阅单（表 10-9）。凡传阅人员都要在文件传阅单上签署姓名和日期。

文件传阅单 表 10-9

来文单位				来文标题			
来文字号		来文日期		收文日期		收文号	
传阅范围							
阅件人签名	阅件月日时	备 注		阅件人签名	阅件月日时	备 注	

3）拟办

拟办是工作人员对收文应如何办理所提出的初步意见，以供领导批办时参考。

拟办的意见，是一种参谋性意见或建议，协助领导及时、有效地处理文件，为领导节省时间和精力，提高办文效率。

在提出拟办意见时，要全面考虑，使之科学、合理，并且做到简明扼要。同时将拟办意见写在文件处理单（表 10-10）"拟办意见"一栏内。

文件处理单 表 10-10

密　　级：

收文日期：　　年　月　日　　　　　　　　　　　收文号

来文单位		来文日期		来文字号	
内容摘要：					
附件：		主办部门			
拟办意见：					
批示意见：					
处理结果：					
归卷日期			归入卷号		

4）批办

批办是领导人对文件如何办理提出最终的批示意见和要求。单位领导人提出原则批示意见。批示中要给文件承办部门指明办理原则、应注意的问题和办理要求，并将批办内容写在文件处理单（表 10-10）"批示意见"一栏内。

5）承办

承办一般指贯彻落实文件精神和要求，按领导人批示执行具体的工作任务，办理有关事宜的过程。

在公文办理完毕之后，承办人员应清晰、工整地在文件处理单（表 10-10）"处理结果"一栏内填写承办的经过与结果，并应填写承办人姓名与日期，以备日后查询。

6）催办

催办即工作人员或有关部门对需要承办的文件进行检查督促的工作。它是公文处理中一项必要的制度和必不可少的环节，是解决文件积压和延误、加快工作运转的有效措施。

文件资料管理办法

为贯彻 ISO9001 的管理原则，加强公司的基础工作，特制定本文件资料管理办法。通过对文件资料的标准化、规范化、制度化管理，逐步积累各项工作的原始资料，供有关工作参考和借鉴。并便于检索和查阅，以提高工作效率。

第一条　目的

通过对文件资料的控制与管理，使其规范化、制度化，确保向有关人员及时提供有效的文件和资料。

第二条　适用范围

本办法适用于公司内部行政文件、工程资料、计划统计资料、财务资料及外来文件的控制与管理。

第三条　文件资料编号

1. 编号以 9 位阿拉伯数字组成，其具体含义如下：

2. 公司规定的编号 ×× 指综合部给各部室及内部所属单位的编号，从 01 开始，按顺序排列。新成立的部室或内部所属单位需向综合部申请编号，编号一旦确定后，不可更改。

3. 项目顺序编号 ×× 指各部室及内部所属单位根据本部室或单位的工作所分的大的项目类别，划分原则是清晰、明了，并能全面覆盖各项工作，编号从 01 开始，按顺序排列。

4. 文件资料类别编号 ×× 指大的项目类别下的子项，如公司行政管理类文件为大的项目，其下包括请示及批复、工作计划及总结等子项。分类由各部室和单位根据实际需要确定，编号从 01 开始，按顺序排列。

5. 文件资料顺序号 ××× 指各子项内单个文件编号，按顺序从 001 开始。

第四条　分工和管理

1. 公司机关的文件资料根据类别分口管理，综合部管理行政类及人力资源类文件资料；计划经营部管理工程合同，建筑安装规范、标准、图集，招标投标文件资料，计划经济类文件资料及其他与公司项目开发和经营有关的文件资料；工程技术部管理工程技术类文件资料；财务部管理财务类文件资料；质量安全部管理公司质量和安全类文件资料；设备材料部管理与设备材料相关的文件资料。公司内部所属单位应根据本单位的情况按以上分类及编号办法对文件资料进行管理。

2. 文件资料的管理工作包括收集、整理、编号、建账、保管及在需要时上交。公司各部室设兼职的资料管理人员负责文件资料的管理。公司内部所属单位根据自身情况指定专职或兼职人员负责文件资料的管理工作。资料员应建立文件收发登记本，详细登记文件资料的来源和去向。将保管的文件分类编号归档，并建立文件资料分卷总目录和卷内目录，建立文件资料借阅登记本，并妥善保管文件资料及与之相关的记录。如因本人管理不善造成文件资料遗失、损坏且无法弥补，给工作造成影响的，将根据情节的轻重予以处罚。

3. 公司各部室及公司内部所属单位发生机构变动时，部门或单位合并的文件资料亦随之合并，部门或单位撤销时，资料管理人员将所保管的资料列出清单并统一上交综合部，由综合部根据具体情况进行处理。

4. 公司的文件资料，仅供公司内部人员借阅，如有外部人员需用时，需经公司主管领导批准后方可借阅。有关工程经济方面的资料，如工程报价、工程结算、工程合同等资料要注意保密，一般不应外借。需用文件资料时借用人需在资料员处办理借阅手续。一般借阅时间以一周为限，如继续需用时应办理续借手续。借用人应妥善保管借用的文件资料，如有遗失或损坏情况，应及时采取补救措施，必要时需追究当事人责任。

第五条　处罚办法

见公司相关处罚条例。

1. 没有按规定建立文件资料的各项登记表格，造成文件资料混乱，不便查阅，但尚未给公司造成损失的，责任人写出书面检讨，并在一周内改正。

2. 由于管理不善造成文件资料丢失或损毁，责任人负责弥补，因此产生的一切费用由责任人自负。若无法弥补，但未给公司造成重大经济损失的，责任人写出书面检讨，并视情况处以 50～100 元的罚款。

3. 由于管理不善造成重要文件资料丢失或损毁且无法弥补并因此给公司造成 5000 元以下经济损失的，责任人写出书面检讨并扣发其当月奖金。造成的经济损失超过 5000 元、不足 20000 元的，责任人写出书面检讨并视情况处以 5000 元以上、20000 元以下的罚款。造成的经济损失达 20000 元以上的，视情况由责任人按损失的 50%～100% 赔偿，具体比例由总经理确定，并调离资料员岗位，情节特别严重的可以解聘。

第六条　本管理办法的解释权在公司。

（3）文件、资料的整理与立卷归档

文件资料的归档是指文书处理部门将办理完毕的、具有保存价值的文件立卷，向单位档案室移交；将无保存价值的文件按规定销毁。

按照有关规定和实际情况，立卷归档的范围是：

本单位发文。本单位对外的正式发文，如通告、通知、通报、报告、请示、批复、意见、函、会议纪要等。

本单位收文。包括上级部门发来的与本单位主管业务有关的各类公文；下级部门报送的各种报告、请示等；同级部门和非隶属单位颁发的非本单位主管业务但需要贯彻执行的文件。

工程建设从项目的提出、筹备、勘探、设计、施工到竣工投产等过程中形成的文件材料、图纸、图表、计算材料、声像材料等资料，都属于竣工资料收集、整理、归档的范围。主要包括：建筑工程基本建设程序必备文件、建筑工程综合管理资料、地基与基础工程资料、主体结构工程资料、建筑装饰装修工程资料、建筑屋面工程资料、建筑设备安装工程综合管理资料、建筑给水排水及供暖工程资料、建筑电气工程资料、通风与空调工程资料、电梯工程资料、智能建筑资料、施工日志、竣工图等。资料的整理和归档是建筑工程中必不可少的工作之一。

1）工程质量保证资料的整理必须做到及时、真实、准确、完整。

① 及时性是做好工程质量保证资料的前提。工程质量保证资料是对建筑实物质量情况的真实反映，因此要求资料必须按照建筑物施工的进度及时整理。

② 真实性是做好工程质量保证资料的灵魂。资料的整理应实事求是，客观准确，不要为了偷工减料或省工省料而隐瞒真相；也不要为取得较高的工程质量等级而歪曲事实。所有资料的整理应与施工过程同步。

③ 准确性是做好工程质量保证资料的核心。

④ 完整性是做好工程质量保证资料的基础。要保证资料的完整性应做好以下几方面的工作：

A. 应设专人及时收集有关工程资料。

B. 应根据工程量、批量或批号收集有关工程资料。

C. 总承包单位应向分包单位收集相关资料。

2）竣工图纸、资料的整理、编制要求

① 资料要签字齐全，字迹清晰，纸质优良，保持整洁。

② 分类分项明确，封面、目录、清单资料齐全，排列有序，逐页编码。

③ 凡是利用原图编制竣工图的，图面必须达到八成新以上，无油污、磨损，图字清晰，并在标题栏右上角空白处加盖竣工图章后方可作为竣工图。竣工图编制人、技术负责人应逐张签字。

④ 对结构、形式、工艺发生重大变化的，由施工单位按照实际情况绘制竣工图。设计变化不大的，施工单位可将变更部分修改在原施工图上，另盖竣工图章后作为竣工图。

⑤ 竣工图等资料整理时，必须按工程项目、专业类别和图号组卷，折叠成要求的幅面，露出标题栏，以方便查阅。

⑥ 图纸、隐蔽工程记录等重要资料，必须用碳素墨水绘制和书写，禁止复写和使用复印件。

⑦ 文字材料以 A4 纸为准，左边留出 2.5cm 宽的装订线，应用棉线装订。

3）不需要立卷归档的材料

在准确掌握公文立卷归档的范围的同时，还要准确把握不归档的公文范围，这样既有助于保证档案的精确性，又便于档案的有效管理，提高工作效率。按照有关规定，不应当立卷归档的材料包括：

重份文件，同一份文件，除特别重要的文件可保留多份外，其他的只需保留一份。

无查考利用价值的事务性、临时性文件。

未成文的草稿和一般性文件的修改稿。

与本单位业务无关的文件材料。

内容被其他文件包括了的文件材料。

对于不需要立卷的文件资料应及时销毁或移交印发部门。

参 考 文 献

[1] 刘亚臣，李闫岩. 工程建设法学［M］. 大连：大连理工大学出版社，2009.

[2] 刘勇. 建筑法规概论［M］. 北京：中国水利水电出版社，2008.

[3] 徐雷. 建设法规［M］. 北京：科学出版社，2009.

[4] 全国二级建造师执业资格考试用书编写委员会. 建设工程法规及相关知识［M］. 北京：中国建筑工业出版社，2016.

[5] 胡兴福. 建筑结构（第三版）［M］. 北京：中国建筑工业出版社，2012.

[6] 韦清权. 建筑制图与AutoCAD［M］. 武汉：武汉理工大学出版社，2007.

[7] 游普元. 建筑材料与检测［M］. 哈尔滨：哈尔滨工业大学出版社，2012.

[8] 何斌，陈锦昌，王枫红. 建筑制图（第六版）［M］. 北京：高等教育出版社，2011.

[9] 张伟，徐淳. 建筑施工技术［M］. 上海：同济大学出版社，2010.

[10] 洪树生. 建筑施工技术［M］. 北京：科学出版社，2007.

[11] 姚谨英. 建筑施工技术管理实训［M］. 北京：中国建筑工业出版社，2006.

[12] 双全. 施工员［M］. 北京：机械工业出版社，2006.

[13] 潘全祥. 施工员必读［M］. 北京：中国建筑工业出版社，2001.

[14] 编写组. 建筑施工手册（第四版）［M］. 北京：中国建筑工业出版社，2003.

[15] 夏友明. 钢筋工［M］. 北京：机械工业出版社，2006.

[16] 杨嗣信，余志成，侯君伟. 模板工程现场施工［M］. 北京：人民交通出版社，2005.

[17] 梁新焰. 建筑防水工程手册［M］. 太原：山西科学技术出版社，2005.

[18] 李星荣，魏才昂. 钢结构连接节点设计手册（第2版）［M］. 北京：中国建筑工业出版社，2007.

[19] 李帼昌. 钢结构设计问答实录（建设工程问答实录丛书）［M］. 北京：机械工业出版社，2008.

[20] 吴欣之. 现代建筑钢结构安装技术［M］. 北京：中国电力出版社，2009.

[21] 杜绍堂. 钢结构施工［M］. 北京：高等教育出版社，2005.

[22] 夏友明. 钢筋工［M］. 北京：机械工业出版社，2006.

[23] 孟小鸣. 施工组织与管理［M］. 北京：中国电力出版社，2008.

[24] 韩国平. 施工项目管理［M］. 南京：东南大学出版社，2005.

[25] 林立. 建筑工程项目管理［M］. 北京：中国建材工业出版社，2009.

[26] 张立群，崔宏环. 施工项目管理［M］. 北京：中国建材工业出版社，2009.

[27] 郭汉丁. 工程施工项目管理［M］. 北京：化学工业出版社，2010.

[28] 傅水龙. 建筑施工项目经理手册［M］. 南昌：江西科学技术出版社，2002.

[29] 本书编委会. 施工员一本通［M］. 北京：中国建材工业出版社，2007.

[30] 全国二级建造师执业资格考试用书编写委员会. 建设工程施工管理. 北京：中国建筑工业出版社，2016.

[31] 焦宝祥. 土木工程材料［M］. 北京：高等教育出版社，2009.

[32] 魏鸿汉. 建筑材料（第四版）［M］. 北京：中国建筑工业出版社，2012.

[33] 刘金生. 建筑设备工程［M］. 北京：中国建筑工业出版社，2006.

[34] 马铁椿. 建筑设备（第二版）［M］. 北京：高等教育出版社，2007.

［35］ 赵玉柱，柳金东. 现代通用应用文写作教程［M］. 北京：首都经济贸易大学出版社，2009.

［36］ 张德实. 应用写作［M］. 北京：高等教育出版社，2008.

［37］ 谭吉平，周林. 建筑应用文写作［M］. 北京：中国建筑工业出版社，2007.

［38］ 程超胜，程启文. 建筑工程应用文写作教程［M］. 武汉：武汉理工大学出版社，2011.

［39］ 孙玉红. 建筑构造［M］. 上海：同济大学出版社，2009.

［40］ 李春亭，苏川. 民用建筑设计与构造. 北京：科学出版社，2006.

［41］ 李占平，郝志杰. 新编计算机基础案例教程. 长春：吉林大学出版社，2009.

［42］ 裘建娜，赵秀云. 建设工程项目管理［M］. 北京：中国铁道出版社，2020.